MATERIALS : RESEARCH, DEVELOPMENT AND APPLICATIONS

DE DIVERSIS ARTIBUS

COLLECTION DE TRAVAUX
DE L'ACADÉMIE INTERNATIONALE
D'HISTOIRE DES SCIENCES

COLLECTION OF STUDIES
FROM THE INTERNATIONAL ACADEMY
OF THE HISTORY OF SCIENCE

DIRECTION
EDITORS

EMMANUEL POULLE

ROBERT HALLEUX

TOME 58 (N.S. 21)

BREPOLS

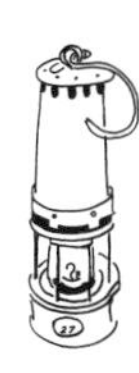

PROCEEDINGS OF THE XXth INTERNATIONAL CONGRESS OF HISTORY OF SCIENCE (Liège, 20-26 July 1997)

VOLUME XV

MATERIALS : RESEARCH, DEVELOPMENT AND APPLICATIONS

Edited by

Hans-Joachim BRAUN and Alexandre HERLEA

BREPOLS

The XXth International Congress of History of Science was organized by the Belgian National Committee for Logic, History and Philosophy of Science with the support of :

ICSU
Ministère de la Politique scientifique
Académie Royale de Belgique
Koninklijke Academie van België
FNRS
FWO
Communauté française de Belgique
Région Wallonne
Service des Affaires culturelles de la Ville de Liège
Service de l'Enseignement de la Ville de Liège
Université de Liège
Comité Sluse asbl
Fédération du Tourisme de la Province de Liège
Collège Saint-Louis
Institut d'Enseignement supérieur "Les Rivageois"

Academic Press
Agora-Béranger
APRIL
Banque Nationale de Belgique
Carlson Wagonlit Travel - Incentive Travel House
Chambre de Commerce et d'Industrie de la Ville de Liège
Club liégeois des Exportateurs
Cockerill Sambre Group
Crédit Communal
Derouaux Ordina sprl
Disteel Cold s.a.
Etilux s.a.
Fabrimétal Liège - Luxembourg
Generale Bank n.v. - Générale de Banque s.a.
Interbrew
L'Espérance Commerciale
Maison de la Métallurgie et de l'Industrie de Liège
Office des Produits wallons
Peeters
Peket dè Houyeu
Petrofina
Rescolié
Sabena
SNCB
Société chimique Prayon Rupel
SPE Zone Sud
TEC Liège - Verviers
Vulcain Industries

D/2002/0095/22
ISBN 2-503-51367-0
Printed in the E.U. on acid-free paper

TABLE OF CONTENTS

INTRODUCTION

Hans-Joachim BRAUN and Alexandre HERLEA

Compared to other fields in the history of technology which have been favourites of research for some time, the theme of materials has been comparatively neglected. Although it is generally recognised that materials have played a main role in technical development, our knowledge in that field is still quite scanty. A congress on the general theme " Science, Technology and Industry " provided a welcome opportunity to partly remedy this unsatisfactory situation.

Most of the contributions in this volume concentrate on the 19th and 20th centuries have been presented in the frame of a symposium organised by ICOHTEC and dedicated to materials. They range from research on the metallurgy of zinc in the late 18th and early 19th century to prospect of ceramic materials to ameliorate contemporary environmental problems. A few other contributions concerning more ancient periods, presented in other symposia, are also included in the volume.

One of the main sub-themes of the symposium " materials " was iron, steel and light metals. In her contribution Anne-Françoise Garçon points out that in the metallurgy of zinc continental Europe had, in the period from 1790 to the 1820s, fallen behind work in Britain. She puts emphasis on three different production processes of zinc of which the processes developed in Silesia and in the Liège region were of importance for the future. Nicole Chezeau concentrates on the role of industrial laboratories in the early stages of scientific metallurgy in the late 19th and early 20th centuries. Their main objective was to establish a relationship between the mechanical properties of materials and their chemical composition. Those research findings were particularly relevant in the development of high speed steel which Friedrich Toussaint investigates. He points out that new subgrades of high speed steel were often developed in order to save alloy materials, particularly tungsten.

A related field is welding. Anne-Catherine Robert-Hauglustaine analyses the development of welding in the 1930s and emphasises the transition from empirical know how to scientific knowledge based on metallurgical and metallographical research. In a different field, construction technology, the firm of Saint Gobain developed a new combination of glass and reinforced steel which was, as Anne-Laure Carré shows, successfully applied in the pavilion which Saint Gobain built for the Arts and Technology Exhibition in Paris in 1937.

In several of the papers the relationship between research at technical schools and institutes of technology on the one hand and corporate research institutes and industrial firms on the other is dealt with. At the centre of Gérard Emptoz' and Virginie Champeau's paper is the Polytechnical Institute of Eastern France in Nantes, founded in 1919 which, from the beginning, had a strong research department, particularly in materials, financed by organisations like railway companies or aeronautical and defence agencies.

It is no surprise that several of the papers are devoted to aluminium. From the start, aluminium hailed as a " scientific metal ", had great promises and is often presented as a model case of successful co-operation between science and practice. Muriel Le Roux emphasises the important role of scientific research in the early stages of aluminium in France and the various links between research at universities and corporate research laboratories. Helmut Maier, however, has reservations about concentrating exclusively on the effects of scientific research. He makes it clear that until the 1920s aluminium workers were little impressed by scientific research, neglected it to a large extent and continued with " business as usual ". Only in the 1920s a successful amalgamation of techno-science and " shop culture " started.

Aluminium was a new " scientific metal " which was enthusiastically received in some quarters in the late 19th and early 20th centuries, but different sorts of plastics were equally successful from the late 19th century onwards. Susan Mossman deals with the origins of celluloid and particularly with the role of Alexander Parkes, whom she considers as the key figure in the invention process. Maria Elvira Calapes, in her case study on the origins of the plastics industry in Portugal in the 1930s, concentrates on the industrial policy of the Salazar *régime*, on the demand of the electrical industry and on the " barefoot campaign ". Forbidding Portuguese citizens to walk on the streets of towns and cities barefooted, thus promoting the production of cheap plastic sandals.

Materials selection for automobile batteries was one of the many issues the indefatigable inventor Thomas Alva Edison dealt with. Although the alkali battery developed by him did not meet Edison's ambitious expectations it did prove an ideal solution for fleet application. Edison and the alkali battery were in competition with the acid battery and its manufacturers. In his article Gijs Mom regards the case of the alkali battery as a fitting example of the " pluto effect ", a case, when an alternative technology pushes the mainstream technology to its utmost limits without being able to replace it.

One of the main subjects of the symposium on materials was ceramics. Friedmar Kerbe investigates the origins of high voltage insulators and particularly of the " Delta Bell " (1897) which was developed by R.M. Friese in cooperation with the porcelain factory in Hermsdorf/Thuringia. Kerbe shows that the scientists working on high voltage insulators faced complex materials problems which could partly be solved by materials for high performance applications like aluminium oxide. This important material is also mentioned by Asitesh Bhattacharya in his paper on advanced ceramic oxides and glass ceramics. He concentrates on the case of India where the potentials of ceramics have been used to a significant degree. Horia Colan gives a survey of the development of powder metallurgy in Romania with special reference to the University of Cluj-Napoca and the close links of that university with various industrial branches, while Hans-Joachim Braun offers a case study on high performance ceramic materials, especially silicon nitride and silicon carbide, in an attempt to build a ceramic gas turbine in the 1970s. Japanese researchers and industry were particularly active in this field. Although it has not been possible to build a ceramic gas turbine there have been important spin offs into automotive engine technology.

Three other papers included in this volume (not delivered in the ICOHTEC symposium) have in common the use of modern physico-chemical analysis methods in the study of archaeological materials. They are concerning mostly periods of time before the 19th century.

The study of the development of the iron and steel technology in Poland in ancient and medieval times presented by Prof. Piaskowski is based on the metallography examination of iron. These methods were developed by the Foundary Research Institut Krakow and the Institute of the History of Science and Technology of the Polish Academy of Sciences.

I. Soulier, M. Blet and B. Gratuze are emphasing in their study, concerning glace and ceramics in France between the 12th and 18th century, the complementarity between historical sources (texts) and modern physico-chemical analysis.

Dirk Van de Vijver and Koen Van Balen are also emphasing the importance of two methods used in the study of archeological materials – historical sources and modern physico-chemical analysis. They are referring to an old recipe of mortar.

A last paper by E.M. Movsumzade is dealing with the history of the oil industry in Azerbaijan, namely in the Baku area.

The present volume offers a wide variety of research findings in the history of materials with special emphasis on research and development issues. It is to be hoped that this volume will stimulate further scholarly investigation into this exciting field.

UN (DEMI) MÉTAL, QUATRE PROCÉDÉS, DEUX FILIÈRES (L'EUROPE ET LE ZINC, XVIe-XIXe SIÈCLES)

Anne-Françoise GARÇON

Il n'est, en apparence, de production à ce point conforme à la description que l'on donne de l'industrialisation, que celle du zinc : née à Bristol dans les années 1740, reprise en fin de siècle par l'Europe continentale, elle fut le fait d'un petit groupe de producteurs, que rapidement domina la puissante — et discrète — Société de la Vieille-Montagne. Autre raison de cette apparente conformité (j'ai presque envie d'écrire de ce conformisme), le rapport centre-périphérie, qui constitue l'autre manière géo-économique de rendre compte de l'industrialisation. “Au cours des trente premières années du XIXe siècle, l'Europe continentale du nord-ouest forme une semi-périphérie stimulée par la diffusion de la technologie britannique : nord de la France, Lorraine, Sarre, Wallonie, régions d'Aix-la-Chapelle et de la Ruhr. Plus loin, la Haute-Silésie forme une périphérie où l'industrialisation s'amorce à peine ”, écrivait tout récemment René Leboutte, dans un article où il remet très utilement en chantier le dossier des bassins industriels[1]. Très bien, dira-t-on en rapportant le propos au secteur de production du zinc : voilà une industrie qui démarre du “ centre ”, la Grande-Bretagne, prend racine dans la “ semi-périphérie ”, en l'occurrence, le pays de Liège (Moresnet, siège du très important gîte de calamine et siège de la Vieille-Montagne) et s'élargit ensuite à la Silésie.

Mais voilà : l'étude de détail infirme chacune de ces propositions. Quoiqu'innovant, le secteur de production du zinc ne fut pas monopolistique (ce dont je ne traiterai pas ici)[2] ; quoique née en Grande-Bretagne, la technologie du zinc — et donc la mise sur pied d'un secteur industriel de production — ne relève pas de la dialectique centre-périphérie, ce que je démontrerai.

1. R. Leboutte, “ Croissance - Déclin - Reconversion. La problématique des bassins industriels en Europe (1750-1992) ”, dans S.H. Lindner, D. Pestre (éds), *Innover dans la régression. Régions et industries menacées de déclin*, Journée d'étude du 6 octobre 1992, CRHST La Villette, 1996, 11-34. Merci à Yves Cohen de m'avoir mis cette brochure entre les mains.

2. A.-F. Garçon, *Mine et Métal, 1780-1880*, Rennes, 1998.

Encore faut-il pour l'envisager sortir de cette lecture historiographique habituelle qui privilégie l'étude strictement économique, voire d'ailleurs strictement sectorielle, et élargir l'approche aux modes de pensée techniques et scientifiques. Cette perspective se justifie historiquement : avant que l'Europe ne construise une industrie du zinc, et pour qu'elle le fasse, il lui fallut comprendre la nature de ce matériau et définir son utilité.

ZINCUM FUGIENS & VOLATILE MINERALE... (GLAUBER, 1657)[3]

Jusqu'au XVIIIe siècle, l'Europe travailla le zinc sans penser qu'il s'agissait d'un métal. D'Orient venaient des lingots de métal blanc, à l'identification incertaine, que les négociants distinguaient par leurs dénominations. Savary, par exemple, dans son *Dictionnaire du commerce*[4], décrit le *sputer*, la *tutie* ou *tuthie*, le *zinck* ou *zain*, sans établir aucune sorte de relations entre ces divers matériaux. Tous, pourtant, ont en commun leur dureté et leur caractère blanc-gris. Le *sputer* est " blanc et dur " ; la *tutie* ou *tuthie*, est " formée en écailles voûtées et en gouttières..., dures, grises, chagrinées en dessus & relevée de quantité de petits grains gros comme des têtes d'épingles... " ; le *zinck*, enfin, " dur, blanc et brillant ". Mais ces lingots n'ont pas exactement la même allure ; ils ne servent pas aux mêmes usages... Le *sputer* " ne peut être employé tout au plus que dans les ouvrages de fonte " (Savary ne précise pas lesquels) ; la *tutie* " est propre pour les maladies des yeux... Elle est aussi un excellent remède pour les hémorroïdes " ; le *zinck* enfin, sert " pour décrasser l'étain... Les fondeurs et les faiseurs de soudure en usent aussi mêlés avec la *terra merita*. Il donne au cuivre une couleur d'or assez brillante mais qui dure peu... ". Enfin, ils ne proviennent pas exactement des mêmes lieux : Le *sputer* " n'est connu en Europe que depuis que les Hollandais l'y ont apporté ". La *tutie* vient " de Hollande, de Smyrne et d'Alep " ; rien n'est dit de la provenance du *zinck*. Différence de formes, différence de provenance et d'utilisation : dans le mode de pensée pré-technologique, cela suffit pour construire une taxinomie. C'est ainsi, par exemple, qu'une distinction s'était établie entre alquifoux et minerai de plomb (au demeurant l'un et l'autre parfaitement identiques géologiquement), au motif que le premier servait aux potiers pour vernir tandis que le second était fondu pour donner du plomb métal.

Et puis, il y avait la cadmie, appelée *contrefei* par les fondeurs de Goslar dans le Harz qui la récoltaient sur les parois de leurs fours à plomb et à cuivre et s'en servaient occasionnellement à faire du laiton[5]. Savary ne répertorie pas

3. Cité par M. De Ruette, " Trade and Discovery ; the Scientific Study of Artefacts from Post-Medieval Europe and Beyond ", in D.R. Hook, D.R.M. Gainmster (eds), *Occasional Paper*, n° 109, British Museum Press, 1995, 195-203. Toutes les références à Glauber proviennent de cet article.

4. P.-L. Savary, *Dictionnaire universel du Commerce*. L'édition consultée est celle de 1748.

5. D'Holbach le décrit dans l'*Encyclopédie* à l'article " zinc ".

ce " contrefait ", sans doute parce que, matériau intermédiaire, il n'était pas commercialisé. Partout ailleurs en effet, le laiton, que chacun pensait être du " cuivre jaune ", était fabriqué en mêlant le cuivre métal avec ce qu'on appelait, faute de mieux, la " pierre calaminaire ".

Donc, avant de fabriquer du zinc — et pour le fabriquer — l'Europe dut l'inventer.

Le terme est à comprendre en son sens premier — minéralogique. Elle dut mettre à jour quelque chose qui existait déjà, rendre patent quelque chose qu'elle avait enfoui, disséminé dans la profondeur et la diversité des usages. Envisager la nature du métal nécessita de repérer sa présence sous la diversité des formes et des emplois, de rechercher le principe commun sous la multiplicité, ce qui revint à modifier la compréhension des modes de classification. Les chemins de cette conceptualisation restent à déterminer dans le détail, mais de ce que nous en savons, il est possible d'inférer qu'ils furent constitutifs de la " révolution industrielle ".

L'œuvre ne fut pas spécifiquement britannique. Elle s'effectua dans cette période critique de l'histoire de la pensée scientifique que furent les deux siècles 1550-1750 ; elle fut conjointement une affaire d'hommes de la pratique et de savants.

Les Européens avaient du métal une compréhension spécifique qui leur interdisait d'y inclure la métallurgie " par distillation ", seule apte à produire ce métal, et les avait amenés à assigner cette voie à la seule alchimie.

Le fait est essentiel. L'implicite, l'imaginaire conceptuel de la métallurgie européenne (j'évoque ici la métallurgie pratique autant que la savante sans inférer à cet endroit de ce que ce second terme représente) ressortissait à l'ordalie, à l'épreuve du feu et du marteau. Parallèlement, et avec les mêmes effets, la compréhension de l'alliage se limita à l'orichalque, ce " métal mixte " disparu et fabuleux parce que naturel, " préparé dans les creusets de la terre..., mélange de plusieurs... métaux,... fort estimé, le plus précieux de tous... (qui) n'a point de nom parmi nous parce que nous n'en n'avons aucune connaissance... "[6]. Etait métal dans l'Europe pré-technologique, du moins " vrai métal " (l'expression est de d'Holbach), cette sorte de matériau qui né dans le feu et par lui, parvenait à lui résister ; qui, lorsqu'il était refroidi, résistait au martelage. La définition, comme de bien entendu, s'en faisait par les qualités : " Il y a trois caractères principaux, distinctifs des vrais métaux : 1) ductilité ou faculté de s'étendre sous le marteau ; & de se plier surtout quand ils sont froids ; 2) d'entrer en fusion dans le feu ; 3) d'avoir de la fixité au feu & de n'en être point entièrement ou du moins trop promptement dissipés... "[7]. Ils

6. Article " orichalque " de l'*Encylopédie ou Dictionnaire raisonné des Sciences, des Arts et des Métiers*.

7. Article " métal ", *loc. cit.*

étaient peu nombreux à répondre à de tels critères : “ on compte ordinairement six métaux, or, argent, cuivre, fer, étain et plomb ”.

Or, le zinc est cassant et friable ! Savary, vers lequel nous revenons, le qualifie, d’un ton quelque peu méprisant “ d’espèce de minéral ”... C’est là, d’ailleurs, l’autre point commun des définitions qu’il en donne : le *speuter* est “ une espèce de métail blanc et dur... nullement ductile, ne pouvant souffrir le marteau à cause de son aigreur, en sort qu’il ne peut être employé tout au plus que dans les ouvrages de fonte ” ; la *tutie*, “ un minéral artificiel, une suye métallique... elle se trouve attachée à des rouleaux de terre qu’on a suspendus exprès au haut des fourneaux des fondeurs de bronze pour recevoir la vapeur du métail... ” ; le *zinck* ou *zain*, “ un espèce de plomb minéral... ”. Quant au *contrefei*, il est qualifié par les savants qui le connaissent de *plumbum cinereum*, *wisemut*[8], etc. Imparfaits, ces matériaux relevaient du succédané, rien de plus... Transparaît en filigrane, l’autre raison, plus directement économique, du désintérêt du système technique européen pour le zinc : outre qu’il n’appartenait pas au domaine du forgeron, puisque celui-ci ne pouvait ni l’obtenir directement par le feu ni ensuite le battre, il n’était pas franchement utile : le plomb, et le cuivre, l’étain suffisaient largement.

DE ZINCO, QUOD HIS SPEAUTER BELGIS... (GLAUBER, 1657)

Véritable résidu culturel, la fixation des Européens sur la coulée vive représente l’héritage à distance du recouvrement de l’antique civilisation de l’alliage et du moule (“ l’âge du bronze ”) par celle du martelage et de la réduction (“ l’âge du fer ”). Le terme “ zinc ” témoigne à sa manière de cet état de fait, puisque, selon A.-G. Haudricourt[9], il est un composé, mixte de l’anglais *tinker*, chaudronnier, et de l’allemand *zinn*, étain. A une époque très archaïque, une distinction se serait établie, non à partir des métaux eux-mêmes mais à partir de leurs usages, d’où émergèrent deux grandes matrices fonctionnelles, celle — mineure pour longtemps — du moule, dans laquelle je rangerai la fabrication des chaudrons, des marmites (fonte), des cloches et des statues ; celle — majeure — du martelage, dans laquelle je rangerai armes blanches, pointerolles et autres monnaies... La tripartition métallurgique, privé/public/sacré, qui se dégage de ce schéma renvoie à son caractère grossier et fortement conjectural. Je le conserverai néanmoins, faute de mieux, en m’appuyant sur la distinction établie par le droit français d’Ancien Régime entre ceux qui battaient le cuivre (“ marteleurs ” et “ martineurs ”) et ceux qui le fondaient : seuls en effet, les premiers avaient le droit de faire du neuf (“ la batterie ” de cuisine), les seconds ne disposant que du droit de réparer. Quant à la “ distillation

8. M. De Ruette, *op. cit.*

9. A.-G. Haudricourt, “ Ce que peuvent nous apprendre les mots voyageurs ”, *La technologie science humaine. Recherches d’histoire et d’ethnologie des techniques*, Paris, 1987, 53-54.

réductive ", unique voie d'obtention du zinc, elle demeura, à l'état de potentialité, dans le domaine de l'alchimie. Ainsi, tandis que le forgeron travaillait à sa forge et que l'alchimiste s'échinait autour de ses cornues, Chinois et Indiens produisaient le zinc, le transformaient en vaisselle et en monnaie, le mêlaient au cuivre pour en faire du laiton. Et, lorsque le négoce maritime autorisa la circulation intercontinentale des pondéreux, grands fournisseurs de lest, ils en firent un objet de commerce avec l'Europe.

L'invention des armes à feu au XVe siècle, en opérant un renversement de ces valeurs classificatoires, ébranla l'habitus technique multiséculaire. Roger Burt, grand spécialiste de l'économie du plomb, insiste sur la modification complète que cette révolution militaire — à tout coup, partie prenante de ce qui constitua le socle de la révolution industrielle — provoqua sur l'économie du plomb[10]. Que dire alors du bronze et du laiton ? Le premier devint matière à canons ; le second, qui était déjà métal de prestige, vit son marché élargi à l'équipement des armées. La production de ces deux métaux se rangea désormais du côté de la force réelle et non plus seulement de la puissance symbolique, qu'elle fût sacrée, alchimique ou qu'elle se rapportât à la bijouterie ; cela eut pour effet de placer l'alliage, si ce n'est au centre, du moins dans le gros des débats se rapportant aux métaux.

Parce qu'il était mélange (mais de quoi ?) et relevait d'un travail au creuset (mais lequel ?) le laiton que l'Europe produisait et dont elle avait besoin pour ses guerres et ses parures, fut l'un des points nodaux du remaniement de la pensée métallurgique. Mais avec quelles difficultés ! Indiscutablement, ce mouvement de connaissance, de compréhension de la nature d'un produit artificiel, qui prenait à contre-pied non seulement la pratique purement métallurgique mais aussi le raisonnement alchimique du fait qu'il relevait de la décomposition des matériaux à la recherche d'éléments simples ou premiers, fut coextensif d'une chimie débutante. Car, pour interroger les matériaux, il fallait détruire, et non fabriquer. On jugera — à quelques siècles de distance — de l'importance de cette remise en question en parcourant le texte proposé par Venel aux lecteurs de l'*Encyclopédie*, un vibrant plaidoyer qu'il réalise pour l'illustration d'une science dont il défend la spécificité et la valeur face à la physique. La " chimie ", y trouve-t-on écrit entre autres, " *par des opérations visibles résout les corps en certains principes grossiers & palpables, sels, soufres, etc.* " (c'est nous qui soulignons). Cette citation, qu'il utilise pour appuyer son argumentation parce que, justement, elle illustre parfaitement le principe de décomposition, appartient à un Mémoire de l'Académie des Sciences daté de 1699…

1699 : à ce moment, l'Europe savante et philosophe — mais non l'Europe commerçante et vulgaire — savait à peu près de quoi il retournait, si ce n'est

10. R. Burt, " The International Diffusion of Technology in the Early Modern Period : the Case of the British Non-Ferrous Mining Industry ", *Economic History Review*, XLIV, 2 (1991), 249-271.

à propos de l'alliage et des métaux, du moins à propos du zinc et de son rôle dans la confection du laiton. Dans les années 1650, Glauber, avait établi une identité entre *zinck* et *speuter* (*spelter* est encore aujourd'hui la manière anglaise de désigner le zinc brut) ; il avait indiqué expressément qu'ajouter du zinc au cuivre donnait du laiton, dans un ouvrage au titre significatif : *Prosperitas Germaniae..., Pars secunda..., De zinco, quod his speauter Belgis*. Le zinc, en effet, était bien le *speuter* des Belges ; quant à la mention de la terre belge, elle allait de soi : le lieu de production le plus important d'Europe de laiton se situait depuis des lustres, autour du gîte de calamine de Moresnet, dans les villes de Namur et Stolberg.

Le cheminement avait été long néanmoins.

Depuis le milieu du XVIe siècle, on répertoriait, on définissait, on posait les faits dans les grands traités de minéro-métallurgie, à défaut de pouvoir complètement les comprendre. Monique de Ruette dans *Trade and Discovery. The Scientific Study of Artefacts from Post-Medieval Europe and Beyond* se livre à un relevé conséquent et minutieux de l'évolution des dénominations se rapportant au zinc. De la sorte, elle suit à la trace le cheminement de la pensée savante. Elle note dans le *De re metallica* d'Agricola une première référence faite au *contrefei* obtenu à Goslar, auquel Agricola ne donne pas valeur de métal ; dans une édition révisée de 1558 du *Bermannus*, d'Agricola toujours, la première mention écrite répertoriée du mot *zincum*, référée à l'Alchimie. L'édition de 1570, du *De mineralibus* de Paracelse, parle d'un métal inconnu en le nommant zinken (ce pourrait être le moment du mélange signalé par Haudricourt entre *tinker* et *zinn*). Dans les années 1610, l'association se fait entre zinc et *contrefei*. Est-ce le résultat de la réussite d'Erasmus Eberner à Rammelsberg ? Une tradition tenace — Lodin la rapporte encore dans son enseignement à l'Ecole des Mines de Paris au début du XXe siècle[11] — veut en effet que dans le milieu des années 1550, l'homme ait réussi à fabriquer du laiton en mêlant du cuivre avec le *contrefei* des fourneaux.

Par premier contrecoup de cette avancée, l'alchimie se modifia ontologiquement, devint " raisonnable ", ce qui ne veut pas dire moins démiurgique. L'esprit alchimique ne disparut pas, loin s'en faut ; j'aurais plutôt tendance à penser qu'il se généralisa. Le fantasme sous-jacent à sa forme primaire, médiévale, était celui de l'homme " plus-que-dieu ", de l'homme qui régénérait la nature, opérait la transmutation, faisait du métal ordinaire un métal précieux... L'irraison, fascinée et fascinante, sortait grandie de ce qui était, à l'horizon ecclésial, une transgression... Mais à partir du XVIIe siècle, le fantasme se transforme ; il se déporte dans un sens qui n'est pas celui de l'amoindrissement, mais de la banalisation. On cherche à faire mieux, non plus dans l'absolu, mais dans le relatif. Citons Malouin : " l'alchimie est la chimie la plus subtile par laquelle on fait des opérations de chimie extraordinaires qui

11. A. Lodin, *Métallurgie du zinc*, Paris, 1905.

exécutent plus promptement les mêmes choses que la nature est long-temps à produire ; comme lorsqu'avec du mercure et du soufre seulement, on fait en peu d'heures une matière solide et rouge, qu'on nomme cinabre, que la nature met des années et même des siècles à produire "[12]. Comment ne pas voir dans cette définition (article " alchimie " de l'*Encyclopédie*), l'*épistèmè* de la future chimie de synthèse, son archéologie donc ? Fort d'une raison qui désormais englobe l'expression du divin — grand mécanicien, grand architecte — l'alchimiste des années 1680-1740, celui de la Révolution industrielle débutante, cherche à reproduire la nature plus vite, à défaut de faire mieux. Ce déport du fantasme vers le butoir du raisonnable (qui constitue, en soi, un déni de transgression, car où et comment transgresser dans un monde que seule la Raison délimite ?) a nourri et continue de nourrir l'imaginaire coextensif au mode de pensée techno-scientifique occidental[13]. Il n'est pour s'en convaincre, que d'envisager les actuelle recherches sur la reproduction animale par clonage...

Par second contrecoup, le laiton fut reconsidéré en sa nature. Fasciné par l'orichalque, les Européens s'étaient imaginés en effet, qu'il était le fabuleux métal. La lecture des articles " allier, alliage, orichalque, laiton " de l'*Encyclopédie*, nous donne une idée de la manière dont la question évolua.

" Allier : c'est mêler différents métaux en les faisant fondre ensemble, comme lorsqu'on fond ensemble du cuivre, de l'étain & quelquefois de l'argent pour en faire des cloches, des statues, etc. "[14]. Rédigé par Malouin, l'article, dont on remarquera qu'il définit l'opération (" allier ") et non son résultat (défini à l'article " alliage ") ressortit à la chimie et renvoie à " Métal ; Airain de Carinthie, Alliage ". Mais l'auteur confine son étude à la seconde fusion qui est la refonte et le mélange de métaux en vue d'obtenir des objets coulés ; à aucun moment, il n'évoque l'orichalque (mixte naturel) — pas même pour s'en gausser ou réfuter — ou le laiton. Deux courants de pensée s'expriment donc, se juxtaposent, l'un représenté par Malouin, l'autre par le trio Diderot, d'Holbach, de Jaucourt. Ces trois derniers, en effet, vont plus loin dans l'analyse. Ecrit par de Jaucourt, l'article " Orichalque " est classé délibérément dans la catégorie " littérature ". Voilà le métal fabuleux rangé parmi les antiquités, réduit à l'état de vieillerie. Jaucourt dénonce la confusion qui s'en est faite avec le laiton : " Au défaut de la nature, on a eu recours à l'art ; & on a fait une espèce d'orichalque avec de l'or, du cuivre et de la calamine. Ce mélange de l'or et de l'airain donna lieu dans la suite de l'appeler aurichalcum,

12. *Encyclopédie ou dictionnaire raisonné des Sciences, des Arts et des Métiers*. L'édition consultée est la réédition effectuée par Pergamon Press.

13. " Imaginaire coextensif à la pensée scientifique " : je suis redevable de cette expression à Claudine Cohen (EHESS) qui en a fait état dans les journées de réflexion collective sur l'archéologie et les études sur la civilisation matérielle, des 13 mars, 3 et 4 avril 1998, organisées par l'EHESS à Paris. Les réflexions sur l'imaginaire scientifique sont le fruit du travail collectif mené à l'EHESS au sein du séminaire " Anthropologie et Psychoanalyse ", sous la direction de Nicole Belmont et Jean-Paul Valabrega.

14. Article " allier " de l'*Encyclopédie*.

notion que les copistes postérieurs qui ne connaissent plus l'orichalque naturel, n'ont pas manqué de mettre partout où ils l'ont pu, dans les anciens auteurs. Enfin, nos métallurgistes modernes ont composé l'orichalque avec le seul mélange de cuivre et de pierre calaminaire ; & ils ont continué de nommer ce mélange aurichalcum ou orichalcum. " Et de conclure sans ambages : " Ainsi l'orichalque des modernes est le pur laiton "[15], en renvoyant le lecteur à l'article du même nom.

Le lecteur y trouve Diderot qui intervient " en tant qu'éditeur et non en tant qu'auteur " (l'article n'est pas signé)[16]. Le philosophe ne barguigne pas : clairement, le laiton est un " alliage ", composé " d'une certaine quantité de pierre calaminaire, de cuivre de rosette & de vieux cuivre ou mitraille " ; le propos relève de la catégorie " métallurgie ", définie par d'Holbach, " la partie de la chimie qui s'occupe des métaux " ; l'article renvoie aux termes " calamine, cuivre, alliage " et son ton est ferme : " ceux qui réfléchissent ne seront pas médiocrement étonnés de voir la calamine, qu'ils prendront pour une terre, se métalliser en s'unissant au cuivre rouge " (il reprend un texte d'Henckel, que cite d'Holbach à l'article calamine, et le fait suivre d'une digression sur les alchimistes). " Il n'y a pas plus de cinq ans que ce raisonnement était sans réponse ; mais on a découvert depuis que la calamine n'était qu'un composé de terre et de zinc ; que c'est le zinc qui s'unit au cuivre rouge, qui change sa couleur & qui augmente son poids & que le laiton entre dans la classe de tous les alliages artificiels de plusieurs métaux différents "[17]. Les cinq années mentionnées étonnent : depuis plus de vingt ans, la Grande-Bretagne produisait du zinc et en faisait du laiton. Est-ce la trace du temps qui fut nécessaire pour que se vulgarise l'idée énoncée par Glauber, et ce en dépit de l'acquis britannique ?

En parallèle, les orfèvres travaillaient, ce dont Jaucourt fait état : " Le métal, dont il est question dans Ezéchiel, chap. j, n. 4 sous le terme hébreu *hachafmal* est l'orichalque des anciens et non celui des modernes, quoiqu'en dise Bochard, qui a ignoré que notre laiton est d'une invention assez récente. Peut-être enfin que les Caraïbes dans leurs ajustements & dont parle le père Labat dans ses Voyages t. II, est l'orichalque des anciens ; c'est un métal des Indes qui paroit comme de l'Argent, surdoré légèrement avec quelque chose d'éclatant, comme s'il était un peu enflammé. Les orfèvres français et anglais qui sont aux Îles, ont fait quantité d'expériences, pour imiter ce métal. On dit que ceux qui en ont approché de plus près, ont mis dans leur partie d'alliage sur 6 parties d'argent, 3 parties de cuivre rouge & une d'or. On fait des bagues, des boules, des poignées de cerrures & autres ouvrages de ce métal, qui ont une grande beauté, quoiqu'inférieur au caracoli naturel des Indiens. " L'anecdote

15. Article " orichalque ", de l'*Encyclopédie*.

16. Explication donnée dans la préface du volume, lors de la présentation des auteurs.

17. Article " alliage " de l'*Encyclopédie*.

est savoureuse, qui montre le savoir-faire des artisans européens (et non des moindres) en échec, face à celui des Caraïbes...

Elle est instructive aussi, car elle montre, en toute logique, les orfèvres chercher à obtenir le brillant... le plus brillant ! C'est cette recherche qui donna au zinc droit de cité. Rendre le cuivre plus jaune, donc plus brillant, fut la première propriété qu'on lui reconnut et jusque tard dans le XVIIIe siècle, sa propriété princeps... Dans les *Principes de l'architecture, de la sculpture, de la peinture et des autres arts qui en dépendent, avec un dictionnaire...*, parus en 1676, Félibien écrit du " Zain ou Zin " qu'il est une pierre métallique venue en particulier d'Egypte et d'Allemagne, " et qui donne au cuivre une teinture jaune encore plus belle que la calamine. Mais comme elle est plus chere & plus rare, on ne s'en sert pas si-tost "[18]. Savary reprend : " Le zain... donne au cuivre une couleur d'or assez brillante, mais qui dure peu ". " Le zinc ", écrit encore d'Holbach, " entre promptement en fusion et avant que de rougir, après quoi il s'allume et fait une flamme d'un beau vert clair... : par la déflagration, il se réduit en une substance légère et volatile que l'on nomme fleur de zinc. Mais le caractère qui le distingue, c'est surtout la propriété qu'il a de jaunir le cuivre. " Le " minéral artificiel " se trouva donc justifié dans son existence parce qu'il était un minéral de l'artifice ! Tel, il eut du succès, et excita les imaginations ! Vers la fin du XVIIe siècle, savants — orfèvres — amateurs éclairés composaient des alliages de zinc et de laiton, dans une sorte d'alchimie à la petite semaine d'où naquirent le " métal du Prince ", inventé par le Prince Robert en 1682 et composé de trois parties de cuivre pour une de zinc ; le pinchbeck, composé d'une partie de laiton avec une partie et demie de cuivre ; le " tombac ", alliage de trois parties et demie de cuivre rouge et une partie et demie de laiton ; " l'or de Mannheim " enfin, encore appelé " similor "[19].

UN (DEMI-) MÉTAL

Cela nous amène à William Champion.

Ce qui, à mon sens, anima le métallurgiste dans sa recherche, ce qui le poussa à innover, outre qu'il était le jeune fils d'une famille de métallurgistes particulièrement doués, ne fut pas tant le zinc lui-même, que le laiton. Fort prosaïquement, il chercha à produire du " zinc maison " de façon à mettre sur le marché un laiton de meilleur aspect. J'appuie cette hypothèse sur les propos de Dufrenoy qui établit une relation directe entre industrie du zinc métal et industrie du laiton lorsqu'il décrit les " gisements, exploitations et traitement

18. M. de Ruette, *op. cit.*

19. P. Berthier, " Mémoire sur les alliages de cuivre et de zinc, par M. le docteur Cooper, professeur de chimie et de minéralogie à Philadelphie (*Emporium of Arts and Sciences*, vol. III, 2e série). Extrait accompagné de notes ", *Journal des Mines*, t. III, livre 1er (1818), 65-82.

des minerais de zinc en Angleterre " dans le milieu des années 1820. Constatant que la plupart des usines à zinc de l'Angleterre sont regroupées dans les environs de Birmingham et de Bristol, il commente : " la fabrication du cuivre jaune, qui est principalement et depuis longtemps en activité dans ces deux villes, est probablement la cause de l'introduction de cette industrie à l'époque où l'on commença à faire le laiton par l'alliage direct du zinc métallique en remplacement de la calamine "[20].

Décidé à réussir, Champion accomplit un " tour " d'Europe continentale. Banal, le fait contrecarre l'idée trop simple, d'une diffusion des techniques du centre britannique vers la périphérie… Que chercha le Gallois en réalisant son périple ? Peut-être à en savoir plus long sur les procédés indiens et chinois. Certainement à parfaire ses pratiques et améliorer son savoir-faire par l'observation d'une métallurgie certes traditionnelle, mais remarquablement performante, et multiple en ses procédés. Ce faisant, il opérait — à l'échelle individuelle — un ressourcement. Car une bonne part de la métallurgie anglaise était le fruit, la résultante d'une réimplantation de techniques venues d'Europe continentale, et tout particulièrement d'Allemagne et/ ou du pays de Liège — qui, à cette époque pour le laiton, faisait " centre " si l'on tient absolument à penser en ces termes.

Il serait vain néanmoins, de négliger le savoir-faire britannique en la matière. En plein essor, celui-ci se développait en empruntant des voies parfaitement " exotiques " aux yeux des continentaux, et l'on peut parler d'une césure, au sein du système technique européen, du moins à l'horizon de la métallurgie. Parmi les habitudes qui s'étaient mises en place au point de constituer un " habitus technique ", terreau de la future invention, comptabilisons :

1°) l'application de la réverbération aux techniques de fonte, c'est-à-dire de la transformation de la mine en métal sans contact direct, physique, matériel, intime avec le comburant (le lien serait à établir à cet endroit avec le phlogistique de Stahl, qui fut incontestablement un outil puissant de théorisation dans les deux premiers tiers du XVIIIe siècle[21]) ;

2°) l'habitude de travailler avec du charbon de terre ;

3°) un savoir-faire évident en matière d'alliages, tout particulièrement de production de laiton, qui s'était traduit, à l'échelle de la famille de l'inventeur, par une modification du procédé courant rendu plus économique par l'emploi d'un cuivre beaucoup plus divisé.

Champion n'a donc pas sorti le zinc du néant.

20. Dufrenoy & Elie De Baumont, *Voyages métallurgiques en Angleterre ou recueil de mémoires sur le gisement, l'exploitation et le traitement des minerais d'étain, de cuivre et de plomb, de zinc et de fer, dans la Grande-Bretagne, 1827*, 359-370. La partie concernant le zinc est l'œuvre de Dufrenoy.

21. Voir les travaux d'A.-Cl. Déré (Centre François Viète de l'Université de Nantes).

Mais sa découverte fit grand bruit, quoiqu'elle fût soigneusement placée à l'abri des regards[22]. Intrigués, les savants redoublèrent d'efforts pour déterminer ce qu'était le zinc, pour comprendre ce qu'était cette nouvelle métallurgie. Ce mouvement de pensée, qui reste à comprendre dans son évolution profonde, intéressa toute l'Europe ; il s'accéléra lorsque le procédé tomba dans le domaine public, au milieu des années 1760. Evoquons un bourdonnement, un bouillonnement de recherches, d'expérimentations et d'échanges. Une catégorie nouvelle en émergea, celle de " demi-métal " qui fit avancer la conceptualisation savante de l'alliage, en autorisant une classification du zinc, de l'antimoine, du bismuth, de l'arsenic, du cobalt, soit de toutes ces " substances qui se trouvent dans les entrailles de la terre, minéralisées à la façon des métaux qui, comme ces derniers étant séparés des matières étrangères avec lesquelles elles étaient minéralisées, ont un éclat, une pesanteur, un aspect qui fait qu'on les prend toujours pour des substances métalliques... mais en différent sur plusieurs points : 1) ils sont bien moins fixes au feu & même ils sont presque tous susceptibles d'une volatilisation totale ; 2) ils perdent leur phlogistique beaucoup plus vite et à un feu bien moindre... ; 3) ... ils sont aigres et cassants & se réduisent en poudre avec assez de facilité sous le gros marteau et le pilon, à l'exception du zinc qui soufre plusieurs coups de marteau sans se rompre et que l'on peut même couper avec le ciseau... "[23]. Dans les années 1780, l'Europe savante parlait, pour obtenir le zinc, de " distillation réductive " et, mêlant à ces recherches celles en cours sur l'électricité, elle définissait les principes de la " galvanisation ".

QUATRE PROCÉDÉS

Dans ces mêmes années 1780, l'Europe entrepreneuriale se posa concrètement la question de produire du zinc. Je définirai le délai — quarante années — en terme de latence plutôt que de retard. Le relatif insuccès de William Champion, la faillite de sa société provoquée, explique Joan Day, par la puissante Bristol Brass Company et la coalition des importateurs de zinc indien ; la faillite du contremaître qui reprit l'affaire à son compte en fournissant du matériel de précision pour la navigation, signent l'absence de marché porteur. Or cela changea, dans les années 1780. Le besoin en non-ferreux s'installa qui fut de plomb et de cuivre, plus que de laiton, encore que cela reste à vérifier. Le besoin s'installa et dura, cuivre et plomb étant mobilisés l'un et l'autre pour la construction urbaine et pour la guerre qui faisait rage. En conséquence, les prix flambèrent ; à Nantes et Paris, certains entrepreneurs propo-

22. Le petit texte édité par A.P. Woolrich, *Ferrner's Journal (1759-1760). An Industrial Spy in Bath and Bristol* (basic translation, A. den Ouden), *De Archaeologische Pers*, Eindhoven, est très éclairant à cette égard.

23. Article " zinc " de l'*Encyclopédie*.

sèrent l'utilisation d'alliages à composante de zinc pour la confection des toitures et/ou le doublage des vaisseaux.

Ce n'était encore que prémices : le premier four à zinc continental ne fonctionnera qu'à l'orée des années 1800. La gestation n'est en rien excessive : il faut bien une à deux décennies pour mettre au point un procédé industriel ; de cela, nous avons divers exemples au XIXe siècle. Quant à l'obstination, la poursuite des recherches jusqu'à obtention d'un résultat, mettons-là au compte de l'heure et de ses contraintes. Six ans après la guerre d'indépendance américaine, l'Europe continentale et insulaire s'embrasa de nouveau dans un conflit qui opposa vingt ans durant la France républicaine — puis napoléonienne — aux grandes monarchies. La demande s'accrut en non-ferreux de toutes sortes, plomb, cuivre, laiton pour les emplois guerriers, ce qui donna un espace de commercialisation au zinc dont on cernait désormais les aptitudes. La question n'était plus de comprendre la nature du matériau, mais bien de le produire en grand. Place à l'empirisme donc, pour cette production, mais à un empirisme bien compris.

Les foyers d'innovations furent au nombre de trois : Carinthie, Silésie et pays de Liège. En 1799, Dillinger, en Carinthie, faisait couler du zinc métal dans un four de son crû ; Freytag, en Silésie, parvint au même résultat en 1808 ; Dony enfin, qui avait obtenu la concession du gîte de Moresnet en 1805, déposa brevet en décembre 1809. Trois lieux, trois inventeurs, trois fours : voilà qui bouleverse singulièrement les idées reçues, Dony étant présenté le plus souvent comme l'inventeur du premier mode de production industriel du zinc, Freytag, le Silésien, sous-estimé, et Dillinger, le Carinthien, à peu près ignoré… L'aubaine est grande pourtant, car elle place l'historien, tel un entomologiste, en position si ce n'est de comprendre complètement, du moins d'approcher la manière dont chacun des inventeurs " pensa " son four.

Les travaux de Paul Craddock et de ses collègues historiens et archéologues sur les savoir-faire orientaux en matière de production du zinc[24] sont essentiels ici. Car s'il y a une matrice conceptuelle à rechercher, c'est du côté indien qu'il faut aller et non du côté du Harz. A Goslar, le procédé relevait du fortuit, pas de la véritable intentionnalité, à telle enseigne que le terme même de " procédé " certainement enjolive la réalité. Tandis qu'en Inde, le but était bien de produire du zinc métal. Et la manière de faire remarquablement au point : le minerai était mélangé avec du charbon de bois puis disposé dans des creusets qu'on imaginera comme des sortes de bouteilles renversées avec un fond arrondi ; une baguette de bois était placée dans le centre de manière à ce qu'enflammée, elle libérât un espace d'écoulement ; on ajustait une allonge, sorte de goulot à très long col ; l'ensemble était fiché dans une grille, le goulot à long col vers le bas ; l'espace resté libre entre les creusets était empli de char-

24. P. Craddock (ed.), " 2000 Years of Zinc and Brass ", *Occasionnal Paper*, n° 50, London, British Museum, 1990.

bon de bois (le combustible). Les fours — des rectangles muraillés d'environ 1m30 de haut accolés les uns aux autre pour former des rangées — comportaient donc deux chambres distinctes, l'une, au-dessus de la grille, était la chambre de combustion ; l'autre, au-dessous, la chambre de condensation ; le zinc s'écoulait en gouttelettes le long de l'allonge, et tombait sur le sol de la chambre " froide " dans une petite épaisseur d'eau qu'on avait pris soin d'y placer. Là, on le récupérait[25].

Champion s'inspira de ce savoir-faire, soit qu'il l'ait vu fonctionner (ce qui est peu probable, à moins qu'il ne s'agisse de ce procédé introduit par Isaac Lawson dont fait état Berthold Lauffer en 1919[26]...), soit qu'il ait recueilli des témoignages oraux suffisamment précis pour s'en inspirer, ce qui est beaucoup plus vraisemblable. Comme en Inde, le four était divisé en deux chambres ; comme en Inde, les gouttelettes de zinc coulaient le long d'une allonge ; comme en Inde, elles tombaient dans une pellicule d'eau : les ressemblances sont beaucoup trop nettes et précises pour relever du seul hasard... Le même dispositif de base, distinction chambre de combustion/chambre de condensation, écoulement du zinc per descensum avec cette fois des creusets en forme de cylindres évasés vers le haut et fichés verticalement dans une grille, se retrouve en Carinthie. Dillinger raisonna donc à partir de la même matrice conceptuelle. A quarante années d'écart, les deux hommes adaptèrent le procédé indien en l'extrayant de son antique enveloppe de murets et de creusets et en le plaçant dans des fours et des creusets de formes et de fonctionnement plus habituels à leurs yeux.

Ils utilisèrent pour cette adaptation leurs compétences personnelles, leur aptitude à raisonner par analogie et puisèrent dans leur environnement immédiat les techniques qui pouvaient paraître les mieux adaptées à leur demande en les détournant de leurs utilisations habituelles. Champion réfléchissait dans un environnement où fleurissaient les industries du laiton et du verre, Dillinger dans un environnement dominé par la sidérurgie. De ce fait, les formes globales différèrent. Ainsi les creusets : une fois admise la volatilité du zinc et la nécessité qu'il y avait à trouver un moyen de le condenser et de faire qu'il s'écoule (l'idée selon laquelle l'intérêt pour le zinc aura pu également émerger de l'intérêt pour la vapeur d'eau, n'est pas à rejeter totalement...), il restait à trouver la forme — et le matériau — convenables, puis le dosage adéquat. Champion, en homme du laiton, remplaça les creusets indiens par des pots semblables à beaucoup près à ceux employés pour produire du cuivre jaune. Dillinger, lui, qui ne paraît pas avoir disposé de cette référence, resta beaucoup plus tributaire de la forme indienne.

25. P. Craddock, *op. cit.*

26. B. Lauffer, *Sino-iranica ; chinese contributions to the history of civilisation, in ancient Iran, with special reference to the history of cultivated plants and products*, Chicago, Field Museum of Natural History, 1919, cité par A.-G. Haudricourt, *op. cit.*, 54. Le procédé chinois, dont il s'agirait diffère quelque peu du procédé indien. Voir à ce propos P. Craddock, *op. cit.*

Quant à l'enveloppe globale, j'entends par là, le four capable de proposer à la fois la dissociation chambre de combustion/chambre de condensation et une chaleur adéquate, il y avait deux possibilités ; le four de verrerie et le four à réverbère. Le second était un four de métallurgiste, le premier non. Celui-ci était à chauffe et cheminée centrale ; celui-là à chauffe et cheminée latérale. Le four de verrerie était utilisé depuis des lustres ; le four à réverbère d'invention récente, du moins dans sa variante de première fusion. Mais tous deux avaient en commun de chauffer très fort. Champion opta pour le four de verrerie ; Dillinger pour le four à réverbère[27].

Entre 1740 et 1800, la production de zinc " s'européanisa " donc, en quoi débuta son industrialisation.

La Silésie ne manquait pas de calamine ; il était logique que les Silésiens s'intéressassent au zinc, ce qu'ils firent dès 1798. Ruberg s'y essaya ; il disparut en 1805 sans avoir obtenu de résultats concrets, mais le chantier qu'il laissait était en bonne voie de réussite : en moins de trois années, Freytag qui lui succéda dans l'aventure, obtint le métal désiré. Quoique procédant également par emprunts et adaptation à partir de la materia technique ambiante (pratiques et disponibilités en matières premières, minerai et combustible), et précisément parce qu'ils procédèrent de cette manière, Ruberg et Freytag mirent au point un procédé totalement différent des deux précédents. Verriers de formation, ils négligèrent les techniques métallurgiques et leur lot de réverbères et de pots à laiton et cherchèrent non seulement à produire du zinc, mais encore à le produire en continu. Or, cela revenait à vouloir charger le mélange cru et récolter le métal sans interrompre la combustion. Autant dire que la recherche était ambitieuse et totalement neuve ! Rompant avec la manière indienne, les Silésiens optèrent pour une disposition horizontale de la charge, en lieu et place de la disposition verticale et utilisèrent pour ce faire le bon vieux moufle de verrerie dont ils fermèrent la face antérieure en la dotant, idée remarquablement ingénieuse, d'une allonge en forme de " botte " coudée. Horizontalité + botte : l'artifice autorisa le travail en continu ; on ménagea une ouverture dans la partie supérieure de la botte (à l'endroit du " talon " de la botte) pour charger le moufle en minerai, tandis que le zinc s'écoulait à mesure qu'il se formait par la partie coudée de l'allonge[28].

Puis Dony vint. L'abbé ne fut ni le premier, ni le seul à produire du zinc... Mais, à mon sens, il fut le seul à avoir été non pas un homme d'atelier, un technicien mais un homme de science, un " intellectuel ". Ce liégeois, féru d'expérimentation et de métallurgie, accepta les exigences des autorités françaises qui avaient assorti l'octroi de la concession du gîte de Moresnet d'une clause

27. Pour tout ce qui concerne Dillinger, voir A. Lodin, *op. cit.*, qui se réfère à trois ouvrages : *Gilbert's Annalen des Physik*, t. XX (1805), 252 ; Hollunder, *Tagebuch einer metallurgisch-technologischen Reise...*, Nürnberg, 1824 ; Karsten, *System des Metallurgie*, t. IV.

28. A. Lodin, *op. cit.*, qui se réfère à Freytag, *Archiv für Berbau und Hüttenwesen*, t. II, 2e partie 1820, 66-126.

métallurgique : le futur concessionnaire avait obligation de produire du zinc métal s'il voulait garder le bénéfice de la concession. Comme ses collègues et désormais concurrents, Dillinger et Freytag, l'abbé procéda en utilisant l'habitus technique ambiant, à ceci près qu'il put bénéficier, en ce cas précis, de l'expérience acquise par la communauté scientifique. Villette, que l'abbé connaissait et dont il reçut conseil, était parvenu, dès 1789, à produire du zinc dans son laboratoire liégeois en s'aidant des résultats que lui avait communiqués Margraff. La voie choisie par l'abbé ne fut pas celle de la verrerie, peu pratiquée dans le pays de Liège, ni même donc celle du laiton — incapable par elle-même d'assurer une continuité productive indispensable désormais eu égard au développement du marché et de la concurrence. En parfaite originalité, il décida d'adapter au zinc les techniques de cémentation du fer et opta pour un type de four proche de celui décrit par Réaumur dans son traité sur l'Art de convertir le fer forgé en acier et l'Art d'adoucir le fer fondu. Le four liégeois fut donc, originellement, un four de cémentation adapté aux besoins du zinc, un four vertical avec une chauffe située exactement en dessous de la chambre de réduction, doté en sa partie centrale d'un énorme creuset qu'environnaient les flammes dans leur trajet vers la vaste cheminée centrale. Tel, il fut breveté en 1809. Il devait donner de bien médiocres résultats, du fait (entre autres) que la charge n'était pas assez divisée. On l'améliora donc. Comme en Silésie, Dony s'en tint à une disposition horizontale mais, lui, choisit de placer la charge dans des " tuyaux " de briques réfractaires, auxquels il adapta des allonges en tôles où se condensaient le zinc. C'est ainsi qu'à Liège, on assura la continuité de la chauffe, en " tirant " le zinc des allonges, puis, lorsque tout le minerai était réduit, en ôtant les allonges, en vidant in situ les creusets des résidus, en les rechargeant en minerai, enfin en replaçant les allonges que l'on calait sur la " devanture " du four.

DEUX FILIÈRES

Des quatre procédés mis au point en Europe entre 1740 et 1810, deux seulement — le silésien et le liégeois — se révélèrent adaptables, améliorables au point de faire souche et de donner existence à deux filières de production distinctes dont naîtra dans le troisième tiers du XIXe siècle, la filière rhénane[29]. Les procédés gallois et carinthien durèrent certes, longtemps même : près d'un siècle pour le premier, un peu plus d'un demi-siècle pour le second ; mais sans véritablement se détacher de leur état initial (ce qui ne veut pas dire qu'ils connurent pas d'améliorations) comme s'ils étaient fossilisés, captifs, bloqués en leurs formes premières.

Les résultats obtenus par chacun des dispositifs dans les années 1810 éclairent partiellement cette différence de destin. Evoquons en premier lieu les

29. Pour tout ce qui concerne les procédés et filières du zinc, voir A.-F. Garçon, *op. cit.*

quantités brutes de zinc obtenues par chacun d'entre eux, telles que Lodin les calcule dans sa Métallurgie du zinc. En 1820, le " four gallois à 6 pots " produisait 143 kg de zinc en 24 heures (ce sont là des chiffres purement fictifs ; en fait, il fallait 70 heures pour obtenir 400 kg de zinc) ; le " four carinthien de 135 tubes " était nettement moins productif, 30 kg de zinc par jour ; le " four silésien à dix moufles " donnait, quant à lui, 120 kg de zinc, enfin le " four liégeois à 22 creusets ", 80 kg. Les différences sont impressionnantes, mais pour être jugées à leur véritable valeur, elles exigeraient une analyse de détail, qui n'est pas actuellement à notre portée. Disons néanmoins, pour gommer volontairement des différences qui pourraient induire de trop hâtives conclusions, que chacun de ces fours (ou leurs états antérieurs) fournissait de 150 à 170 kg de zinc par semaine dans le début des années 1810, que l'on considérera comme étant la norme productive du moment. Par ailleurs, eu égard aux différences de qualité de minerai traité, considérables de région à région à cause des différences de teneur, il est inutile d'établir des comparaisons de rendement minerai/métal entre procédés. Mais il est tout à fait possible de comparer la consommation en combustible par tonne de minerai traité dans chacun des procédés, qui est une autre manière de juger. C'est même une comparaison très éclairante : le rapport tonne de combustible/tonne de minerai traité oscille entre 7,5 à 9 pour 1 dans le procédé gallois, 12 à 15 pour 1 dans le procédé carinthien, 6 pour 1 dans le Silésien, 4,6 pour 1 dans le procédé belge… Dans tous les cas, il s'agissait de houille, sauf pour le four carinthien qui travaillait au bois. La moindre compétitivité de ce four apparaît donc en toute netteté ; quant à celle du four gallois, elle se discute.

Ce qui rendait le procédé carinthien extraordinairement coûteux était son mode de fonctionnement : pour recueillir le zinc après la réduction, il fallait entrer à l'intérieur du fourneau, ce qui obligeait d'attendre deux journées complètes qu'il fût suffisamment refroidi ! Alors seulement, on déchargeait et on rechargeait les creusets, et cela mobilisait une autre journée complète. Lorsque les opérations de fonte reprenaient, c'était dans un four tout juste tiède… ! Pour le coup, l'" européanisation " n'est guère probante (les fours indiens, qui fonctionnaient en batterie, pouvaient fournir 400 kg de zinc hebdomadaire) d'autant que la technique était impossible à modifier du fait même de sa conception. Enfin, pour comble, les usines de Dollach près de la Drave et du Gross Glockner, où le four était utilisé, ne disposaient à proximité d'aucunes ressources minérales… Voilà une bien étrange histoire que celle d'un procédé qui naquit bloqué et coûteux et qui néanmoins vécut quarante années. D'où vient qu'il existât et se maintînt tout ce temps ? Du hasard, sans doute… et/ou de la nécessité de fournir son laiton aux armées lors de l'épopée napoléonienne, puis d'une continuité assurée dans (et par) un milieu techno-économique sans grand élan et sans grande concurrence.

Quand il découvrit le procédé gallois, dans les années 1820, Dufrenoy le jugea coûteux en combustible et en minerai ; le zinc produit était cher. Clairement, pour lui, le four Champion, en dépit des améliorations qu'il avait reçues, n'était pas compétitif, et s'il durait, c'était par la seule grâce de la protection douanière, le gouvernement britannique ayant choisi de mettre le zinc britannique à l'abri de la concurrence des zincs silésiens et/ou belges. Le raisonnement mériterait qu'on y regarde de près, tant le discours sur les droits de douane était prégnant dans les milieux métallurgiques de la Restauration, tout particulièrement ceux qui s'occupaient de plomb (géologiquement, les minerais de plomb et de zinc appartiennent à la même minéralisation). Néanmoins, la disparition du procédé gallois dans la seconde moitié du XIXe siècle inclinerait à donner raison à l'ingénieur français. Faut-il pour autant retirer au four Champion ses mérites ? La précocité de sa mise au point et sa relative efficacité autorisent d'en parler comme d'un prototype ; les hommes de la pratique découvrirent les inconvénients du travail en pots, dont la forme ne permettait pas d'assurer la réduction complète du minerai, les parties centrales restant à demi-traitées. Mais comme dans le procédé carinthien, il était impossible de modifier ces récipients sans modifier la forme complète du four et repenser complètement la chauffe... Le procédé gallois ne pouvait donc être que ce qu'il était.

Les fours Freytag et Dony furent mis au point dans une ambiance radicalement différente de marché dynamique et d'affirmation nationale à laquelle le zinc participa. Marché dynamique : on savait, depuis 1805, date du dépôt de brevet par Sylvester et Hobson (la technique est britannique donc), que le zinc pouvait être laminé. Il devenait intéressant de produire le nouveau métal, non seulement pour obtenir le laiton, mais aussi pour couvrir les toits, à l'instar du cuivre et du plomb. Dony et Freytag travaillèrent avec cet avenir commercial en ligne de mire. L'un et l'autre avaient à leur disposition d'immenses ressources minérales et houillères à mettre en valeur et c'est là qu'intervient l'affirmation nationale : l'administration française voulait relancer le gîte de Moresnet ; quant à Freytag, il travaillait dans une fonderie royale. L'Etat prussien outre qu'il avait besoin de valoriser ses richesses naturelles, voulait donner de lui une image de modernité. L'innovation fut donc la bienvenue. Métal neuf dans un pays neuf ; métal du pays produit par lui : comme un étendard, le zinc fut employé (et pour tout dire expérimenté) pour couvrir les toits des palais royaux et des grands édifices de Berlin dans le début des années 1810[30].

Mais les deux procédés naquirent contraints, eux aussi. Stimulé par le marché et la concurrence, Freytag essaya d'agrandir ses fours de manière à obtenir plus de zinc. Le résultat fut piètre, en raison de la qualité médiocre de la houille silésienne, dont la flamme était insuffisamment chaude et régulière pour assurer une réduction identique en tous les points du four. Dans ces fours agrandis, les moufles placés près de la chauffe centrale étaient dévorés pas les

30. Fait établi par A. Guillerme dans *Bâtir la ville. Révolutions industrielles dans les matériaux de construction. France - Grande-Bretagne (1760-1840)*, Seyssel, Champ Vallon, 1995, 260ss.

flammes tandis que ceux placés à l'extérieur manquaient de chaleur. Le Silésien essaya bien de remplacer les moufles par des creusets liégeois. Là, ce fut le minerai qui fit défaut, parce qu'il n'était pas assez fusible pour répondre à ce type de récipient. Les conditions physiques furent donc déterminantes pour la détermination des deux procédés : Dony, qui avait à sa disposition du minerai fusible et de la houille à fort pouvoir calorique, mit au point un four vertical, élancé, avec organisation de la charge en hauteur ; Freytag, qui avait à sa disposition de la houille à faible pouvoir calorique et un minerai peu fusible, mit au point un four allongé avec de la charge autour d'un foyer central. Mais cela, ni l'un ni l'autre ne le savaient en commençant leurs expérimentations ; ils le découvrirent à mesure des résultats.

Ce qu'ils ne pouvaient savoir non plus, est qu'ils avaient mis au point l'un et l'autre des fours fortement adaptables, possédant des qualités techno-économiques distinctes, et de ce fait, destinés à " faire filière ". La discussion courut, dans la France des années 1840 de savoir lequel, du four silésien ou du belge, était le plus performant. Il s'avéra que la question était sans réponse, du moins si on la posait en termes bruts de préférence : les deux procédés de par leurs qualités propres, ne répondaient pas aux mêmes indications. Le procédé liégeois, était certes plus productif, mais il exigeait une houille d'une qualité irréprochable, et des ouvriers parfaitement formés ; il coûtait cher en fonctionnement. Le procédé silésien était certes moins productif, mais il était plus simple à mettre en œuvre, moins exigeant en qualité de zinc, de houille et de savoir-faire ouvrier ; il était moins onéreux. Les industriels européens optèrent pour l'un ou pour l'autre, en fonction de leurs besoins — ou de l'idée qu'ils en avaient. Ainsi, les industriels britanniques du zinc, tout comme la Vieille-Montagne, n'hésitèrent pas à employer le procédé silésien quand cela fut nécessaire, en l'adaptant aux caractéristiques géologiques de l'endroit, à Llansammet, par exemple, dans le pays de Galles, où il fut doté de hautes cheminées. L'exemple n'est pas anodin : ce déplacement technique à caractère pleinement industriel s'effectue de la Silésie — théoriquement pays périphérique — vers le Pays de Galle, théoriquement pays centre, et quasiment nombril de l'industrialisation ! Et pour aller plus loin encore dans ce sens, la filière silésienne parce qu'elle était plus souple d'utilisation, moins liée à son terroir d'origine que la filière belge, fut longtemps aussi plus adaptable. Plus encore, c'est en elle que la chauffe gazogène, technique fondamentale des années 1860, dont Siemens devint le maître incontesté trouve son origine. En l'occurrence, où y a-t-il centre ? Où y a-t-il périphérie ?

Revenons, en conclusion, sur ce schéma si fortement présent dans l'historiographie du système technique européen. Implicitement, il s'appuie sur la métaphore de l'onde. Partie d'un lieu central — qui en constitue l'ombilic — l'onde de choc de l'industrialisation se serait propagée progressivement jusqu'à la périphérie, et avec elle son lot de progrès et de dégâts, diversement appréciés selon que l'on se trouve en début ou en fin de XXe siècle. Le rapport

Grande-Bretagne/reste de l'Europe, se calque ici sur le rapport Europe/reste du monde. Ce modèle se retrouve presque à l'identique, quoique plus masqué, dans la description techno-économique : il étaye la description de la diffusion des techniques industrielles, le centre étant constitué par la machine à vapeur qui gagne progressivement sur les périphéries hydrauliciennes. Enfin, il n'est jusqu'à la définition purement technologique de l'industrialisation, qu'il est aisé de décrire comme partant d'un centre " techno-scientifique " et gagnant progressivement sur la friche de l'empirisme et de la technique au sens élémentaire du terme.

Or, aucun récit n'est univoque, sauf lorsqu'il occupe une place qui n'est pas la sienne, ce qui arrive par exemple lorsqu'il sous-tend inconsciemment un raisonnement scientifique. Et la pensée scientifique, a ceci de particulier, que loin d'effacer le mythe, elle le réifie en le faisant basculer dans l'implicite. Ignorer la métaphore est donc risqué. Je souscris pleinement au présupposé initial — et fondamental — de René Leboutte, à savoir la nécessité, pour arriver à une lecture correcte de l'évolution de l'espace économique, social, culturel et technique européen, de penser " en termes de bassin ". Mais c'est pour ajouter d'une part qu'il est capital de ne pas limiter cette optique aux seules époques contemporaines (XIXe et XXe siècles) car, en matière d'industrialisation comprendre l'après ne peut se faire sans avoir déterminé l'avant, qui se posa lui aussi le plus souvent en terme de " bassins " quoique non urbains ; d'autre part, qu'il est important de renoncer au " modèle de l'onde ".

Ce modèle présente en effet trois inconvénients : celui de poser sans la résoudre, la question de l'élan initial, de l'impetus, et, de ce point de vue, d'induire une lecture strictement " postérioriste ", le " centre " devenant au mieux un irréductible, au pire un punctum caecum ; celui de résoudre d'avance la question de la friche, et donc le problème de la réversibilité de l'évolution, qu'on appelle aujourd'hui " rebondissement ". (Il y a là, comme un défaut qui tient à la forme même du raisonnement scientifique, au moins dans sa variante européenne et plus largement occidentale, savoir le caractère inéluctable de son lien avec le progrès). Enfin, sorti — précisément — de l'observation des " locomotives " de l'industrialisation, charbon, machine à vapeur (et même là, cela se discute), celui de ne pas correspondre aux faits, ce que montre l'histoire du zinc. Aussi bien, puisqu'il y a obligation métaphorique, pourquoi ne pas utiliser celle du tissu biologique et envisager les " bassins " en termes de cellules techno-économiques ? N'est-ce pas une matière vivante (mais alors susceptible aussi de disparition et de mort), une matière en remaniement constant, que dévoile, découvre, met à jour l'histoire du développement technique en particulier, et plus largement l'histoire en général ?

LE RÔLE DES LABORATOIRES INDUSTRIELS DANS L'ÉMERGENCE D'UNE MÉTALLURGIE SCIENTIFIQUE À L'ORÉE DU XXe SIÈCLE (1860-1914)

Nicole CHEZEAU

INTRODUCTION

Autrefois tout ce qui était lié à la fabrication du fer et de l'acier était empirique, fondé uniquement sur le savoir-faire (*rule of thumb*).

Ce stade fut suivi par l'introduction des machines d'essais mécaniques, à partir de 1860, lorsque les propriétés mécaniques apparurent dans les spécifications imposées aux fabricants. Au même moment, avec l'apparition du procédé Bessemer, vint la prise de conscience de l'importance de la composition chimique de l'acier, composition qui influençait sa résistance et son comportement. On installa donc les premiers laboratoires de chimie à partir des années 1860 pour établir des corrélations entre les propriétés mécaniques et la composition.

Cependant il fallut se rendre à l'évidence qu'il devait y avoir d'autres facteurs influençant les qualités mécaniques de l'acier puisque, pour une même composition, on pouvait trouver des caractéristiques très différentes suivant les traitements thermiques ou mécaniques appliqués. Les plus curieux et les plus doués des ingénieurs en place dans ces laboratoires de contrôle vont développer de nouveaux moyens d'investigation pour connaître et contrôler ces facteurs. C'est l'étude des microstructures qui ouvre un nouveau champ de possibilités. La publication de leurs premières recherches éveille l'intérêt des scientifiques (universitaires, professeurs d'écoles techniques) qui se lancent dans un ensemble de recherches très soutenues sur toutes les propriétés physiques des métaux, dont l'ensemble des résultats fonde la nouvelle science du métal : la métallographie.

Stimulées par ces scientifiques passionnés, les industries sidérurgiques vont alors, progressivement, adjoindre à leur laboratoire de contrôle un équipement métallographique. Le laboratoire ainsi complété pourra s'engager dans la voie de la recherche-innovation.

PREMIERS LABORATOIRES D'ESSAIS MÉCANIQUES

En examinant les diverses méthodes de recette, on constate que, jusqu'au milieu du XIXe siècle, la méthode la plus généralement appliquée à l'essai des métaux était le pliage et le choc[1]. L'essai de traction, qui caractérise une qualité du métal appelée résistance[2], n'a d'abord été utilisé que pour l'essai des pièces terminées et pour l'étude des matériaux. Ce n'est qu'après 1860, à la suite d'une importante étude due à l'anglais D. Kirkaldy, que l'essai de traction a été inclus dans les techniques de recette[3]. Cette étude approfondie fit, en effet, entrevoir la possibilité de mesurer la qualité du métal par un essai de traction, tandis que les procédés de recette habituels ne permettaient que d'apprécier cette qualité.

Simultanément, l'apparition sur le marché du nouvel acier fondu, obtenu par le procédé Bessemer, rendit absolument nécessaire l'application d'une méthode permettant aux ingénieurs de définir exactement, par des chiffres, dans leurs cahiers des charges, les qualités qu'ils jugeaient nécessaires. Après 1870, on voit apparaître un nombre croissant de laboratoires d'essais des matériaux, équipés de machines de traction.

En Angleterre, suivant l'exemple du premier laboratoire commercial fondé par Kirkaldy en 1865, les essais sont souvent effectués par des laboratoires privés mais les industries productrices s'équipent aussi : Cammell Co. à Sheffield installe une machine de traction de 50 tonnes dès 1862 (fig. 1). Dans les années 1880 de nombreux établissements d'enseignement commencent aussi à se doter de machines d'essais, grâce à des subventions d'industriels ou de corporations.

Aux Etats-Unis, l'installation de la machine construite par A.H. Emery à l'arsenal de Watertown en 1875 marque le début de la période où l'importance des essais est unanimement reconnue[4].

1. Pour une étude détaillée des conditions de recette du matériel militaire en France voir : H. Coquet, *La Sidérurgie fine du Centre et l'industrie lourde de guerre (1852-1914)*, DEA d'Histoire des techniques, 1996.

2. Sur l'histoire de la résistance des matériaux voir l'ouvrage très complet de S.P. Timishenko, *History of strength of materials*, New York, 1953

3. D. Kirkaldy, *Results of an experimental enquiry in the comparative tensile strength and other proprieties of various kind of wrought iron and steel*, Glasgow, 1862.

4. Pour une description détaillée de la machine d'Emery, et de toutes les autres machines de traction, du premier dispositif dû à Galilée, voir l'ouvrage très documenté de C.H. Gibbon, *Materials Testing Machines*, Pittsburg, 1935.

FIGURE 1

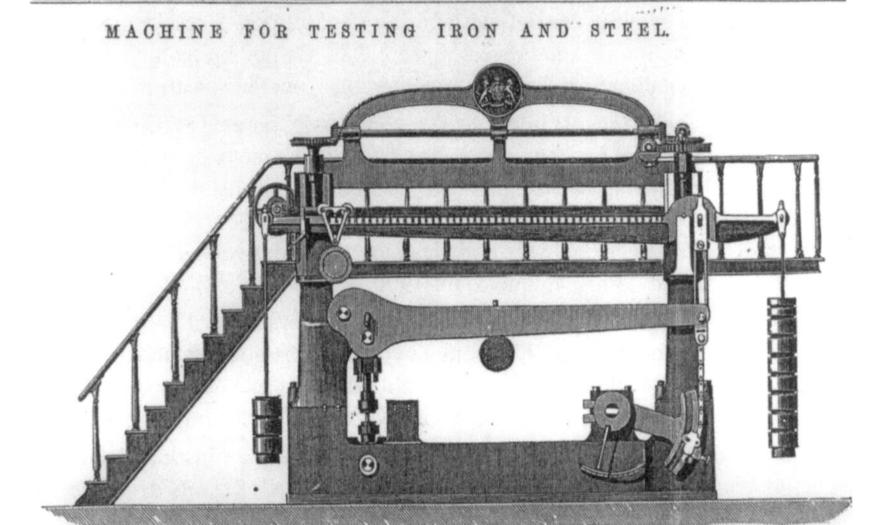

Machine d'essais pour mesurer la résistance de l'acier, fabriquée pour Messers. Charles Cammel and Co. (Cyclops Works, Sheffield), présentée à l'exposition Universelle de Londres en 1862.

Les gros producteurs comme la *Bethlehem Iron Co.* (Bethlehem, Pa.) font installer des machines de traction du modèle Emery. Les gros consommateurs s'équipent également. La *Pennsylvania Railroad Company* installe la première un laboratoire d'essais mécaniques dès 1874. Il existe aussi des laboratoires privés[5].

Les écoles techniques américaines se dotent progressivement elles aussi, de laboratoires d'essais mécaniques. Le premier est installé en 1871 à l'Institut Stevens, à Hoboken près de New York.

En France c'est le Ministère de la Marine qui introduit l'essai de traction dans ses conditions de recette dès 1868, puis celui de la Guerre lors de la réorganisation de l'armée après 1870. Des officiers de l'Inspection des Forges sont affectés aux usines importantes pour suivre la fabrication et faire effectuer les contrôles. La collaboration des officiers des forges avec les ingénieurs de production conduira " sinon à un travail en commun, du moins à une démarche scientifique et technique commune avec la définition de machines d'essais et de méthodes d'interprétation des résultats "[6].

5. *The Iron Trade Review* (juillet 1899), 13.
6. H. Coquet, *op. cit.*, 125.

Les grosses industries sidérurgiques ont installé des machines d'essais mécaniques dès le début des années 1860, comme en témoigne ce compte rendu sur les Etablissements Schneider à l'Exposition Universelle de 1867 : " Plus de mille expériences ont été faites au Creusot pour l'essai rationnel des fers et l'appréciation de leurs diverses propriétés. De nombreux appareils, dont quelques uns ont coûté des sommes considérables, ont été construits exprès "[7].

Les compagnies de chemins de fer vont aussi, après 1870, se doter de machines de traction. La compagnie PLM est une des mieux équipées. Par contre les établissements d'enseignement technique français ne suivent pas le mouvement. L'Ecole des Ponts et Chaussées s'équipe pour les essais sur les matériaux métalliques en 1886, mais les autres grandes écoles ne posséderont pas de laboratoire de mécanique avant 1900.

Dans le reste de l'Europe continentale, des laboratoires d'essai des matériaux se développent après 1870 sous le contrôle des gouvernements. Ils sont installés dans les écoles d'ingénieurs et utilisés non seulement pour des essais pour l'industrie mais aussi pour le travail de recherche des professeurs.

Le premier laboratoire de ce type fut fondé en 1871 à l'Institut Polytechnique de Munich. La même année un laboratoire officiel d'essais des matériaux est aussi installé à Berlin.

L'année 1873 voit s'ouvrir un laboratoire à l'Institut Polytechnique de Vienne, puis en 1879 c'est au tour de l'Institut Polytechnique de Zurich[8] de s'en pourvoir. Les grosses industries productrices s'équipent aussi : Krupp installe un laboratoire complet de mécanique dès 1862 dans son usine d'Essen. En Suède, l'industrie sidérurgique suédoise organise un laboratoire corporatif en 1875, doté d'une machine de Werder de 100 tonnes.

Parallèlement à ces laboratoires d'essais mécaniques, on voit apparaître les premiers laboratoires de chimie dans l'industrie métallurgique.

Si la métallurgie avant le procédé Bessemer peut être qualifiée d'empirique et de qualitative, la métallurgie après Bessemer devient chimique et quantitative. Mais c'est surtout lorsque le procédé Siemens Martin apparaît en 1864 que les premiers chimistes sont embauchés dans les aciéries les plus importantes[9].

L'adoption des méthodes d'analyse chimique reflètent aussi le changement d'échelle de la production qui va inévitablement exiger une forme de standardisation pour garantir la qualité du produit.

7. C.A. Opperman, *Visites d'un ingénieur à l'exposition universelle de 1867*, Paris, J. Baudry, 1867. On trouve les schémas des machines de traction et d'essai au choc utilisées au Creusot dans H. Lebasteur, *Les métaux à l'Exposition Universelle de 1878*, Paris, Dunod, 1878.

8. A.B.W. Kennedy, " The use and equipment of engineering laboratories ", *Proc. Inst. Civ. Eng.*, 88 (1887), 1-63.

9. Ce procédé demandait un temps de chauffage de plusieurs heures, le contrôle par analyse chimique de la charge en cours de processus était donc plus aisé que dans un convertisseur Bessemer.

En Angleterre, dès 1864, la firme Cammells de Sheffield embauche un chimiste. En 1870, c'est au tour de Vickers d'analyser l'acier dans son laboratoire et, en 1873, de Brown Bayleys. Les autres usines de Sheffield suivront.

Des installations du même type sont installées aux Etats-Unis simultanément[10]. La première aciérie Bessemer expérimentale qui est installée à Wyandotte, Michigan, en 1863 sous la direction de W. Durfee, se dote d'un laboratoire d'analyse (fig. 2)[11]. La *Midvale Steel Works* (Philadelphie), fondée avec l'aide des sidérurgistes de Sheffield en 1867, installe un des premiers fours Siemens Martin en 1870 et embauche en 1872 un chimiste formé en Europe, dont le premier travail consiste à analyser et étiqueter tous les matériaux bruts stockés dans la cour[12].

FIGURE 2

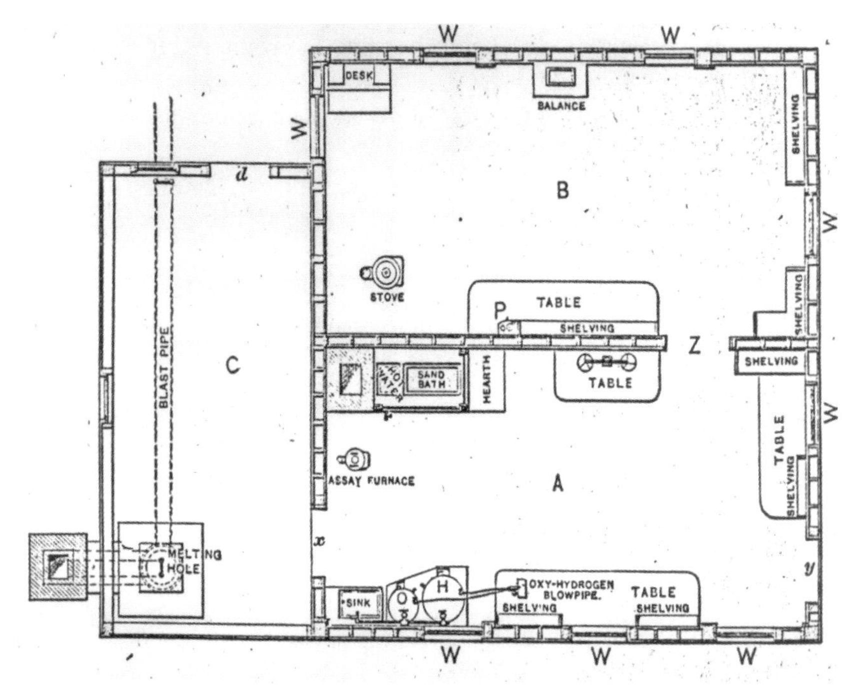

Plan du laboratoire de Durfee à Wyandotte
désigné ironiquement sous le sobriquet de Durfee's " 'pothecary shop ".

10. Pour une description très documentée de l'implantation de la technologie Bessemer aux Etats-Unis voir T.J. Misa, *Science, technology and industrial structure : Steelmaking in America 1870-1925*, Ph.D. Dissertation, Univ. Pennsylvania, 1987, chap. 1 " The dominance of rails ".

11. W.F. Durfee, " An Account of a chemical Laboratory erected at Wyandotte, Michigan, in the year 1863 ", *Trans. AIME* , 12 (1883-1884), 223-238.

12. J.L. Cox, F.B. Foley, " Pioneering at Midvale ", *Metal Progress*, 18 (1930), 51-56.

La *Carnegie Steel Company* embauche vers 1875 un chimiste allemand pour analyser les minerais et les produits. Il trouve que des minerais considérés jusque là comme de mauvaise qualité, et donc peu chers, peuvent produire de la bonne fonte et du bon acier avec de judicieux ajouts[13]. A. Carnegie dans ses mémoires regrette de ne pas avoir fait appel plus tôt à la chimie : *What fools we had been ! But then there was this consolation, we were not as great fools as our competitors*[14].

De fait, l'analyse chimique était au début souvent considérée avec méfiance, sinon avec mépris, par les hommes de l'art. Le laboratoire de W. Durfee à Wyandotte était désigné moqueusement comme Durfee's " pothecary shop " et certaines de ses premières expériences furent même sabotées.

Les utilisateurs d'acier, eux aussi, ont besoin d'information sur les caractéristiques du matériau qu'ils utilisent et ils font, à côté des essais mécaniques de réception déjà pratiqués, appel à des chimistes.

En 1875 la Pennsylvania Railroad recrute le chimiste C.B. Dudley pour organiser un laboratoire destiné à tester et analyser les matériaux achetés.

En France, les usines du Creusot ont très tôt appliqué des méthodes scientifiques à leur projet industriel.

On trouve mentionnée l'embauche de deux chimistes pour le " laboratoire de chimie " en juillet 1860 et mars 1861[15]. Ce laboratoire de chimie sera agrandi et réaménagé en 1872-73.

On peut noter aussi la création en 1867 d'un laboratoire de chimie aux Etablissement J. Holtzer (Unieux) par J.B. Boussingault. Avec A. Brustlein qui le rejoint en 1871, ils vont s'illustrer dans la recherche sur les aciers au chrome. La compagnie de Terre Noire qui, la première en France, avait adopté le procédé Bessemer en 1862, se distingue très tôt par ses recherches sur l'influence de la composition chimique sur la nature et la composition de l'acier. Ses études portent sur l'influence du manganèse, du silicium, du phosphore. A l'exposition de 1878, elle expose une collection de 455 échantillons sur lesquels elle a effectué des analyses et des essais mécaniques très complets[16].

Vers 1880, le laboratoire de chimie est partout installé. Il est devenu partie intégrante des laboratoires de contrôle. Cependant, malgré les espoirs mis dans l'analyse chimique, on s'aperçoit vite qu'elle n'est pas suffisante, que des facteurs autres que la composition doivent entrer en jeu. La métallographie microscopique qui débute dans les années 1880 apporte l'outil d'investigation nécessaire pour aller plus loin dans la connaissance du matériau métallique et s'introduit progressivement dans l'industrie.

13. H. Livesay, *Andrew Carnegie and the rise of big business*, Baltimore, 1975, 109-130.

14. *The autobiography of Andrew Carnegie*, Boston, 1920, 182.

15. Archives de l'Académie François Bourdon, AFB, dossier 01L0173.

16. V. Bouhy, *La fonte, le fer et l'acier à l'Exposition Universelle de Paris de 1878*, Bruxelles, Vve Ch. Vanderauwera, 1879.

LA MÉTALLOGRAPHIE S'IMPLANTE DANS LES LABORATOIRES INDUSTRIELS[17]

Les trois pionniers de la métallographie sont chronologiquement, l'anglais H.C. Sorby, l'allemand A. Martens, et le français F. Osmond.

Les débuts de la métallographie microscopique se situent en Angleterre et sont dus aux travaux de Sorby qui met au point en 1864 une technique, la micrographie, utilisant la microscopie par réflexion de surfaces polies et attaquées à l'acide, puis la photographie des images ainsi obtenues. Ses rapports devant la *British Association* n'attirent pas l'attention. Ce n'est que vingt ans plus tard, après les publications de Martens, qu'il s'y intéresse à nouveau[18].

Quand J.O. Arnold[19] est nommé professeur de métallurgie à l'Ecole Technique de Sheffield en 1889, Sorby lui communique ses échantillons et ses méthodes et Arnold, persuadé de l'importance industrielle de la technique (à une époque ou peu l'étaient), entreprend des recherches et se fait l'apôtre de la méthode auprès des industries sidérurgiques de Sheffield.

Son laboratoire, situé au coeur des aciéries, lui permettra de jouer un rôle de consultant très influent auprès des fabricants locaux[20]. Arnold eut aussi une grande influence comme professeur. Après 1900, ce sont ses anciens étudiants qui, recrutés dans les aciéries de Sheffield, vont équiper leurs usines de laboratoires de métallographie. Dès 1902 Cammells et Vickers s'équipent. D'autres firmes de Sheffield (Jessops, Bedfords, Fox, Edgar Allens) commencent aussi à installer leurs propres laboratoires à ce moment.

Cependant même les industriels qui s'étaient équipés de microscopes métallographiques ne savaient pas toujours ce qu'ils pouvaient espérer de cette technique.

17. Si on entend par laboratoires industriels tous les laboratoires travaillant pour l'industrie, on peut y inclure les : laboratoires d'usines, laboratoires coopératifs (commun à une corporation), laboratoires gouvernementaux, laboratoires universitaires, laboratoires commerciaux privés, laboratoires appartenant à des sociétés scientifiques et techniques ou des fondations. Liste établie par A.P.M. Fleming, *Industrial Research in the United States of America*, Department of Scientific and Industrial Research, London, 1917. Nous nous intéresserons dans cette étude surtout aux laboratoires d'usines et dirons quelques mots des laboratoires gouvernementaux. Pour les laboratoires universitaires voir : N. Chezeau, " L'enseignement pratique de la métallurgie (1865-1914) ", *Actes du colloque " Léon Guillet (1873-1946) pionnier de la science industrielle ", 6 nov. 1996*, éd. Ecole Centrale Paris, à paraître.

18. H.C. Sorby, " On the application of very high powers to the study of microscopical structures of Steel ", *J. Iron Steel Inst.*, 1 (1886), 140-144. H.C. Sorby, " On the microscopical structure of iron and steel ", *J. Iron Steel Inst.*, 1 (1887), 255-288.

19. F.C. Thomson, " John Oliver Arnold 1858-1930 ", *The Sorby Centennial Symposium on the history of metallography*, Gordon Breach, 1965, 99-107 ; R.A. Hadfield, T.G. Elliot, G.B. Willey, " The development and use of the Microscope in Steelworks ", *Journal of the microscopical society* (1925), 105-132. Sur Arnold voir G. Tweedale, " Science, innovation and the " rule of thumb " : the development of British metallurgy to 1945 ", *The challenge of new technology*, J. Liebenau, Gower, 1988, 114.

20. M. Sanderson, " The Professor as Industrial Consultant : Oliver Arnold and the British Steel industry, 1890-1914 ", *Economic History Review*, 31, 2e série (1978), 585-600.

Pour tenter d'apporter une réponse à cette question J.E. Stead[21] va promouvoir activement la métallographie microscopique par de nombreuses conférences devant des sociétés techniques[22].

Avec les travaux et le charisme d'Arnold et de Stead, les sidérurgistes anglais commencent à s'intéresser sérieusement à la métallographie et les nouveaux laboratoires prouvent très vite leur utilité, au cours de la compétition que les sidérurgistes de Sheffield mènent contre les américains autour des aciers rapides après 1900. Cette intense compétition pour les aciers rapides va amener d'autres firmes à s'équiper d'un laboratoire de recherche avant la guerre de 1914-1918 : Balfour par exemple[23], Brown-Firth, où H. Brearley met au point entre 1912 et 1915 l'acier inoxydable à haute teneur en chrome[24], ou encore *East Hecla Works*, où R.A. Hadfield ajoute, en 1902, aux laboratoires de chimie et d'essais mécaniques de son usine, un laboratoire de physique qui fut un des premiers du genre dans l'industrie[25].

Une enquête menée par Stead en 1909 auprès des métallurgistes anglais pour déterminer si le microscope leur était d'une utilité pratique conclut : " Il y a peu de grandes industries où l'examination microscopique n'est pas considérée comme essentielle, et si certaines usines n'ont pas d'équipement microscopique, elles s'adressent à l'extérieur pour ces investigations. Dans chaque collège ou institution technique de Grande Bretagne où la métallurgie est enseignée, les étudiants apprennent à se servir du microscope pour déterminer la structure des métaux et alliages "[26].

En Allemagne c'est A. Martens, entré aux Chemins de fer prussiens en 1871, qui s'intéresse le premier à l'observation microscopique du métal. Sa première publication en 1878 sera traduite en anglais et aura une importante diffusion[27]. Suivant l'exemple de Martens, les métallographes allemands vont suivre une voie surtout technique, perfectionnant le matériel et les procédés de la métallographie microscopique.

En 1890, H. Wedding, dans un article général sur les progrès de l'industrie métallurgique allemande depuis 1876, consacre une page à l'utilisation du

21. Ce chimiste dirige un laboratoire privé d'analyses chimiques à Middlesborough. Impressionné par les communications sur la métallographie entendues au congrès de Chicago en 1893, il commence par reproduire les méthodes de Sorby, Martens et Osmond, puis met au point ses propres méthodes et publie ses recherches dès 1894.

22. Conférence devant la Cleveland Institution of Engineers le 26 février 1900. La pièce était remplie de microscopes où l'on pouvait voir les résultats du travail du conférencier. *Cf. The Metallographist*, 3 (1900), 220.

23. Arthur Balfour & Co., *A centenary 1865-1965*, Nottingham, 1967, 24.

24. *The Brown-Firth Research Laboratory*, Sheffield,1937.

25. W.F. Barrett, " The electric and magnetic properties of alloys of iron ", *Technics* (fev. 1904), reproduit dans *The Iron and Steel Magazine*, 8 (1904), 62.

26. J.E. Stead, " Microscopy and macroscopy in the workshop and foundry ", *The Engineer* (oct. 1909), 379.

27. A. Martens, *Zeits. des Ver. Deuts. Ing.*, 21 (1878), 11, 205, 481. Traduction en anglais dans *Engineering*, 28 (1879), 88-90.

microscope dans cette industrie[28]. Au cours des deux décennies suivantes, la métallographie conquiert définitivement sa place dans les laboratoires d'usine allemands, comme en témoigne ce texte de 1910 : " En raison de leur application récente à l'industrie, les laboratoires de métallographie nous ont paru particulièrement intéressants à étudier et nous avons constaté qu'au cours de ces trois ou quatre dernières années, leur nombre s'était considérablement accru. Nous avons même trouvé des installations très complètes dans des usines de fonderie par exemple où le rôle du microscope était jusqu'ici peu apprécié (...). Les méthodes en usage sont celles qui ont été adoptées en France à la suite des travaux d'Osmond et le Chatelier (...) "[29].

Les laboratoires de contrôle et d'essais de la société Krupp, inaugurés au début de 1911 à Essen, représentent l'installation industrielle de ce genre la plus importante du moment. Cette installation colossale (11.000 m2) est justifiée par l'extension prise par les travaux du laboratoire de chimie (475.000 dosages en 1910) et par ceux de la section de physique[30].

La première publication sur la métallographie parue aux Etats-Unis[31] est lue devant l'*American Institute of Mining Engineers* en février 1883[32]. Elle présente les résultats des recherches de Sorby et Martens, et préconise l'utilisation de cette nouvelle technique pour examiner les fers et aciers.

Cet appel sera d'abord peu suivi par les ingénieurs américains, puisque dans les dix années qui suivent, on ne trouve que trois publications concernant une étude microscopique.

En 1891, l'*Illinois Steel Company* (South Chicago, Illinois), décide de se lancer dans l'étude microscopique des rails en acier Bessemer qu'elle produit et confie ce travail à un jeune ingénieur, A. Sauveur, qui va consacrer cinq fructueuses années à ce travail.

Les recherches de Sauveur marquent le début effectif de la métallographie aux USA, sur le plan à la fois scientifique et industriel. Sur les conseils de H.M. Howe[33], il écrit à Osmond (alors le seul, avec Martens à débuter cette technique) qui l'aidera par ses conseils à démarrer ses recherches.

28. H. Wedding, " Progress of german practice in the metallurgy of iron and steel since 1876 ", *J. Iron Steel Inst.*, 11 (1890), 491-560, citation 558.

29. G. Arnou, " Notes sur l'organisation de quelques laboratoires allemands et belges ", *Revue de Métallurgie*, 6 (1910), 405-428.

30. V. Bernard, " Les nouveaux laboratoires des usines Krupp à Essen ", *Revue de Métallurgie* (1912), 721-738.

31. Sur la recherche industrielle aux USA à cette époque : L.S. Reich, *The making of American Industrial Research. Science and business at GE and Bell, 1876-1926*, Cambridge University Press, 1985, Chap. 2 " American Science, Technology and Industry in the 19th century ".

32. J.C. Bayles, " Microscopic analysys of the structure of iron and steel ", *Trans. AIME*, 11 (1883), 261-274.

33. H.M. Howe est l'auteur d'un livre qui propose une compilation critique de tout le savoir disponible sur l'acier. *The Metallurgy of Steel*, New York, 1891. Dans ce livre il consacre 4 pages et demi à la métallographie microscopique, et donne des noms (toujours utilisés) aux constituants microscopiques de l'acier, déjà observés par Sorby : ferrite, perlite, cementite.

Sa première publication[34] sera présentée en 1893 au *World Engineering Congress* à Chicago. Au même congrès, Martens présente aussi une communication[35] et Osmond, un article général sur la métallographie microscopique[36]. Ces trois communications sur la métallographie, devant un public international d'ingénieurs seront abondamment discutées, et vont contribuer à éveiller l'intérêt des professionnels de la sidérurgie.

Sauveur a récapitulé, dans ses souvenirs, la liste des dix premières usines américaines qui se sont équipées pour la métallographie avant 1900, la première étant la *Carnegie Steel Company* en 1896[37].

Parmi ces dix pionniers, on peut citer aussi la *Midvale Steel Company* qui s'équipe d'un microscope dès 1898 et édifie un véritable laboratoire de recherche métallographique à Midvale en 1901 ; le noyau de l'équipe de recherche étant constitué par deux jeunes ingénieurs que l'on envoie se former à Paris auprès d'Osmond, H. Le Chatelier, et L. Guillet.

Les métallurgistes américains sont très vite conscients des bénéfices apportés par l'approche scientifique. Il y a cependant encore des métallurgistes de la vieille école pour contester l'utilité des innovations scientifiques comme le pyromètre ou le microscope dans l'industrie. Cette attitude de rejet s'apparente à celle des praticiens des années 1870 qui refusaient les services d'un chimiste parce que, traditionnellement, la teneur en carbone pouvait s'apprécier à l'oeil par examen de la fracture, mais c'est un combat d'arrière-garde en 1904. Rien n'arrêtera les progrès de la métallographie et le nombre de laboratoires industriels équipés pour la métallographie va augmenter exponentiellement aux Etats-Unis[38] (fig. 3).

L'historien T. Shinn qui a étudié la genèse de la recherche industrielle en France de 1880 à 1940 écrit : " Bien que pendant la Troisième République une poignée de firmes françaises se soit lancée dans la recherche industrielle, il était beaucoup plus courant, soit de négliger les avancées scientifiques récentes, soit d'acheter sous forme de licence la nouvelle technologie. Les laboratoires de recherche industrielle étaient rares "[39].

34. A. Sauveur, " Microstructure of Steel ", *Trans. AIME* , 22 (1893), 546-590.

35. A. Martens, " The Microstructure of Ingot Iron in Cast Ingots ", *Trans. AIME*, 23 (1893), 37-63.

36. F. Osmond, " Microscopic metallography ", *Trans. AIME*, 22 (1893), 243-265.

37. *Iron Age* (20 Dec. 1900).

38. Il y avait 3 laboratoires en 1891, 15 en 1890, 134 en 1908, 200 en 1912, 400 en 1915, 900 en 1918. Données tirées de : J. Stead, " Microscopy and macroscopy in the workshop and foundry ", *The Engineer* (oct. 1909), 379 ; H.S. Van Klooster, " Metallography in America ", *Chemical Age*, 31 (1923), 291-292 ; A. Sauveur, *Metallurgical Remiscences*, *op. cit.*, 19.

39. T. Shinn, " The genesis of french industrial research, 1880-1940 ", *Social Science Information*, 19, 3 (1980), 606-640, cit. 614.

FIGURE 3

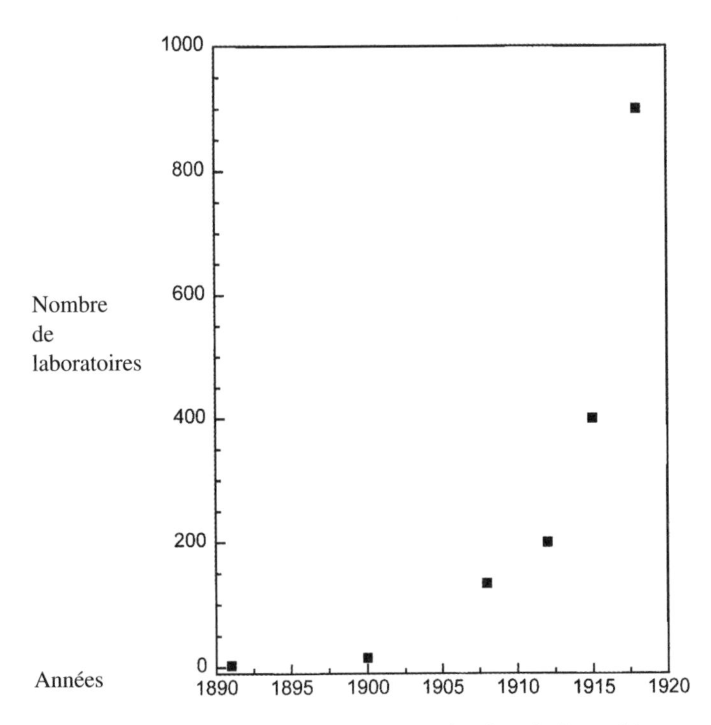

Nombre d'usines ayant un laboratoire de métallographie aux USA
de 1890 à 1920.

Dans cette " poignée " figurent quelques industries métallurgiques qui, motivées par des soucis économiques, se sont lancées très tôt dans un véritable travail de recherche industrielle.

Pour développer ce mouvement, certains scientifiques français impliqués dans le développement de la métallographie, se font les apôtres de l'introduction des méthodes scientifiques dans l'industrie. H. Le Chatelier va déployer une activité considérable dans ce domaine sous forme d'articles, de conférences ou de rapports[40].

G. Charpy et Guillet, proches de Le Chatelier et plus directement liés à l'industrie par leurs fonctions, le suivent dans cette croisade.

En 1920, Guillet faisant le point sur les laboratoires de l'industrie métallurgique française, cite les principaux : " A côté des laboratoires déjà anciens tels que celui de St Jacques à Montluçon auquel est lié le nom de M.G. Charpy, du

40. 31 références de 1901 à 1930 dans " Bibliographie de l'oeuvre scientifique de H. Le Chatelier ", *Revue de Métallurgie*, 34 (1937), 145-160.

Creusot avec les noms d'Osmond et Werth, de Saint-Chamond, d'Imphy, des usines de Dion, s'est créée toute une série de nouveaux laboratoires parmi lesquels nous pourrions citer celui d'Ugine et celui de Citroën "[41].

Si l'on s'intéresse aux laboratoires les plus anciens cités par Guillet, on voit que les industries métallurgiques qui ont précocement misé sur la recherche sont surtout les industries du Centre de la France.

Ces industries se sont retrouvées vers 1880 devant la nécessité de spécialiser leur fabrication dans la préparation de produits de qualité supérieure pour se créer des débouchés nouveaux, en remplacement de ceux qui leur échappaient depuis la mise en place des aciéries à grande production dans l'Est après la découverte du procédé Thomas[42].

Elles n'ont pas hésité à recourir aux recherches de laboratoire, à faire l'étude scientifique des propriétés du métal pour en tirer des observations susceptibles de guider leur fabrication. Le rôle des usines Schneider est exemplaire à ce titre.

Entre 1876 et 1880, quatre ingénieurs issus de grandes Ecoles sont recrutés par les Usines Schneider au Creusot. Il s'agit de :

Jean Barba, entré comme ingénieur à la Grande Forge en mars 1876, qui devient ingénieur en chef en 1882. Il publie en 1880 une étude sur la résistance des matériaux pour laquelle il a effectué un important travail théorique et expérimental sur l'essai de traction[43]. Il est à l'origine de la normalisation de l'essai de traction et du développement de l'essai de fragilité sur barreau entaillé.

Charles Walrand, dont les travaux au laboratoire de chimie ont, semble-t-il, contribué au développement des moyens de déphosphoration de l'acier avec la mise au point des revêtements basiques des fours de fusion.

Floris Osmond, qui débute au laboratoire de chimie le 31 mai 1880 et Jean Werth, à la Grande Forge le 2 juillet 1879. Ces deux centraliens vont trouver là, sous la direction de l'ingénieur en chef Barba, une atmosphère favorable à la recherche, chose encore exceptionnelle dans les industries métallurgiques de l'époque. Dès 1882, leurs travaux sur la structure de l'acier amènent Osmond et Werth à élaborer une théorie d'ensemble sur l'acier qui sera publiée en 1885 alors qu'Osmond à déjà quitté le Creusot[44]. Leurs idées ne sont pas nouvelles mais c'est la première fois qu'elles sont réunies de façon cohérente dans une théorie qui s'appuie sur l'observation de la microstructure du métal. Après le départ d'Osmond en 1885, Werth fait diverses études sur les gaz des hauts

41. L. Guillet, J. Durand, *L'industrie française*, Paris, 1920, 177.

42. Pour une analyse de ces mutations on pourra se référer à : B. Gille, *La sidérurgie française au XIXe siècle*, 1968 ; F. Caron, *Le résistible déclin des sociétés industrielles*, 1985 ou encore : *Comité des Forges, La sidérurgie française 1864-1914*, Paris, 1920.

43. R. Boulisset, J. Dollet, " Jean Barba, brillant ingénieur du Creusot ", Communication à la *Troisième rencontre d'Histoire de la Métallurgie, Guérigny, 14 septembre 1996.*

44. F. Osmond, J. Werth, " Théorie cellulaire des propriétés de l'acier ", *Annales des Mines*, VIII (1885), 5-84.

fourneaux, les minerais de fer, et surtout sur les aciers au nickel. Les premières coulées d'acier au nickel à 2 ou 3% de Ni et 0,2 à 0,4 % de C destiné à des plaques de blindage auront lieu en mai 1888. Les recherches sur les blindages se poursuivront ensuite régulièrement, toujours par des études préliminaires au laboratoire sur de petits échantillons, suivies d'essais sur des plaques en vraie grandeur[45].

En 1905 sont jetées les bases d'un laboratoire central d'études mécaniques qui prendra en charge les études d'intérêt général, le contrôle journalier de la fabrication restant aux bureaux d'essais[46].

Ce laboratoire, complètement organisé en 1909, est divisé en deux sections : la section des essais mécaniques et la section des essais chimiques et physiques[47].

La compagnie des Forges de Chatillon Commentry et Neuves maisons (Usines St Jacques à Montluçon) entreprend au cours des années 1880 des recherches visant à fabriquer des blindages en acier. La fabrication de nouveaux matériaux oblige à pratiquer des études théoriques suivies sur chaque nuance d'acier. Le laboratoire va donc jouer un grand rôle dans les années 1880[48].

En 1889, le directeur de la compagnie peut s'enorgueillir des innovations dues au laboratoire de l'usine St Jacques : " A côté des appareils délicats qui, dans les laboratoires de science pure, ont pu être appliqués à cette recherche, il convenait d'avoir dans le laboratoire d'usine un appareil plus robuste et assez précis permettant de déterminer avec une approximation suffisante ces températures critiques pour chaque nuance d'acier, et enfin dans l'atelier de forge même, un appareil tout à fait maniable, susceptible d'un usage continu, permettant de suivre le travail. Pour répondre à ce double besoin, l'usine St Jacques emploie l'appareil à mesurer les dilatations comme instrument de laboratoire, et une lunette pyrométrique permettant d'évaluer les températures à la forge "[49].

En 1898, G. Charpy devient ingénieur en chef de la compagnie à Montluçon. Il va donner une nouvelle impulsion à l'utilisation du laboratoire en liaison avec la fabrication et poursuivre les recherches sur les aciers spéciaux pour blindages. C'est également à Montluçon que Charpy met au point sa méthode d'essai au choc basé sur l'utilisation d'un mouton pendule pour mesurer la résilience.

45. Eléments de documentation pour une conférence sur le rôle du nickel dans les progrès de l'armement en France, AFB, dossier 01G0013-01.

46. Services métallurgiques. Conférence des essais mécaniques, séance spéciale du 27 janvier 1905, AFB dossier non classé, communiqué par M. Dollet.

47. AFB, dossier 01L0003-2.

48. Assemblées Générales 1872-1899 des Forges de Chatillon Commentry et Neuves Maisons, Archives nationales, dossier 175 AQ 8.

49. On trouve la description de ces deux appareils dans le *Génie Civil*, tome X, n°25 (1887), 405 et tome XIII, n°3 (1889), 43.

Il entreprend la construction pour l'usine St Jacques d'un laboratoire moderne qui ouvrira en 1920.

Les Aciéries d'Imphy (Société de Commentry Fourchambault) sont aussi un haut lieu de la recherche industrielle sur les aciers au nickel au tournant du siècle. Une étude détaillée des recherches effectuées à Imphy à partir de 1894 ayant été publiée sous forme d'une introduction historique à un livre récent sur les alliages de fer et de nickel[50], nous n'y reviendrons pas dans cet exposé.

La recherche industrielle à des fins militaires a donc prédominé en France avant 1900, mais après cette date les applications civiles des nouveaux matériaux se multiplient. Les matériaux utilisés dans la construction automobile ont à supporter des contraintes exceptionnelles, ce qui conduit les constructeurs à installer des laboratoires ayant à la fois un rôle de contrôle et un rôle de recherche.

De Dion-Bouton, Puteaux

Dans la première décennie du XXᵉ siècle, le laboratoire de la compagnie de Dion-Bouton, créé en 1899, est un des plus importants, non seulement parce que le premier installé mais aussi à cause de l'importance des résultats qui y ont été obtenus par Guillet sur les aciers spéciaux, les alliages d'aluminium et ceux de cuivre[51].

Le laboratoire de Puteaux en 1909[52], était divisé en trois sections : un laboratoire d'analyses chimiques, un laboratoire d'essais mécaniques, et un laboratoire de métallographie microscopique. En 1909 plus de 3500 échantillons ont été polis.

En 1909, au Congrès de l'Association internationale des méthodes d'essais, un représentant de l'Office Impérial notait que les laboratoires de Dion-Bouton étaient comme des " modèles ", et " une source précieuse de progrès scientifique et technique " ; que nulle part, hors les usines allemandes de Krupp, il n'avait vu " installation d'essais aussi parfaitement organisée "[53]. Mais toutes les industries ne peuvent se permettre un tel équipement et Guillet défend l'idée que : " Les usines d'importance modeste, qui ne peuvent assumer les frais d'un laboratoire, ne doivent pas être privées du bénéfice de la méthode scientifique, et c'est là qu'intervient le laboratoire officiel qui met à la portée

50. A.C. Déré, F. Duffaut, G. de Liège, " Cent ans de science et d'industrie ", dans Béranger *et al.* (eds), *Les alliages de fer et de nickel*, Paris, 1996.

51. N. Chezeau, " Guillet, Léon, Alexandre (1873-1946) Professeur de Métallurgie et de Travail des Métaux (1908-1942) ", *Les professeurs du Conservatoire national des arts et métiers. Dictionnaire biographique 1794-1955*, Tome 1, Paris, 1994, 612-630.

52. A.M. Portevin, " A modern metallurgical laboratory ", *American Machinist* (janvier 1909), 81-86.

53. Le *De Dion-Bouton*, n° 345 (4 nov. 1911).

de tous une organisation puissante, des moyens de travail complets et un personnel entraîné "[54].

Le Chatelier lui aussi se bat pour faire accepter l'idée que les laboratoires d'usine ne suffisent pas et que la recherche scientifique est du ressort de l'Etat. La France est en effet particulièrement mal pourvue sur ce plan avant 1914.

LABORATOIRES GOUVERNEMENTAUX

Si on compare les conditions entourant les débuts de la recherche industrielle dans le domaine de la métallurgie, on constate des différences notables, quant aux rôle respectifs de l'Etat et des industries, entre les quatre pays industrialisés que nous avons étudiés.

L'Allemagne est le premier pays qui décide la création d'instituts d'Etat ayant une double fonction de contrôle et de recherche. Le statut des trois Instituts constituant le *Technische Reichsanstalt* cogérés par les Ministères du Commerce, des Travaux Publics et de la Culture, est défini officiellement par un décret du 23 juin 1880, qui englobe et réorganise ce qui existait. En 1912, le chiffre total du personnel de cet organisme s'élève à 229 personnes dont 74 scientifiques. Le chiffre annuel des recettes est d'un million de francs dont un cinquième est fourni par le gouvernement et le reste provient soit des recettes encaissées pour les essais payants soit de subventions données par les syndicats industriels ou les grandes sociétés techniques en vue de recherches d'intérêt général dont le programme est arrêté en accord entre le laboratoire et les divers groupements.

A noter aussi la fondation en 1884 du *Physikalische Reichsanstalt* à l'instigation du grand industriel W. Siemens. Cet institut rend à la physique des services analogues à ceux que les *Technische Reichsanstalt* rendent à la technique. Cependant, il possède aussi des départements consacrés à la recherche sur des problèmes relatifs à l'industrie.

Ces divers établissements passent pour avoir exercé une influence considérable sur les progrès de l'industrie allemande et ont servi de modèles pour les autres pays industrialisés.

En Angleterre, contrairement à la Prusse, on était résolument contre l'immixtion de l'Etat dans les problèmes industriels. Les essais étaient effectués par des laboratoires privés et la recherche industrielle avait démarré très tôt dans les industries sidérurgiques. Cependant, le besoin d'un organisme gouvernemental finit par se faire sentir et, grâce au concours financier de grands industriels et à l'initiative de savants éminents, le *National Physical Laboratory* est fondé en 1899 sur le modèle du *Physicalische Reichsanstalt*. Le but principal du laboratoire est de connecter science et industrie. Modeste, au

54. L. Guillet, J. Durand, *L'industrie française*, Paris, 1920, 177.

début, en équipement et en personnel, il prendra rapidement de l'importance (255 employés en 1914 dont près de la moitié remplissent des fonctions scientifiques). Le contrôle scientifique du laboratoire est aux mains de la *Royal Society* de Londres.

Aux Etats-Unis, la nécessité d'un laboratoire d'essais national, non militaire, est défendue par les sociétés d'ingénieurs dès le début des années 1880. Mais ce n'est que le 3 mars 1901 que le gouvernement crée le *National Bureau of Standards* à Washington, à l'imitation des deux laboratoires de Berlin et de Londres. Il avait été conçu par des scientifiques et des experts représentant les diverses industries pour réunir, aux essais des matériaux, le service général des poids et mesures et faire des recherches d'intérêt général sur les sujets les plus variés. Le *National Bureau of Standards*, deviendra rapidement une très grosse entreprise puisque en 1914 il comptera plus de 400 employés dont 75% de scientifiques[55].

En France, le laboratoire de mécanique créé au Conservatoire des Arts et Métiers en 1852, fermé en 1885, ne rouvrira qu'après 1900. Seule la recherche militaire s'est développée dans cette période grâce à la collaboration des officiers de l'Inspection des Forges avec les industries productrices, comme nous l'avons vu.

Un nouveau laboratoire d'essais est créé en 1900 au CNAM, à la suite d'une convention passée entre le Ministre du Commerce et de l'Industrie, le CNAM, et la Chambre de Commerce de Paris. Le but du laboratoire est double : faire les essais courants pour les industriels et faire des travaux originaux, sur le modèle du *Technische Reichsanstalt*. C'est dire que, dès sa création, ses objectifs sont plus limités que les institutions nationales anglo-saxonnes, qui se sont inspirées à la fois du *Technische* et du *Physikalische Reichsanstalt*.

Malheureusement, si l'on croit un rapport de Le Chatelier de 1914, ce laboratoire aurait complètement dévié de la mission prévue, en laissant complètement de côté les recherches d'utilité générale pour se consacrer uniquement à une activité commerciale[56]. Il faudra la crise de la première guerre mondiale pour que le gouvernement se décide à formuler une politique de la recherche industrielle, qui ne sera d'ailleurs que faiblement poursuivie après 1918.

CONCLUSION

La recherche industrielle s'est développée en liaison avec les changements apportés par les nouveaux procédés métallurgiques et la mécanisation de la production. Ces changements, caractérisés par la production en grande série,

55. A.M. Greene, " The present condition of research in the United States ", *Trans. Am. Soc. Mech. Eng.* (1919), 31-51.

56. H. Le Chatelier, *Les encouragements à la recherche scientifique, Rapport présenté à la section des études économiques du musée social Rousseau*, Paris, 1914, 71.

ont exigé des contrôles techniques précis du processus de production dans ses différentes étapes intermédiaires, ainsi qu'un contrôle des produits finis. C'est au début des années 1860 que l'on assiste dans les principaux pays industrialisés à la création de laboratoires, tant publics que privés, spécialisés dans les essais, tests et contrôles de produits. L'organisation de laboratoires internes de contrôle devient également une nécessité pour les entreprises, aussi bien productrices que consommatrices. L'utilisation des nouveaux procédés métallurgiques impose en même temps l'installation de laboratoires de chimie.

Certains de ces laboratoires, dont les tâches faisaient appel initialement à une science plutôt élémentaire, dépassent ce stade et intègrent des activités de création, d'invention et d'innovation[57].

Les premiers acquis de la science du métal sont donc sortis des usines, fruit du travail des praticiens dans les années 1880. Ces résultats éveillent l'intérêt des scientifiques institutionnels qui vont alors, en quelques années de recherches intensives, bâtir une véritable science du métal qui commence à devenir opérationnelle après 1900.

Cette nouvelle science sera , au fur et à mesure, réappropriée par l'industrie qui l'utilisera pour se lancer dans la recherche appliquée. Comme seules les très grosses entreprises industrielles peuvent envisager d'avoir leur propre laboratoire de recherche, la recherche industrielle va devoir être confiée à des organismes gouvernementaux qui voient le jour vers 1900 dans les pays anglo-saxons. L'Allemagne avait pris conscience de cette nécessité depuis 1880 mais la France restera pour sa part en retard dans ce domaine sur les autres pays industrialisés pendant plusieurs décennies.

57. A. Herlea, " Préliminaires à la naissance des laboratoires publics de recherche industrielle en France ", *Culture Technique*, 18 (1988), 220-231.

High Speed Steel, one of the Most Important Contributions of the Steel Industry to Machine Building in the last 100 Years

Friedrich Toussaint

At the turn of the century two major inventions of new steel grades were made, both of which had a profound influence on other industries. That was silicon steel/sheet for electrical purposes on the one hand and high speed steel for machining metals on the other. Both inventions caused significant changes, the first in the electrical industry, the other in machine building. Without them the enormous expansion of both industries would not have been possible.

Until the second half of the 19th century, carbon was the only deliberate addition to iron with the intention of influencing the properties of steel. To increase hardness, carbon together with a hardening procedure was the only means available for the manufacture of tool steels ; as a matter of fact this was the same process as it had been for thousands of years. Basic innovations did not take place, except for the invention of crucible steel making by Benjamin Huntsman around 1740. This was the basis for the possibility of alloying steel which had otherwise not been possible, since the crucible process was the only one by which steel could be liquefied. Certainly this process improved the quality of carbon steel for tools considerably, but in itself it did not allow the creation of new products for machining tools.

Already in 1788 the German Chemist Achard (1753-1821), well known for his well-known invention of sugar extraction from sugar beet, probably made the first systematic investigations on alloys of metals on a very wide range, including the measuring of physical properties of these alloys[1]. Similar work was performed more than thirty years later, in 1820, by the Englishman Faraday[2].

1. F.C. Achard, *Recherches sur les Propriétés des Alliages Métalliques*, Berlin, 1788.

2. S. Faraday, *The Quarterly Journal of Science, Literature and the Arts,* n° 9 (1820), 329 ; *Philos. Trans.* (1822), 266.

It seems, that the research on both scholars had little or no influence on practical metallurgy. Still in 1864, 50 years later, Percy writes in his famous book on metallurgy : " Our knowledge of the alloys of iron is very imperfect "[3].

He refers to several metallurgists like Rinman, Karsten, Mushet, Berthier and Richardson. Percy gives a report of contemporary knowledge on nearly all iron alloys that could be imagined, but as matter of fact, that was very limited, especially as to practical use. But there were two important exceptions : Berthier in France had made many experiments with chromium alloys and proved the much improved resistance against the attack of acids, thus preceding the invention of stainless steel for about 60 years. The other important exception was the application of tungsten (wolfram). This, according to Percy[4], was first investigated by Franz von Mayr (Percy writes Mayer) of Leoben, Styria, before 1859[5]. He says : " Tungsten, or wolfram steel, was announced as an important invention ;... It was specially adapted for various kinds of tools, such as chisels, cutting and boring instruments, etc. ; and although it was somewhat more expensive than steel previously employed for such objects, yet it lasted four times as long and cost less than English cast-steel. "

This seems to us very familiar like high speed steel, but Percy's discussions on this subject with Peter Tunner, professor in Leoben, one of the greatest contemporary authorities on metallurgy, came to an extremely negative result. Percy also gave a sample of this Austrian steel to Mr. Sanderson, a well-known steelmaker from Sheffield, the cradle of toolmaking, who also did not give a favourable report. On the other hand, Percy also received information about this type of steel in connections with trials at the machine building factory Schwartzkopf in Berlin, and the Bochum steelworks in Westphalia, saying that " tungsten steel furnishes more advantageous results than the best cast-steel employed up to the present time. " Shortly after this, in 1859 and 1861, Robert Mushet patented such a steel with the title " An improvement or improvements in the manufacture of cast-steel. " Though his compatriot, Percy says : " Whether Mr. Mushet has any equitable claim to appropriate to his exclusive benefit the use of tungsten in the connection with the manufacture of iron and steel, may appear doubtful after the preceding history of the subject. Patent-law may give a legal claim, but legal claims are sometimes far from being founded on justice ".

The only explanation for this strange discussion certainly is, that nobody, not even Percy, knew about the completely new and unknown hardening behavior of this kind of steel and the same goes for other metallurgists like von

3. J. Percy, *Metallurgy*, vol. II. 1, London, 1864, 147.

4. *Idem*, 193.

5. See also L. Beck, *Geschichte des Eisens,* Braunschweig, 1903, Band V. *Berg- und hüttenmännische Zeitung*, Jg. 18, n° 29, 275.

Mayr in Austria and Berthier in France. Only this circumstance can explain the fact that neither in Austria nor in Germany or in England any extensive industrial application of this new steel seems to have taken place. On the other hand, the well known Sheffield chemist William Baker mentions in his papers analysis for the company Seebohm & Dieckstahl, and later also for Sanderson Brothers & Company (strangely enough the same company, which a few years earlier had rejected Percy's sample of tungsten steel). These were made between 1875 and 1884 of tungsten steels and also of wolfram ore for the production of tungsten steels, which sometimes are expressively named " self-hardening "[6], with a tungsten content lower than 5 %, (certainly not self-hardening) as about 10 % and in one case up to 30 %, which are self-hardening.

The breakthrough of tungsten in toolmaking only happened 40 years later. In spite of this, Mushet is still considered the inventor of tungsten steel[7]. The reason which even Percy did not recognize, is that he found that quenching in a cold medium was not necessary to treat this kind of steel. Alloys above a certain tungsten content needed just slow cooling to achieve high hardness. What he discovered was the so called " self-hardening "[8] steel. Hardening and tempering could be done at very high temperatures, even close to melting point. The state of knowledge on hardening in Percy's time was that hardening should take place always at a high cooling rate — the quicker the harder — and tempering always at a temperature sufficiently below hardening temperature. The higher the tempering temperature, it was thought, the lower was the resulting hardness. What was new about the Mushet steel was its hardening behaviour. Astonishingly enough the " R. Mushet Special Steel " did not come into widespread use, just for a few jobs which formerly could not be performed by cutting, but only by frequent grinding.

The real breakthrough came from completely different quarters in the United States. The starting point and driving force was not so much metallurgy, but what was later called " Scientific Management " or " Taylorism "[9].

In the last years of the 19th century, in 1894, Frederick W. Taylor, who later co-operated with Maunsel White, while working with Bethlehem Steel began to experiment with Mushet Steel, with the aim to improve shop efficiency, since the machining department turned out to be the bottleneck of production. This was a completely new starting point, since elsewhere the reason for using tungsten steel was the impossibility to machine several materials with conventional tool steels. In a way which can be considered as revolutionary, he systematically tested a series of analysis of tungsten steels and, even more important, gradually increased the temperatures of hardening and tempering.

6. G.B. Callan, *Secrets of Sheffield Steelmakers*, Sheffield, 1993.

7. W. Haufe, *Schnellarbeitsstähle*, München, 1972, 9.

8. *Idem*, 12 f.

9. 1911 publication of Taylor's decisive book on Scientific Management.

Although the effect of " self-hardening " was known by then, it was completely new that the hardening temperature could be raised close to melting point, and, more surprising still, the tempering temperature also. His manner of working was certainly original and introduced a new method of scientific work into technology, not only by his systematic way of experimenting with different parameters without any previous knowledge of possible results, but also by combining metallurgical with mechanical effects. A certain similarity exists only with Achard's work in Berlin in 1784 in the latter's work on iron alloys and perhaps with Wöhler's research on the fatigue behaviour of different steels in railway axles carried out shortly after 1850[10]. This case shows that after the early " scientification " of technology in France and Germany the United States were the first to take up this kind of research, not Britain, the forerunner in industrialization. Until the early 20th century the " rule of thumb " still was prevalent there.

Only by this systematic work could it be discovered that the old rule, that a hardening temperature of above e.g. 875° C would deteriorate steel, was not valid for tungsten steels. As a matter of fact an increase in the heating temperature over 830° C lowered hardness also in this case, but, to everybody's surprise, at temperatures over 925° C hardness again began to increase close to melting point, to a completely unexpected extent.

The other unexpected and progressive property of these steels was their stability to tempering almost up to hardening temperature. This property was the main factor of their enormously increased cutting speed, because the cutting edge could be heated to an extremely high degree, until red heat or more, without being damaged, a situation which would have totally destroyed a carbon steel tool.

FIGURE 1[11]

Tool Steels

	C %	Mn %	W %	V %	Cr %
Carbon Steel	1,5	0,3	-	-	-
Mushet Steel	2,3	2,5	6,6	-	1,2
Taylor White-Steel	1,8	0,3	8,0	-	3,8
HSS ca. 1913	0,8	0,1	17	1,0	5,0

10. A. Wöhler, " Bericht über Versuche, welche auf der Königlich-Niederschlesisch-Märkischen Eisenbahn mit Apparaten zum Messen der Biegung und Verdrehung von Eisenbahnwagen-Achsen während der Fahrt, angestellt wurden ", *Zeitschrift für Bauwesen*, 8 (1858), 641-652. A. Wöhler, " Versuche zur Ermittlung der auf die Eisenbahnwagen-Achsen einwirkenden Kräfte und der Widerstandsfähigkeit der Wagen-Achsen ", *Zeitschrift für Bauwesen*, 10 (1860), 583-616.

11. Analysis from : S. Keown, " Tool steels and high speed steels 1900-1950 ", *Journal of the Historical Metallurgy Society*, 19/1 (1985), 97-103 ; O.M. Becker, *High-Speed Steel*, London, 1910, and B. Osann, *Lehrbuch der Eisenhüttenkunde*, Leipzig, 1926.

Thus the cutting rate grew dramatically. With carbon tools thirty feet of chip per minute was considered good performance, whilst the average was not much more than twenty feet/min. For high speed tools 150 feet/min. became common, and still higher speeds were widespread. The performance increased easily by about 8 times. This surprising development made another problem apparent : the tool machines in service until then were much too weak to withstand the new requirements. Fierce discussions took place whether to reinforce the old machines or to completely replace them with new and stronger ones. In any case this metallurgical development had an enormous influence on machine building. Ernst Berndt writes in his article on the development of German machine building[12] : " The introduction of the High Speed Steel (*Rapidstahl*) in 1900, which required a basic redesign of the machine types, gave a special stimulus to German machine building. Whilst for small and medium sized machines minor changes and improvements (the expression : " suitable also for high speed steel " became common) were sufficient, this was not the case with large machines where a complete redesign was necessary to exploit the advantage of the new high speed steel ".

From the very beginning of the publication of the Taylor-White- invention, which took place after several years of research (from 1894 onwards) and expenditure of about 200.000 $ and production of more than 450 t of chips in at least 50.000 tests[13] at the Paris Exhibition in 1900[14], the publication of these results attracted the attention of the whole technical world and caused a revolution in the industrialized world.

The publication of these results caused a revolution in the industrialized world. One effect was, that many individuals claimed to be the inventor because the new invention promised large financial gain.

One claim came from France[15]. A certain Mr. Brüstlein said that in November and December 1891, he had produced tungsten steel with the following analysis : 2 % C, 1,5 - 1,6 % Mn, 0,4 % Cr and 6,2 to 7,2 % W in the plant of MM. Jacob Holtzer at Unieux in the Loire province, France. The tools made out of these melt gave blue chips, and samples were supplied to the Midvale Steel Co. But finally the author (Demozay) agrees, that the true merit of Taylor was the thorough and scientific study of the optimum conditions for the manufacture and elaboration of the new steel.

12. E. Berndt, " Entwicklungstendenzen im neuzeitlichen Grobmaschinenbau ", *Technikgeschichte*, 30 (1941), 9-16.

13. O.M. Becker, *High-Speed Steel*, *op. cit.*

14. British patent application (the first in Europe) was in 1900 by the Bethlehem Steel Company from South Bethlehem, Pennsylvania. The patent contains a rough analysis and a concentrated description of the hardening procedure.

15. M.L. Demozay, " Sur un point d'histoire concernant l'invention des aciers rapides ", *Revue de Métallurgie* (Mars 1929), 115-116.

Another claim came from Austria. The Böhler Company had already produced and sold a steel, called " Böhler Boreas " before the Taylor-White experiments had taken place. This steel was also self-hardening and, compared to traditional carbon tool steels, had much improved cutting properties. But also Böhler agrees that Taylor's systematic scientific work and " overheating " in the hardening process was decisive for success[16].

Before 1900, Poldi in Bohemia also did some work on this subject like several meltings with the following analysis : C : 1,92 %, Mn : 1,39 %, Si : 0,73 %, Cr : 1,29 %, W : 8,16 % were produced. Since 1901 they were marketed under the trademark POLDI 000[17].

The same happened in Sheffield, where many people tried to prove the priority of Sheffielders in the invention, because this issue touched Sheffield extraordinarily (the invention in the US " sent shock waves through the Sheffield tool industry ")[18]. But they had to change to the new steel and tried to make the best of it. Seebohm & Dieckstahl started producing HSS in 1901[19], the same year or one year later than several German firms (the newly founded Julius Lindenberg Company in Remscheid was started with the construction of a crucible steel plant just for the production of HSS). But most of the Sheffield tool steel makers followed Seebohm very soon[20].

In the US, too, many firms adopted the new steel : until 1903 16 companies took a license from Bethlehem (which, by the way, had dismissed Taylor already in 1901, but, nevertheless, received 50 % of the license fees). Large sums were collected by Bethlehem, but abroad the sums were larger : Vickers in Sheffield and Böhler in Germany, Austria and Hungary paid 100 000 US $ each, which is more than all 16 American licensees paid together[21].

Undoubtedly, Taylor-White had initiated a revolution. Apparently the presentation in Paris and the scientific proofs presented caught the attention of the whole world, something which the inventions of von Mayr in Styria and Mushet in England had not been able to achieve. Already in 1900 *Stahl und Eisen*, the acknowledged German Iron and Steel Magazine, gave information on the new steel, first only a short message on the important improvements in cutting performance. On 5 November of the same year, the famous German Professor Reuleaux reported to the *Verein zur Beförderung des Gewerbfleisses* on his visit to the Paris exhibition and gave details about the presentation of the Americans in their own exhibition hall in the park of Vincennes, which was

16. F. Raiser, " Über das Wesen der Schnelldrehstähle ", *Stahl und Eisen*, n° 103, 131-132.

17. Personal communication by Dr. Kovarik, Kladno, 1996.

18. G. Tweedale, *Steel City, Entrepreneurship, Strategy, and Technology in Sheffield 1743-1993*, Oxford, 1995, 114 f.

19. G. Tweedale, *Steel City*, *op. cit.*, 115.

20. Details of the situation in Sheffield are given by K.C. Barraclough, *Steelmaking before Bessemer*, vol. 2, *Crucible steel, the growth of technology*, London, 1984.

21. T. Misa, *A Nation of Steel. The making of modern America,* Baltimore, 1995, 197.

mainly dedicated to machine tools. Demonstrations of the new steel were presented. Early in 1901[22] an extensive report (13 pages long) was given by a leading representative of Bismarckhütte in Upper Silesia on the steel produced by Bethlehem. Bismarckhütte had taken a license after visiting the Paris exhibition.

From then onwards a flood of scientific publications started with about ten articles a year in the first decade (see Fig. 2), growing to twenty to thirty per year after the First World War, and still increasing to more than 150 titles a year after the Second World War. This proves the continuing and still growing importance of this invention. Fig. 2 shows the large amount of scientific publications and therefore the lasting interest of the technical world in this kind of steel. Several monographs were published and in the main work on special steels, in Houdremont's Sonderstahlkunde[23] a large chapter is dedicated to this kind of steel.

FIGURE 2

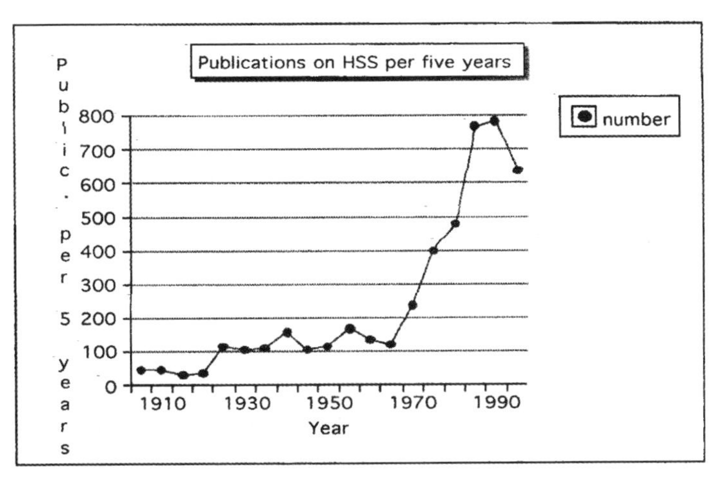

In the beginning, production of high speed steel was exclusively in crucible furnaces, which were already specialized in tool steel. In Remscheid, Germany, the first electric arc furnace of the Héroult type went into operation for steel at the Richard Lindenberg works in 1905. The elder brother of Richard, Julius Lindenberg, founded a new company still with crucible furnaces especially for the smelting of high speed steel. Possibly these were the last to be built, and also perhaps the last to be operated until 1954. In contrast to the Sheffield tool steel makers Richard Lindenberg was extremely liberal and showed his plant with the new electric furnace to all his competitors, including those from

22. O. Thallner, " Der Stahl der Bethlehem Steel Co. und der Taylor-White-Prozess ", *Stahl und Eisen* (February 1901), 169-176 and (March 1901), 215-220.

23. E. Houdremont, *Handbuch der Sonderstahlkunde*, Berlin, 1956.

abroad. The electric arc furnace was a brilliant success and within a few years numerous plants went into operation.

FIGURE 3

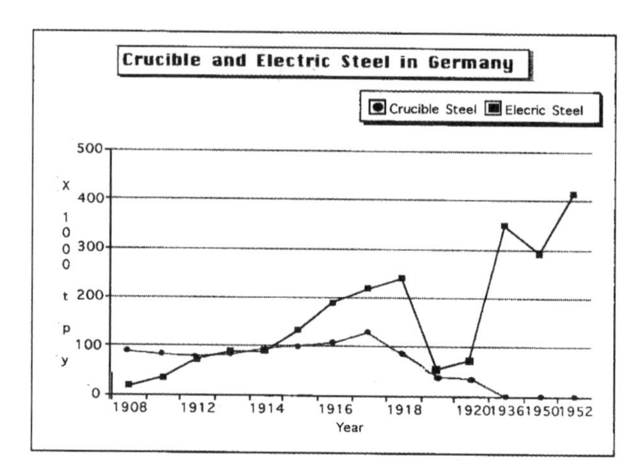

Figure 3 shows the development in Germany, where already four years after the first electric melting in Remscheid, electric steelmaking reached and surpassed crucible steel production. Electric steel came to Sheffield somewhat later. In 1909/10 Kuehnrich and Edgar Allen started electric smelting, when in Germany crucible steel smelting already was in second place behind electric arc furnace production. The battle between the numerous producers of high speed steel was fierce, especially in the German speaking countries. Böhler in Austria, Poldi in Bohemia and in Germany, Bergische Stahlindustrie, Bismarckhütte, Dörrenberg, Henckels, Kind, Remy, both Lindenbergs, Becker and many others competed strongly against each other. In 1913 comparative test were made in Berlin at the mechanical laboratory of the Technical University by Professor Schlesinger[24], which resulted in a severe dispute between the different producers and the professor in Berlin, accusing each other of incorrectness. The " war " between Becker and the other German high-speed-steel producers is described in detail also by Kossmann in his history of the German steel producers association[25]. Apparently, much money was involved. Everybody tried to have a better analysis.

It seems that high speed steel produced the first real publicity campaign in steel, very similar to today's detergents on television. In 1910 Becker writes[26] : " Recent developments. - The most recent development in high-speed steels is

24. Several letters to the editor of Stahl und Eisen in 1913.

25. W. Kossmann, *Edelstahl, vom Werden eines Gewerbes und einer Gemeinschaft in unserer Zeit*, Düsseldorf, 1959.

26. O.M. Becker, *High-Speed Steel, op. cit.*, 51.

the announcement and marketing of what have been variously designated the " new ", " improved ", " superior ", and the like, high-speed steels. Astonishing claims for these " new " steels have been set forth by makers and others. Speeds of two or three to 10 times of those attainable with " ordinary " high-speed tools have been asserted to be possible ; and an endurance many times as great has been claimed. And all this with a steel which could be hardened in water ! ".

In 1912 the Becker steelworks started with the addition of Cobalt which again increased the cutting speed and thus opened a new marketing campaign. What was the background of this new type of steel marketing ? As a matter of fact, in the past, that is in the Middle Ages and the early modern times until the 19th Century, there was a huge number of small producers selling mainly to known neighbourhood customers, where no publicity was needed. Towards the end of the 19th Century, with the coming of liquid steel, a concentration of steelmakers took place. The number of producers became smaller, but so did the number of customers : the railway companies, large machine builders or the mining companies. Even for the small users the trading companies became the big buyers. Thus a restricted market, with a restricted number of potential sellers and a restricted number of buyers, dominated the scene.

With the advent of two new products, *i.e.* electrical sheet and high-speed tool steel, the situation changed. Due to the special technical requirements and possibilities, these new products required a direct technical contact between producer and user. In the time of the restricted market mainly economic conditions (price and delivery conditions) governed the scene, much less technical ones.

In the case of tool steel, an increasing number of small, but well-known companies, e.g. Julius Lindenberg in Remscheid, or Edgar Allen, Seebohm & Dieckstahl in Sheffield, as well large producers, for example Böhler, Krupp and Poldi, participated in the market, selling to many small and medium-sized customers who required technical assistance.

The case of electrical steel was slightly different. There was also a need for technical assistance to the customer, but the customers were relatively small in number (electrical industry) and the suppliers also. These facts probably are the reason for the new marketing campaigns, which until then had been unknown in steel. Many details about this development are known in Germany, but he same happened in Britain and the US[27], because the development of both the steel industry and the user industries was similar.

27. See G. Tweedale, *Steel City*, *op. cit.*, T. Misa, *A Nation of Steel, op. cit.*, and K.C. Barraclough, *Steelmaking, op. cit.*

FIGURE 4

Performance of High speed steels	
	Cutting speed in m / min
I Crucible steel	5
II Selfhardening	8
III Taylor-White 1900	12
IV Best steel in 1906	18
V Co alloyed 1912	30

Certainly the cost and thus the selling price of HSS was much higher than that of unalloyed tool steel, but the higher price was compensated by longer life expectancy of the tools. So customers benefited from lesser downtime of the machines and higher productivity of the machining shops in terms of reduced labour and capital cost.

FIGURE 5

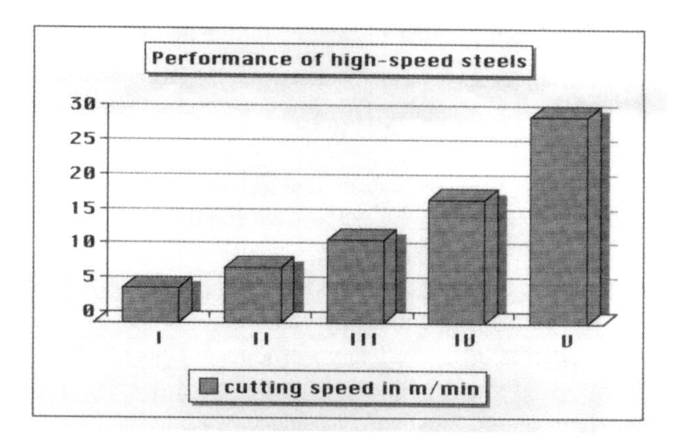

One critical point became important in wartime, namely the availability and cost of alloying metals, mainly tungsten and molybdenum. Machining had become also a major point of importance for warfare : mass production of shells, for example, required enormous quantities of high-speed steel. In World War I the tungsten supply was a major problem for the British industry in Sheffield, since they had bought tungsten powder from Germany, where the processing of wolfram ore had practically been monopolized[28]. By 1916 the construction of a processing plant in Sheffield and the discovery of new ore supply in Burma solved the problem. But another solution was found : in 1916 Paul Richard Kuehnrich, a Sheffield steelmaker of German descent, applied for

28. G. Tweedale, *Stell city, op. cit.*, 195.

a patent for a high-speed steel without tungsten and molybdenum, but with 12 % of chromium and 3,5 % of cobalt instead[29].

FIGURE 6

Main Grades of HSS in Germany				
	ABC III	D Mo 5	B18	E 18 Co 10
C	0,92 - 1,02	0,78 - 0,86	0,70 - 0,78	0,72 - 0,80
Co	0	0	0	9,0 - 10,0
Cr	3,8 - 4,5	3,8 - 4,5	3,8 - 4,5	3,8 - 4,5
Mo	2,5 - 2,8	4,8 - 5,3	0	0,5 - 0,8
V	2,2 - 2,5	1,7 - 2,0	1,0 - 1,2	1,4 - 1,7
W	2,7 - 3,0	6,0 - 6,7	17,5 - 18,5	17,5 - 18,5

Source: Houdremont, Eduard: Handbuch der Sonderstahlkunde Berlin 1956

During World War II mainly the German side had problems with the availability of high-speed steel and with alloy supply. Molybdenum was not so much a problem in Germany, since the huge dumps of residues of the copper production at Mansfeld contained molybdenum, which could be recovered, although at a high cost, but it solved Germany's problem of molybdenum supply during the war. Problems in Germany started in the thirties, caused by the Sino-Japanese War from 1937 onwards and the internal civil war between Chiangkaichek and Mao-tse-tung. China was by far the most important supplier of tungsten to Germany, but so was Russia. In 1937 German observers considered the situation of the tungsten-market as " catastrophic "[30]. And it became even worse with the beginning of the war against Russia[31]. Thus the supply of the industry (especially the armaments industry) was much endangered. So, already before the war much research was done to find steel grades with a similar performance to the ones in use, but containing less tungsten.

ABC III was the main " Ersatz-Grade " in Germany, whilst D Mo 5 was the classical high-speed grade. In Britain the " substitute " high-speed steel was M 2, with the following analysis : 0,7 % C, 4 % Cr, 5 % Mo, 6 % W[32]. As molybdenum was easier available for the Allies than for the Axis powers, the Mo content in the M 2 grade was higher than in ABC III.

29. Reichspatentamt, Patentschrift n° 394485, 15 April 1924, with British priority of 25 July 1916.

30. Internal correspondence with Krupp the 25.9.1937 (Historisches Archiv Krupp, WA 57 B/ 88/37, Bd. 1).

31. W. Kossmann, *Edelstahl, op. cit.*

32. K.C. Barraclough, *Cutting tools - from flint to laser. Metals and materials*, London, 1989.

Four major producers of high-speed steel, Krupp, Böhler, Julius Lindenberg and *Deutsche Edelstahlwerke*, held several patents concerning the production of high-speed steel with a low or zero tungsten content. The value and maintenance of these patents was much discussed between the four, but finally all four came to an agreement on a shared exploitation of these patents. The German government particularly put much pressure on the high-speed steel manufacturers to save tungsten.

The negotiations between the four started as early as 1937, but came only to a conclusion in 1941. All German producers were obliged to join this agreement and pay licence fees in equal parts to Krupp, Böhler, and Lindenberg for whom this was very important financially. The agreement lasted until 1960, when the patents expired. Only in 1946 (the tungsten crisis lasted in Germany until the fifties) the production of ABC III (see fig 6) was about 2.200 t per month[33], which resulted in a sales volume of about 20 millions marks a month. This license fee came to almost half a million marks per month for the three licence owners, among whom the small Lindenberg company maintained its position *vis-à-vis* Krupp and Böhler.

Very soon after the publication of the Taylor-White-Steel, in 1907, another step in improvement was made by Elwood Haynes' invention of the so-called stellites[34].

In Europe several other trade-names were used like Celsit by Böhler, Akrit by *Vereinigte Stahlwerke* or Percit by Krupp, but these metals became known world-wide under the name of stellites. They were no longer steels in the proper sense, because, if they contained iron at all, it was only as an impurity.

Fig. 7 shows the variety of analysis used in this sector. Nevertheless, these materials are smelted in electric steelmaking furnaces[35], thus belonging to the product range of the steel industry. Stellites could not substitute high-speed steel, but remained restricted to machining extremely hard materials, where the performance justified the price.

The next step was the development of hardmetals or sintered carbide alloys. These were introduced in Germany already in 1914[36]. But hardmetals or cermets, as they are called today in the Anglo-Saxon literature, have a longer history.

33. Krupp archives WA 57 B/168/4, Bd. 2.
34. American patent n° 873 745.
35. F. Rapatz, *Die Edelstähle*, Berlin, 1925, 1942
36. E. Ammann, J. Hinnüber, *Stahl und Eisen*, Bd. 71 (1951), 1081-1090.

FIGURE 7

Stellites									
	C	Cr	W	Co	Ni	Mo	V	Ta	Fe
Stel lites									Rest
Orig. Stel lite	1,5-3,0	15-3	10-25	40-55	0	0	0	0	Rest
Percit (Krupp)	2,5-3,0	2	2	48	0	0	0	0	Rest
Akrit (VSt.)	2,5-5,0	3	16	38	10	4	0	0	Rest
Celsit (Böhler)	2,8	0	2	3	0	0	0,6	0	Rest
Cast Hard metals									
Mira mant	2	0	5	0	0	0	0	15	Rest
Bori um	4	3	94	0	0	0	0	0	Rest
Arbit	4-5	0	92	0	0	0	0	0	Rest
Source: Houdremont,Eduard: Handbuch der Sonderstahlkunde, Berlin 1956									

Research on cermets started with the work of the French chemist H. Moissan. In his furnace he was able to melt carbides as early as 1893[37], but he did not apply his findings in practice. In 1914 Voigtländer and Lohmann applied for a patent[38] for the manufacture of shaped pieces of pure tungsten carbide at a temperature just below melting point, which is nowadays called sintering. But practical realization was still difficult. By the end of 1925 Krupp started industrial development of this material and already in 1926 brought a product called Widia (= like diamond) on the market. The long time span between the patent of Voigtländer/Lohmann and the marketing of Widia makes the huge difficulties in this development clear[39]. Fig. 8 shows some grades of commercial cermets, the designations G 1 to G 6, H 1, H 2 are German standards. Elmerid is a pressure sintered grade patented by Diener in 1926[40]. Fig. 9 shows the enormous increase in performance of these new cermets, multiplying the possible speeds by the factor of 20, or improving the application of superhard materials to be cut.

37. W. Borchers, *Entwicklung, Bau und Betrieb der Elektrischen Öfen*, Halle/Saale, 1987.
38. DRP. 289 066 (1914).
39. E. Ammann, J. Hinnüber, *Stahl und Eisen, op. cit.*, 1081-1090.
40. DRP. 504 484 (1926).

During the last 100 years the history of high-speed steel has been a success story, influencing strongly the whole machine building sector. What are the future aspects ?

FIGURE 8

Characteristics of some Hardmetals.

	WC	Co	VC + TaC	Spec. Weight g / cm^3	Hardness HV_{30}
G 6	70	30	0	1,7	950
G 4	80	20	0	13,4	100
G 1	94	6	0	14,8	1500
H 1	94	6	0	14,8	1650
H 2	91,5	7	1,5	14,4	1800
Elmerid	97	3	0	15,6	2000

Source: Houdremont, Eduard: Handbuch der Sonderstahlkunde, Berlin 1956

FIGURE 9

WC-TiC-Co alloys with content of TiC:

G 1	0 %	TiC
S 3	5 %	TiC
S 1	16 %	TiC
F 1	25 %	TiC
F 2	60 %	TiC

14

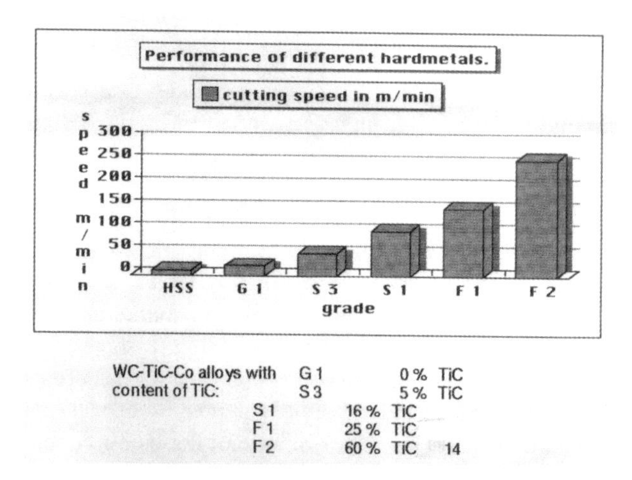

Certainly other, novel techniques have been introduced, like laser-cutting, hydrojet-cutting and others. But up to now their use seems to have been restricted to only a few applications and will not replace high-speed steel in the foreseeable future. Modern stellites and cermets will not do this either, although these technologies and products have a very interesting potential of applications.

On the other hand, new technological developments in metallurgy will certainly have an influence on improvements for this kind of steel. The decisive factor for quality of high speed steel is a homogeneous distribution of small carbides in the matrix. To reduce carbide size and improve homogeneity of the steel, continuous casting and methods of secondary metallurgy will in the future surely contribute greatly to achieve this goal. Also, powder metallurgy could contribute to improvements. Thus high-speed steel will remain the main most important everyday tool for machining metals for quite some time to come.

La métallurgie du soudage en France dans les années trente, vers une approche théorique et scientifique

Anne-Catherine Robert-Hauglustaine

Introduction

Dans un article sur l'évolution du soudage autogène, publié dans la *Revue de la Soudure Autogène* en 1934, le Professeur A. Portevin attira l'attention du lecteur sur la facilité apparente du soudage, qui représentait un danger lorsque l'étude scientifique et technique n'était pas réalisée[1]. En effet, il soulignait que la commodité d'emploi du soudage avait contribué au développement rapide de ce procédé d'assemblage, en le mettant à la portée de tout le monde. Le danger étant alors que, sans connaissance ni étude préalable, l'ouvrier s'intitulait soudeur, et réalisait des assemblages soudés dont la solidité pouvait être trop faible. Pour remédier à ce problème, il était nécessaire d'agir à deux niveaux : sur les connaissances scientifiques du soudage et sur la formation du soudeur et l'enseignement du soudage à tous les niveaux.

Tant que le soudage était utilisé pour l'assemblage de pièces métalliques de petites tailles, ou pour les réparations courantes, les connaissances empiriques du procédé et la culture du geste opératoire pouvaient suffire à son développement. En France, dans les années 1930, ces procédés étaient employés dans des domaines plus vastes et plus spécialisés tels que la construction des ponts et des charpentes métalliques, la construction aéronautique, les constructions navales et pour le soudage de réservoirs sous pression dans l'industrie chimique ou pétrolière. Ces réalisations imposèrent des conditions sévères de résistance et de sécurité, ainsi que l'utilisation de métaux et d'alliages plus complexes.

Cette demande industrielle imposa une étude scientifique et expérimentale des procédés de soudage. Elle avait été lancée à la fin de la Première Guerre

1. A. Portevin, " Evolution de la soudure autogène ", *Revue de la Soudure Autogène*, n° spécial (février 1934), 6.

mondiale[2], mais elle s'intensifia au cours de l'entre-deux-guerres, dans les laboratoires de recherche de l'Institut de Soudure, de diverses écoles d'ingénieurs et de certaines grandes sociétés industrielles telles que l'Air Liquide ou la Soudure Autogène Française. Elle imposa une codification de la technique, sous la forme de règles pratiques, de normes, de contrôles, qui conduisirent à la mise au point de nouvelles techniques de contrôle non destructif des soudures et à la création d'un Comité de Normalisation de la Soudure, C.N.S. en 1936.

De l'utilisation empirique à la connaissance théorique

Les progrès de la métallurgie physique furent très importants à la fin du XIXe siècle et au début du XXe siècle. Ils permirent la création d'une science nouvelle, la métallographie. Par une meilleure compréhension des alliages et des métaux, la métallographie contribua à l'essor des procédés de soudage des métaux au cours de la première moitié de ce siècle. Par métallographie, A. Portevin entendait " la science des métaux et des alliages comportant la connaissance des propriétés, de la constitution, de la structure et des traitements thermiques et mécaniques de ces matériaux "[3]. Elle prit naissance à la fin du XIXe siècle, et fut dotée d'outils techniques nouveaux, dus aux métallurgistes français et étrangers tels que H. Sorby[4], F. Osmond, H. Le Chatelier, L. Guillet et A. Portevin.

Après les travaux sur les alliages binaires et l'élaboration des diagrammes d'équilibre, les recherches s'orientèrent dès le début du siècle sur les alliages ternaires, et principalement les aciers alliés[5]. Ces recherches permirent le développement, à l'échelle industrielle, d'un grand nombre d'aciers spéciaux qui furent utilisés en grande quantité dans la construction mécanique, navale, automobile, et ensuite aéronautique[6]. Les travaux de A. Portevin, dans la continuité de ceux de L. Guillet, s'orientèrent vers le soudage de ces aciers spéciaux et

2. M. Lebrun, " Les derniers progrès de la soudure autogène ", *La Technique Moderne*, 12 (1925), 34.

3. A. Portevin, " La soudure autogène et la métallographie ", *R.S.A.*, 209 (1931), 2306-2309.

4. Une des premières étapes de l'élaboration de la métallographie scientifique fut la mise au point de la micrographie métallographique par l'anglais H. Sorby en 1863. En utilisant cette méthode, il permit l'identification des constituants de l'acier.

5. Il s'agit de ceux où l'on ajoutait au fer-carbone un troisième élément, tel que nickel, chrome, tungstène.

6. J. Payen, " Un siècle d'évolution technique ", *Eureka '83*, 24-37. Le duralium est composé de 95 % Al ; 4 % Cu, 0.5 % Mn et 0.5 % Mg. En 1889, Hadfield donna les premiers aciers spéciaux au manganèse et au silicium à Sheffield. En 1893, Brustlein et Unieux commencèrent leurs recherches sur les aciers à coupe rapide. Ils furent mis au point par Taylor et White en 1906. En 1903, à la suite des travaux de F. Osmond, Léon Guillet montra que l'on pouvait classer les aciers au nickel suivant leur structure. Entre 1903 et 1907, il poursuivit ses travaux sur les propriétés et les structures des aciers spéciaux au silicium, au manganèse et au chrome. Entre 1908 et 1920, on assista à la naissance des alliages légers, et du duralium découvert par A. Wilm.

permirent, durant l'entre-deux-guerres, l'essor important de ces procédés d'assemblage dans l'industrie[7].

De la métallurgie...

En France, durant l'entre-deux-guerres, la métallurgie et la métallographie dominèrent l'étude scientifique du soudage des métaux. Elles permirent la mise en évidence de la complexité des phénomènes qui se produisaient pendant une opération de soudage, ainsi que leurs répercussions sur les propriétés des métaux impliqués et sur la résistance mécanique des assemblages soudés[8]. Diverses méthodes, telles que l'analyse thermique, la résistance électrique, la dilatabilité, le magnétisme, la spectrographie aux rayons X, permirent une meilleure compréhension des phénomènes internes[9].

En 1933, Albert Portevin a défini le soudage comme une opération métallurgique[10]. Ses travaux et ceux de ses successeurs ouvrirent la voie à une connaissance théorique de la métallurgie du soudage et non plus seulement à une utilisation empirique de ces différents procédés d'assemblage. Le soudage autogène, au chalumeau, à l'arc électrique ou à l'hydrogène atomique, a pour objectif d'établir la continuité métallique d'un assemblage mécano-soudé de pièces métalliques de même nature par fusion localisée de ces pièces au moyen d'un métal d'apport de composition identique. Les deux caractères essentiels du soudage autogène sont : la fusion des pièces à souder et du métal d'apport, et la localisation de la fusion qui entraîne une hétérogénéité thermique de la masse métallique[11]. En ce qui concerne la fusion, l'opération de soudage peut être envisagée sous trois aspects[12] :

- Opération de fonderie : car le métal passe de l'état solide à l'état liquide, puis de nouveau à l'état solide, nécessitant une étude des phénomènes accompagnant la fusion.

7. Voir la communication de Nicole Chézeau sur le rôle des laboratoires industriels dans l'émergence d'une métallurgie scientifique à l'orée du XXe siècle (1860-1915).

8. Dès les premières années de ce siècle, les premières applications de la métallographie microscopique au soudage permirent la localisation des défauts dans les brasures.

9. D. Seferian, " La métallographie de la soudure autogène ", *R.S.A.*, n° spécial (février 1934), 43. L'analyse métallographique du soudage permit l'amélioration de la soudabilité des métaux et des alliages, tels que le nickel pur, par exemple, qui fut longtemps considéré comme insoudable, et qui put être soudé à partir du moment où l'étude microscopique décela la présence des sulfures et leur rôle néfaste pour le soudage. De même, l'acier inoxydable 18/8 présentait un phénomène de corrosion intercristalline dû à la forme des carbures. L'étude métallographique permit de remédier à ce problème après l'avoir identifié.

10. A. Portevin, " Les bases scientifiques de la soudure autogène ", *Bulletin de la Société des Ingénieurs Soudeurs*, 24 (1933), 901-925.

11. La localisation de l'opération est ce qui distingue le soudage d'une opération de fonderie ou du traitement thermique car la fusion et le chauffage ne sont pas complets.

12. A. Portevin, " Aspects métallurgiques des problèmes de soudure ", *Journées de la Soudure*, (Liège, 1953), 375.

- Opération de traitement thermique[13] : car les zones contiguës à la partie fondue sont soumises à un chauffage puis à un refroidissement, demandant une étude du chauffage et du refroidissement de la partie non fondue.

- Opération métallurgique : car il y a des réactions chimiques entre le métal fondu, le fondant, l'enrobage ou l'atmosphère gazeuse.

Le but du soudage est d'obtenir dans l'assemblage soudé la continuité de la matière et l'homogénéité des propriétés mécaniques. Pour la première condition, ceci peut être obtenu en soudant suivant les " règles " du soudage. Pour la seconde condition, il est impossible théoriquement d'obtenir l'homogénéité parfaite du métal soudé, c'est-à-dire l'absence de défauts physiques. Afin de s'approcher le plus possible de cette homogénéité des propriétés mécaniques, il est nécessaire d'étudier les trois aspects cités ci-dessus et d'analyser la définition et la qualification du résultat obtenu, c'est-à-dire la soudabilité du métal.

Les trois zones de fusion dans un ensemble soudé sont :

- Zone de fusion totale (1) : le métal d'apport atteint entièrement l'état liquide.

- Zone de fusion partielle (2) : elle entoure la zone 1 et la température atteinte se situe entre la température liquide et solide.

- Zone externe de chauffage sans fusion (3) : elle entoure la zone 2.

Pour contrôler les modifications chimiques qui apparaissent lors de la fusion du métal d'apport avec le milieu gazeux ou fondu en contact, on modifie soit la composition de l'atmosphère gazeuse, soit la composition du flux ou celle du fondant qui intervient dans l'opération. Une modification de celle-ci peut être effectuée, soit par un réglage du chalumeau pour la soudure oxyacétylénique, soit par l'introduction d'un enrobage avec des éléments volatils gazeux, pour le soudage électrique ou à l'hydrogène atomique.

L'introduction d'un fondant, dans le flux, ou dans l'enrobage, non miscible avec le métal fondu, provoque l'apparition d'un laitier. Le rôle de ce laitier est multiple et important. Il a un rôle protecteur : c'est un écran contre l'atmosphère gazeuse et il doit être en équilibre avec le métal. Il a également un rôle épurateur : avec l'absorption, la neutralisation et la dissolution des impuretés dans le métal ou celles qui sont produites lors du soudage. Il n'y a pas d'équilibre chimique entre le laitier et le métal. Enfin, il a un rôle modificateur, avec l'incorporation dans le métal d'apport fondu d'éléments améliorants spéciaux. Outre ces conditions pour composer chimiquement le fondant, il y a d'autres conditions supplémentaires à satisfaire lors de l'emploi d'un enrobage pour l'électrode en soudage à l'arc.

13. Le traitement thermique est un moyen de modifier des caractéristiques mécaniques.

...à la soudabilité des métaux

Pour déterminer la soudabilité des métaux, il faut définir et qualifier numériquement les résultats d'une opération de soudage, c'est-à-dire l'aptitude du métal d'apport à fournir une bonne soudure, indépendamment de l'opérateur. " L'aptitude du métal à fournir une bonne soudure, abstraction faite de l'habileté de l'opérateur, c'est-à-dire l'aptitude des métaux à fournir, en opérant d'après les règles établies de la technique de la soudure, un ensemble compact et continu, exempt de défauts physiques et aussi homogène que possible, réalisant au mieux l'uniformité des propriétés demandées pour l'usage auquel est destiné la pièce soudée "[14].

Selon A. Portevin, la soudabilité est l'aptitude des métaux (de base et d'apport), en opérant suivant les règles établies des techniques de soudage, c'est-à-dire les procédés et les méthodes, de fournir un ensemble compact et continu, exempt de défauts physiques (déformations, fissures, tensions internes, etc.) et aussi homogène que possible, et réalisant au mieux l'uniformité des propriétés requises pour l'usage auquel l'assemblage soudé est destiné. Le but de l'opération de soudage est d'obtenir la continuité physique et l'homogénéité de la matière[15]. Ainsi, la notion de soudabilité, selon A. Portevin, est désignée par le coefficient numérique S, qui exprime les résultats au moyen d'un coefficient de continuité et de compacité, C, et un coefficient d'homogénéité, H. Soit : S = C (H. avec S variant de 0 à 10.

L'expression de la soudabilité au moyen de la formule S = C (H) montre S en fonction de l'état initial du métal de base ; des traitements ultérieurs de la soudure (mécanique et thermique) ; des procédés de soudure (chalumeau, arc, etc.) ; des conditions de soudure (métal d'apport, emploi de flux, enrobage en atmosphère gazeuse, etc.) ; de l'usage de l'ensemble soudé (destination finale) ; des dimensions de l'ensemble soudé (épaisseurs, forme, etc.) ; et de la méthode utilisée lors du soudage (type de fixation des pièces, positions, etc.). Le coefficient d'homogénéité H détermine le degré d'uniformité des propriétés physiques, chimiques et mécaniques de la soudure.

La problématique de la soudabilité des métaux intéressait également les aciéristes car ils recherchaient le moyen d'améliorer les aciers complexes et variables[16]. Le coefficient de continuité et de compacité C exprime l'absence de défauts physiques. Le but est de trouver les défauts (fissures, cavités, boursouflures, etc.) premièrement, par un examen externe, c'est-à-dire de la surface (par sablage, décapage) ; deuxièmement, par l'examen interne ou macrographie (par cassure longitudinale, radiographie, magnétographie) ; troisième-

14. A. Portevin, *art. cit.*, *Bulletin S.I.S.*, 24 (1933), 920.

15. Idéalement, il y a élimination du facteur humain, l'opérateur ou le soudeur, si les règles strictes du soudage sont observées.

16. R. Granjon, " L'étude de la soudure ", *R.S.A.*, n° spécial (février 1934), 43.

ment, par l'examen mécanique au moyen des essais de traction, de flexion, de pliage, de résilience, de dureté, pratiqués sur des éprouvettes.

Des recherches furent nécessaires pour améliorer la compréhension des phénomènes physiques, chimiques et mécaniques, en vue d'applications toujours plus vastes de ce procédé d'assemblage dans tous les domaines industriels employant des métaux. L'étude scientifique du soudage requiert l'étude des notions touchant les métaux et fait appel à toutes les connaissances acquises en fonderie, métallurgie et traitements thermiques[17]. En France, l'Ecole Supérieure de Soudure Autogène proposa dès 1931, un programme de cours destiné aux ingénieurs diplômés désirant se perfectionner en soudage des métaux.

Albert Portevin ou le soudage " scientifique "

Albert Portevin étudia pendant de nombreuses années les phénomènes internes et complexes qui se produisent lors d'une opération de soudage. Il fut l'un des métallurgistes français les plus connus, faisant autorité dans le milieu scientifique international.

Sa vie

Albert Portevin est né à Paris, rue de Passy, le 1er novembre 1880. Après des études secondaires chez les Frères de Passy, il entra à l'Ecole Centrale des Arts et Manufactures de Paris, premier de sa promotion en 1899[18]. Il en sortit second de sa promotion en 1902[19]. Entre 1905 et 1912, il travailla comme chef des services chimiques au laboratoire de métallurgie de la Société de Dion-Bouton, dirigé par L. Guillet (E.C.P. 1897).

Le 1er janvier 1913, L. Guillet le proposa au poste de Chef de Travaux de métallurgie et de métallographie dans le laboratoire de métallurgie qu'il venait de créer à l'Ecole Centrale et qui était rattaché à la chaire de métallurgie dont il était Professeur depuis 1910.

Albert Portevin resta pendant quarante ans à l'Ecole Centrale des Arts et Manufactures, alliant enseignement et recherches en métallurgie et en métallographie[20]. Parallèlement à ses travaux d'enseignement, il était entré en 1908 à la *Revue de Métallurgie*, dirigée par Henri Le Chatelier, en tant que secrétaire

17. H. Granjon, *Les bases métallurgiques du soudage*, Paris, 1991.

18. Un dossier sur Albert Portevin figure dans les archives de l'E.C.P. Nous remercions la Direction de la bibliothèque pour son aimable autorisation à consulter ces documents.

19. Archives E.C.P., discours dactylographié de Poivilliers aux obsèques de A. Portevin, *In memoriam*, publié dans *Arts et Manufactures*, 126 (1962). Il sorti second de sa promotion, avec un projet sur les usines à gaz, coté 19,6. Mais un accident l'avait privé de tout service militaire et des points supplémentaires correspondants. Après un début de carrière aux études financières du Crédit Lyonnais, à Paris, il travailla comme ingénieur et Chef de Laboratoire à la Société Métallurgique de la Bonneville, dans l'Eure en 1904.

20. P. Bastien, *Albert Portevin, 1880-1962*, s. d., 223-235. En 1914, à la veille de la Première Guerre mondiale, il fut nommé maître de conférences de sidérurgie à l'Ecole Centrale.

général de la rédaction[21]. Il travailla avec H. Le Chatelier au succès de cette revue scientifique dont il devint secrétaire général en 1913. Il considéra H. Le Chatelier et F. Osmond comme ses maîtres. A. Portevin appartenait au comité de rédaction de la *Revue du Nickel* depuis sa création en 1928. Il en devint président en 1948, à la suite de L. Guillet (1929)[22].

Sa carrière d'enseignant fut riche et diversifiée. A l'Ecole Centrale, A. Portevin fut nommé, en 1925, Professeur suppléant au cours de métallurgie du fer et de l'acier, il devint ensuite Professeur du cours de physico-chimie des produits métallurgiques en 1938 et membre du Conseil de l'Ecole. En 1945, il fut nommé au poste nouveau de Directeur Scientifique et Technique de l'école, jusqu'en 1950, quand, atteint par la limite d'âge (70 ans), il fut remplacé par son élève P. Bastien. Il fut également président du Conseil de l'école entre 1944 et 1946, et président du conseil d'administration de l'école entre 1947 et 1950[23].

Parallèlement à son enseignement à l'Ecole Centrale, à partir de 1924, il créa un cours de métallographie appliquée à la fonderie qu'il professa à l'Ecole Supérieure de Fonderie, dont il devint le directeur en 1938. Il fut également Directeur Scientifique de l'Institut de Recherches de fonderie en 1935. D'autre part, il créa un cours inédit de métallurgie appliquée au soudage à l'Ecole Supérieure de Soudure Autogène, dont il fut président du comité de direction dès sa fondation en 1930. Lorsque L. de Seynes, président du conseil d'administration de cette école et de l'I.S.A. se retira en 1941, Albert Portevin lui succéda dans ces deux fonctions jusqu'en 1962, date de son décès. Il fut également président-fondateur de l'Institut International de Soudure, I.I.S., en 1948.

Les nombreuses recherches scientifiques poursuivies par A. Portevin au cours de sa carrière connurent des applications industrielles qui l'intéressaient beaucoup. Il fut conseiller scientifique dans différentes sociétés[24], dont la S.E.C.M.A.E.U. (Ugine), et dans des instituts de recherches, dont l'Institut de Soudure, et l'Institut de Recherches de la sidérurgie, l'I.R.S.I.D. dont il contribua à la création. En 1938, il adressa un rapport à M. Lambert-Ribot, secrétaire général du Comité des Forges, sur l'intérêt de créer en France un institut analogue au *Kaiser-Wilhelm Institut für Eisenforschung* de Düsseldorf[25]. Il revenait d'un voyage en Allemagne et s'était intéressé au mode de financement de

21. M. Lette, " Henry Le Chatelier et ses archives privées récemment déposées à l'Académie des Sciences ", *Cahiers d'Histoire de l'Aluminium*, 18 (1996), 84-90.

22. Anonyme, " Albert Portevin, 1880-1962 ", *Revue du Nickel* (juin 1962), 53-54.

23. G. Delbart, " Centenaire de la naissance de A. Portevin ", *Soudage et Techniques Connexes*, 11/12 (1980), 367-369.

24. Il était ingénieur conseil des Fonderies de Saint-Nazaire et Forges de Montoir (1919), des Aciéries d'Ougrée-Marihaye (1920), de la Société de la Chaléassière (1926-1931), de la Compagnie de Saint-Gobain (depuis 1927), de la Société Rateau (depuis 1928), des Usines Chenard et Walcker (1931-1936), des Aciéries de Pompey (depuis 1932).

25. G. Debart, *art. cit.*, S.T.C., 11/12 (1980), 368.

cet institut allemand. Malgré la veille de la Seconde Guerre mondiale, et les tensions internationales, le principe d'un prélèvement sur le prix de la tonne d'acier fabriqué pour financer un institut fut accepté et l'I.R.S.I.D. fut créé. Durant la guerre, le Comité des Forges était devenu le C.O.R.S.I.D., H. Malcor s'était vu confier la présidence du comité scientifique et technique, C.E.S.T., et il chargea J. Rist de l'étude d'un projet d'un laboratoire central professionnel. Ce projet fut ensuite confié à G. Delbart, et A. Portevin fut conseiller scientifique de ce nouveau laboratoire de recherches.

Pendant les deux guerres mondiales, A. Portevin travailla pour les services de la Défense Nationale et il étudia les aciers spéciaux pour l'armement, en collaboration avec l'Institut de Soudure[26].

Albert Portevin reçut de nombreuses distinctions tout au long de sa carrière scientifique et il assura la présidence de nombreuses sociétés[27]. Nommé Grand Officier de la Légion d'Honneur, A. Portevin fut honoré de nombreuses distinctions étrangères, et nommé docteur honoris causa de nombreuses universités étrangères. Ainsi, il reçut le titre d'Ingénieur Honoris Causa de l'Université de Liège et le titre de Docteur Honoris Causa de l'Ecole Supérieure des Mines de Pribram en ex-Tchécoslovaquie. Curieusement, la cérémonie eut lieu, selon la décision de l'Ecole des Mines, à l'Institut de Soudure à Paris en 1935[28]. Différentes personnalités assistèrent à cette cérémonie, dont Henry le Chatelier. Il fut le premier métallurgiste à être titulaire des quatre grandes médailles[29]. Il était également titulaire de la médaille Lavoisier, de la Société d'Encouragement pour l'Industrie Nationale. Il fut le premier scientifique français à recevoir la médaille J. Seaman de l'American Foundrymen Society en 1953. La même année, il reçut la médaille J.B. Dumas de la Société de Chimie Industrielle Française, et la médaille Osmond de la Société Française de métallurgie. Albert Portevin est décédé le 12 avril 1962, à l'âge de 81 ans, au cours d'un voyage en Italie[30].

26. Entretien avec M. Evrard, ancien directeur de l'Institut de Soudure, mars 1994.

27. Ainsi, il fut président de la Société des Ingénieurs Civils de France en 1931, président de la Société Chimique de France, de la Société française de Physique, de la Société des Ingénieurs de l'Automobile en 1947. Il fut élu membre de l'Académie des Sciences dans la section des Applications de la Science à l'Industrie, son élection fut soutenue par H. Le Chatelier. Il fut président de l'Académie des Sciences et de l'Institut de France en 1959.

28. Anonyme, " Une cérémonie tchécoslovaque à l'Institut de Soudure Autogène ", *R.S.A.*, 26 (1935), 2-3.

29. Titulaire de la médaille Bessemer et de la médaille Carnegie de l'*Iron and Steel Institute*, de la médaille de Platine de l'*Institute of Metals* de Londres et de la médaille Carl Lueg du *Verein Deutscher Eisenhuttenleute*.

30. Anonyme, " Le décès de Albert Portevin, président d'Honneur de la Société des Ingénieurs de l'Automobile ", *Bulletin de la Société des Ingénieurs de l'Automobile*, 6 (1962), 364. Il était président d'Honneur de la S.I.A. depuis 1947.

Son intérêt pour le soudage

Albert Portevin aborda un grand nombre de sujets d'études tout au long de ses cinquante années de recherches scientifiques en métallurgie, sidérurgie, métallographie et physico-chimie des matériaux[31]. Intéressé par les liens entre théorie et application pratique, entre science et industrie, il axa ses travaux suivant deux préoccupations essentielles. Il étudia les phénomènes et les lois des traitements thermiques, avec leur utilisation en vue d'agir sur les propriétés des alliages. Il étudia les phénomènes et les facteurs de fonderie qui interviennent lors de la fusion et de la solidification et agissent sur la structure, l'homogénéité, la compacité et les propriétés des moulages[32]. D'où son intérêt très marqué pour les opérations de soudage et le développement de nouvelles théories métallurgiques pour ces procédés d'assemblage. Dans son rapport présenté lors de son élection à l'Académie des Sciences, Albert Portevin mentionna que trois quarts de ses travaux avaient trait à quatre sujets généraux[33].

Les principaux sujets d'études d'A. Portevin :

- Rôle des impuretés dans les métaux et alliages ;
- Mécanisme de la trempe de l'acier ;
- Propriétés complexes de la fonderie et du soudage ;
- Corrosion chimique des métaux et alliages ;

Albert Portevin soulignait dans son rapport que la diversité de ses travaux[34] n'était qu'apparente, la plupart se rattachant à deux ordres d'idées, comme nous l'avons souligné plus haut, les transformations à l'état solide et la solidification, problèmes essentiels en métallurgie. En fonderie, A. Portevin clarifia les phénomènes se produisant lors du remplissage d'un moule et de la solidification en conditions anisothermes. Il dégagea les lois de la coulabilité[35] des alliages binaires et ternaires, et le rôle essentiel des étapes et intervalles de la solidification et le faciès de la cristallisation primaire.

En soudage, il souligna que celle-ci était une " opération de métallurgie et de fonderie " dans laquelle il y a fusion des parois du moule. Il aborda l'étude scientifique de cette opération d'assemblage, publia ses résultats, dont son article dans le *Bulletin de la Société des Ingénieurs Soudeurs* en 1933 et, avec des chercheurs du laboratoire de métallurgie de l'Institut de Soudure, il précisa la notion de soudabilité des métaux. Il distingua les phénomènes locaux, dépen-

31. Anonyme, *Notice sur les travaux scientifiques d'Albert Portevin*, Paris, 1936, 4 pages.

32. Archives de la bibliothèque de l'Ecole Centrale de Paris, dossier A. Portevin, notes prises à l'Académie des Sciences, dactylographiées, datées de 1936.

33. Archives bibliothèque E.C.P., dossier A. Portevin, notices sur les travaux scientifiques, 1942.

34. Ses travaux représentaient un vaste ensemble de 400 publications, dont 125 notes dans les comptes rendus de l'Académie des Sciences.

35. La coulabilité est l'aptitude d'un métal liquide à remplir un moule.

dant du cycle thermique, et les phénomènes globaux concluant à un double aspect de la soudabilité : la soudabilité locale ou métallurgique et la soudabilité globale ou constructive. Il étudia également la répartition de la température dans les soudures, les modifications structurales et physico-chimiques du métal de base en fonction de la composition du métal, ou de l'alliage et les cycles thermiques dans le soudage[36]. Ces travaux furent menés en collaboration avec les ingénieurs de l'Institut de Soudure et les professeurs et assistants de l'Ecole Supérieure de Soudure Autogène[37].

L'action d'Albert Portevin au sein du milieu scientifique métallurgique français et international fut considérable. Dans le cas du soudage des métaux, ses travaux de recherches, son enseignement à l'Ecole Supérieure de Soudure Autogène, ses publications scientifiques marquèrent un nombre considérable d'ingénieurs et de chercheurs. Ses travaux en métallurgie du soudage contribuèrent largement au développement de la connaissance scientifique des métaux et des alliages et du soudage des matériaux métalliques.

Une discipline incontournable : le contrôle qualité

Comme nous l'avons souligné, l'essor des différents procédés de soudage fut important durant l'entre-deux-guerres et leurs améliorations techniques permirent d'obtenir une résistance mécanique des ensembles mécano-soudés, comparable à celle obtenue par d'autres procédés d'assemblage. Mais les difficultés rencontrées dans le contrôle des soudures entravaient le développement du soudage dans certaines applications industrielles[38]. La mise au point de méthodes de contrôle permit la vérification des soudures terminées, garantissant la sécurité, la solidité de l'ensemble soudé. Le concept de contrainte fut alors remplacé par celui de dilatation, c'est-à-dire que " la notion de sécurité se déplace du bureau d'études vers le laboratoire et le chantier "[39].

La question du contrôle des soudures

Les contrôles se classaient en fonction du moment auquel ils étaient effectués, c'est-à-dire avant, pendant ou après la soudure, d'après les défauts qu'ils mettent en évidence et les moyens qu'ils utilisent, les contrôles destructifs ou non destructifs[40]. Deux types de contrôle des soudures se distinguaient : le contrôle préventif et le contrôle après exécution. Le contrôle " préventif " s'exerçait sur différents points tels que la soudabilité des métaux de base, la

36. Anonyme, " Le professeur A. Portevin ", *S.T.C.*, 5/6 (1962), 163-164.

37. R. Granjon, " Albert Portevin ", *R.S.A.*, 216 (1932), 2456.

38. R. Granjon, " Le contrôle des soudures ", *R.S.A.*, 82 (1920), 1.

39. W. Soete, " Cinquante ans de recherches mondiales en soudage, perspectives d'avenir ", *S.T.C.* (mai/juin 1980), 170.

40. Archives I.S., dossier contrôle des soudures, anonyme, texte s. d.

qualité du métal d'apport, de l'électrode, le matériel de soudage, la méthode de soudure employée et les capacités des soudeurs et des opérateurs.

Le contrôle après exécution comprenait le contrôle extérieur, l'investigation interne et l'essai destructif. L'examen extérieur pouvait fournir des indications sur la qualité de la soudure et ses défauts (pénétration, amorce de fissure, collage), principalement en soudage oxyacétylénique[41]. Pour l'investigation interne, l'utilisation des méthodes non destructives se développa dans les années trente, avec l'apparition des nouvelles techniques de contrôle non destructif des soudures. Les essais destructifs, plus anciens, continuèrent à être employés. Il s'agissait principalement d'épreuves d'allongement, de charge de rupture, d'élasticité ou de résilience sur éprouvettes. Du point de vue du constructeur, les contrôles avant et pendant l'exécution de la soudure étaient les plus importants. Les techniques de contrôle non destructifs étaient onéreuses. Du point de vue de l'usager, l'assurance que la construction soudée répondait aux conditions d'utilisation était primordiale. Le remplacement progressif du rivetage par le soudage dans les assemblages importants imposa le développement des techniques de contrôle de ces assemblages soudés[42].

Les premiers essais de contrôle des soudures furent effectués en laboratoire, principalement à l'aide de deux machines utilisées pour la résistance des matériaux : une machine de traction et une machine de torsion. Au début de ce siècle, on déterminait à l'aide de ces machines, la constante d'élasticité et on calculait les contraintes. En limitant ces contraintes à une fraction de la limite d'élasticité, on pouvait déterminer les dimensions, mais cette méthode ne tenait pas compte des concentrations de contraintes. La notion de capacité de déformation plastique fut introduite, avec les essais de résilience, c'est-à-dire sur la capacité de déformation du métal. Ces méthodes permirent la construction d'ensembles métalliques par soudage, reposant surtout sur l'expérience et ne présentant quasiment pas de contrôle de l'ensemble soudé.

Vers un contrôle non destructif

En 1927, Léon Guillet présenta à l'Académie des Sciences une note d'Albert Roux relative à une découverte concernant une méthode magnétographique destinée à faciliter la vérification des soudures[43]. Albert Roux, chef de travaux adjoint à l'Ecole Centrale de Paris, était intéressé par la mise en évidence des défauts des soudures. Il mit au point la détection magnétique de certains défauts physiques des soudures, qui constitua un contrôle non destructif très important en soudage. Le principe de cette méthode reposait sur le fait que

41. R. Granjon, " Le contrôle des soudures ", R.S.A., n° spécial (février 1934), 44.

42. M. Paris, " Le contrôle de qualité dans les soudures à haute résistance ", *Bulletin de l'Association Technique Maritime et Aéronautique* (juin 1936).

43. A. Roux, " Contrôle des soudures par les spectres magnétiques ", C.R.A.S., tome 185 (1927), 859-861.

les pièces en acier à examiner étaient soumises à un champ magnétique. Les défauts étaient mis en évidence par l'accumulation d'une poudre magnétique, mise en suspension dans un liquide, et dont la pièce avait été enduite. La forme et l'intensité de cette accumulation donnaient des renseignements sur la qualité de la soudure[44]. En magnétographie, la ligne de soudure était bien marquée car la perméabilité magnétique du métal d'apport était différente de celle de la tôle en raison de l'épaisseur de la soudure. L'examen magnétographique permettait le contrôle des soudures sur place. La pièce à analyser fermait généralement le circuit magnétique d'un électro-aimant, ou pouvait être placée dans le champ d'un conducteur électrique. La poudre employée était, soit du fer, décomposition du fer carbonyle, soit de la magnétite[45]. Cette méthode de contrôle non destructive, utilisait la propriété des rayons X de pénétrer la matière à l'aide de postes puissants[46].

Les défauts tels que les criques, les inclusions, le manque de pénétration, étaient visibles sur les clichés et pouvaient être réparés par soudage après dégorgeage[47]. L'examen des radiographies permit de montrer les défauts macroscopiques des soudures et d'analyser la nature des défauts observés (profondeur, situation, interne) et la cause qui leur avait donné naissance. On pouvait ensuite y remédier[48]. Ce contrôle était qualitatif et il se révéla efficace dans l'élimination des défauts[49].

Ainsi, la Société Babcock et Wilcox, à partir de 1932, utilisa le soudage électrique à l'arc avec électrodes enrobées à l'échelle industrielle pour la construction de réservoirs, conjointement à un contrôle de l'exécution des soudures pour en assurer la sécurité. Le contrôle des soudures comprenait un examen intégral des lignes de soudure par radiographie, complété par un examen d'éprouvettes issues d'une tôle témoin, placée en bout d'une des lignes de soudure, et soumises à des essais mécaniques destructifs tels que la traction, le

44. L. Guillet, *Les grands problèmes de la métallurgie moderne*, Paris, 1954, 154-155.

45. Anonyme, " Résumé de la méthode de A. Roux ", *Revue Générale d'Electricité*, tome 22 (1927), 176.

46. L'examen par rayons X des métaux soudés présentait la difficulté liée au fait que le vide n'était pas poussé assez loin dans les ampoules de Crookes. Avec la mise au point des ampoules de Coolidge, inventé en 1913 et constitué d'un tube à rayons X à cathode incandescente, fonctionnant sous vide poussé, le contrôle des soudures aux rayons X entra dans la pratique industrielle. Auparavant, elle restait une méthode utilisée dans les laboratoires de recherches. Le tube de Coolidge permit la stabilité et le réglage du faisceau de rayons X, utilisant un courant de 150.000 V. et de 4 m.A., l'ampoule était placée dans une cuve de plomb remplie d'huile. Le physicien Crookes constata que les rayons cathodiques se propagent en ligne droite. Roëntgen s'aperçut que des rayons nouveaux, X, prenaient naissance dans les tubes de Crookes et traversaient le tube en tous les points où les rayons cathodiques sont arrêtés.

47. M. Lebrun, *La soudure électrique à l'arc et la soudure à l'hydrogène atomique*, préface L. Guillet, Paris, 1935, 54.

48. Anonyme, " Le contrôle radiographie des soudures ", *La Technique Moderne*, 12 (1934), 429.

49. H. Louis, " Résultats de la radiographie dans la détection des défauts macroscopiques des soudures ", *Mémoires de la Société des Ingénieurs Civils de Liège*, tome IV (1943), 163-167.

pliage, la résilience et la densité[50]. Les résultats de ces tests devaient montrer que les caractéristiques mécaniques du métal d'apport étaient identiques à celles des tôles à assembler. De plus, entre la finition de la soudure et les essais mécaniques, l'ensemble soudé subissait un traitement thermique destiné à supprimer les tensions internes créées lors du soudage.

Actuellement, un des contrôles non destructifs les plus employés est celui par ultrasons[51]. Ce procédé permet de déceler des défauts profonds dans les soudures. Il est basé sur le principe que certains cristaux excités par ultrasons émettent des faisceaux d'ondes électriques. Si ces ondes rencontrent un défaut dans une soudure, elles sont réfléchies et l'opérateur peut recueillir un écho sur un oscilloscope cathodique. Ces renseignements permettent de déterminer les coordonnées, l'importance et souvent la nature du défaut.

Le Comité de Normalisation de la Soudure, 1936-1942

En France, la centralisation des organismes du soudage se manifesta dans le secteur important de la normalisation par la création, en janvier 1936, du " Comité de Normalisation de la Soudure ", C.N.S., en accord avec différents organismes industriels. Au préalable, en 1932, des études sur la représentation conventionnelle des soudures sur les dessins furent réalisées par l'O.C.A. à la demande des services techniques de la Marine Nationale[52]. Ces études poussèrent les organismes de la soudure à réfléchir sur la constitution d'un nouvel organisme centré sur les activités de normalisation.

" R. Granjon propose la création d'un Comité de normalisation de la soudure commun aux organismes groupés à Paris, avec un projet de statuts déjà rédigé. R. Thomas dit qu'il lui semble nécessaire de constituer rapidement ce comité qui aura plus de poids pour soutenir les intérêts de la soudure tant vis-à-vis des pouvoirs publics et des grandes administrations que vis-à-vis des normalisations étrangères. Il serait bon de faire entrer le Comité de Normalisation de la Soudure dans le cadre de l'AFNOR, moyennant une faible participation au budget de l'AFNOR (1.000 F/an). Création du C.N.S. à l'unanimité "[53].

Au départ, ce comité était composé des présidents et des secrétaires des quatre principaux organismes du soudage en France : l'Office Central de l'Acétylène, la Chambre Syndicale de l'Acétylène, l'Institut de Soudure, et la Société des Ingénieurs Soudeurs. Son siège fut installé au Boulevard de la Chapelle, avec les autres organismes[54]. Les statuts du C.N.S. furent rédigés en mars

50. E. Pierre, *Le contrôle des soudures et des appareils soudés*, Archives I.S., s. d. ; Anonyme, *art. cit.*, *La Technique Moderne*, 12 (1934), 429.

51. H. Granjon, *Bases métallurgiques du soudage*, Paris, 1989, 206-209.

52. Archives I.S., documents manuscrits dans le dossier C.N.S., note sur l'évolution de la normalisation en soudure autogène, s. d., et R. Sarazin, *La soudure électrique à l'arc*, 31-01-1941.

53. Archives I.S., conseil d'administration de l'O.C.A., compte-rendu du 19-02-1936.

54. Anonyme, " L'organisation de la soudure ", *R.S.A.*, 264 (1936), 1.

de cette année[55] et envoyés à l'AFNOR par le président de ce nouvel organisme, L. de Seynes. Le but de ce comité était : " de centraliser les questions relatives aux règles techniques, spécifications, prescriptions et normalisation utiles au développement rationnel de la soudure autogène par tous les procédés et par toutes les applications "[56].

Dès 1936, le comité centralisa les études en cours sur les spécifications relatives aux métaux d'apport pour la soudure oxyacétylénique, les électrodes pour la soudure à l'arc, la normalisation des chalumeaux et les prescriptions concernant la sécurité des soudures.

Le C.N.S. fut placé sous la direction de R. Thomas, président du Sous-Comité 44, " Soudure ", du " Comité d'Organisation de la machine-outil, de l'Outillage et de la Soudure ". Il était placé sous l'autorité d'un comité directeur dont les membres furent désignés par le conseil d'administration de l'Institut de Soudure. Les autres membres étaient un représentant du C.O.S.M.O.S.[57], du Commissariat à la Normalisation, du Secrétariat d'Etat à la Production Industrielle et de l'AFNOR. Dès 1942, les travaux du C.N.S. furent centrés sur la révision des questions n'ayant pas fait l'objet de normes officielles[58].

CONCLUSION

En conclusion, on peut considérer que cette étude de la métallurgie du soudage met en évidence les rapports science-technique ou plutôt dans ce cas-ci les rapports technique-science. Avec le passage d'une utilisation empirique et une connaissance " technique " du soudage à une étude " scientifique " de la métallurgie du soudage, le rôle d'Albert Portevin a été essentiel. Sa formation d'ingénieur centralien, ses relations avec Léon Guillet, orientèrent ses travaux en soudabilité des métaux. Les contrôles non destructifs des soudures, l'émergence de la normalisation du soudage via la création du C.N.S., ont permis d'aborder une phase de développement nouvelle pour les procédés de soudage dans l'industrie française.

BIBLIOGRAPHIE

A. Beltran, P. Griset, *Histoire des techniques aux XIXe et XXe siècles*, Paris, 1990.

F. Caron, *Les deux révolutions industrielles du XXe siècle*, Paris, 1997.

55. Archives I.S., lettre du 18 mars 1936, au directeur général de l'AFNOR, réponse du 28-3-1936 de Sirardeau, directeur général de l'AFNOR au C.N.S.

56. Archives I.S., statuts du C.N.S., article 2, 10 mars 1936, 3 pages.

57. Le C.O.S.M.O.S. était le syndicat des fabricants de matériel de soudage, qui précéda le S.M.S.

58. Archives I.S., C.N.S., Comité directeur, P.V. réunion du 30-11-1942, 5 pages dactylographiées et texte préparatoire du 28-11-1942, 6 pages.

N. Chezeau, " Les débuts de la métallographie ", *Science et Techniques en perspective*, 34 (1995), 79-102.

R. Fox, G. Weisz, *The organization of science and technology in France 1808-1914*, Cambridge, 1993.

P. Gancarz, " La métallurgie française face à la crise des années trente ", *Mouvement Social*, 154 (1991), 197-211.

B. Gille, *Histoire des techniques*, Paris, 1978.

H. Granjon, *Bases métallurgiques du soudage*, Paris, 1989 et 1991.

L. Guillet, *Les grands problèmes de la métallurgie moderne*, Paris, 1954, 154-155.

B. Jacomy, *Une histoire des techniques*, Paris, 1990.

M. Lebrun, *La soudure électrique à l'arc et la soudure à l'hydrogène atomique*, préface L. Guillet, Paris, 1935, 54.

M. Lette, " Henry le Chatelier et ses archives privées récemment déposées à l'Académie des Sciences ", *Cahiers d'Histoire de l'Aluminium*, 18 (1996), 84-90.

P. Mioche, *La sidérurgie et l'Etat des années 1940 aux années 1960*, thèse de doctorat, Université Paris-IV, 1992.

A. Moutet, *Les logiques de l'entreprise, la rationalisation dans l'industrie française de l'entre-deux-guerres*, Paris, 1997.

J. Payen, " Un siècle d'évolution technique ", *Eureka '83*, 24-37.

A.C. Robert-Hauglustaine, *Le soudage des métaux en France, un demi-siècle d'innovations techniques, 1882-1939*, thèse de doctorat, E.H.E.S.S., Paris, mars 1997, 3 volumes, 721 pages.

D. Woronoff, *Histoire de l'industrie en France, du XVI*[e] *siècle à nos jours*, Paris, 1994.

Saint-Gobain et le " béton armé translucide ", 1931-1937 : la mise au point de la trempe des pavés de verre[1]

Anne-Laure Carré

Les débuts du béton armé translucide

L'emploi de pavés de verre pour servir à l'éclairage des cales de navires remonte sans doute au XVIIIe siècle. Cependant dès le milieu du XIXe siècle, des dalles de module carré ou sorte de gros pavés prismatiques — pour répartir au mieux les rayons lumineux — trouvent de nouveaux emplois. Enchâssées dans des grilles métalliques, elles servent à éclairer les sous-sols dans les banques, les magasins ou les entrepôts. En 1884, le siège parisien du Crédit Lyonnais est ainsi équipé de 4.554 m^2 de planchers en dalles-verre sur deux niveaux, pour diffuser jusqu'à la salle des coffres la lumière filtrée par la coupole centrale. Ces dispositifs assez spectaculaires ne s'appliquent que très imparfaitement à l'extérieur. En fait il faut attendre le développement de la construction en béton armé pour que les moulages en verre trouvent des application plus structurelles.

En 1908, un entrepreneur parisien de chéneaux métalliques, Gustave Joachim, fait des essais à la gare Saint-Lazare, pour inclure des pavés dans du béton. Il réalise ainsi l'éclairage zénithal des couloirs de correspondance des lignes du métro Nord-Sud, Est-Ouest, grâce à des caissons de verre et de béton. Les pavés baptisés OE sont fournis par Saint-Gobain et donnent satisfac-

1. Cet exposé est bâti autour d'une recherche sur le béton armé translucide qui sera développée dans une thèse d'histoire des techniques consacrée aux produits verriers et à leur mise en oeuvre architecturale des années 1880 à la fin des années 1930. Il repose essentiellement sur les archives de Saint-Gobain, que nous avons pu consulter à Blois et à Saint-Gobain Recherches, ainsi que sur deux entretiens que nous a accordé en 1993, M. de Lajarte, qui a passé toute sa carrière au laboratoire de Saint-Gobain et a travaillé directement à la mise au point de la trempe des moulages en verre. Je remercie vivement M. de Lajarte ainsi que Mlle Sellin qui a classé ces rapports à Saint-Gobain Recherches et me les a signalés. Nous utiliserons les abréviations suivantes : SL pour M. de Lajarte et BL pour Bernard Long, et pour les titres des revues, *GtB* pour le *Glastechnische Berichte* et *JSGT* pour le *Journal of the Society for Glass Technology*.

tion. Encouragé par des résultats positifs, Joachim persévère, dépose plusieurs brevets et, en 1911, la marque *Le béton armé translucide*, qui va s'imposer pour qualifier cette technique de construction. Le système est assez élémentaire : les éléments en verre, de forme variable sont disposés entre les renforcements métalliques sur le coffrage, le béton est coulé tout autour. Les panneaux peuvent donc être facilement préfabriqués.

De nombreuses verreries fabriquent des moulages : Saint-Gobain, Boussois, mais aussi La Rochère ou le Val Saint-Lambert, la célèbre cristallerie liégeoise. La Tchécoslovaquie et l'Allemagne sont également deux importants pays producteurs de l'entre-deux-guerres. Le travail à la presse est flexible et assez peu qualifié, le moulage est une technique utilisée pour la verrerie de ménage, les emballages de toutes sortes, bocaux, pots, etc... C'est par définition une production de masse. Pour Saint-Gobain qui fabrique un produit plat de luxe — la glace — les moulages entrent dans son catalogue de produits car ils participent commercialement du secteur du verre architectural. Or il s'agit d'un secteur que l'entreprise cherche à investir fortement dès lors que les procédés mécaniques d'étirage rapprochent le verre à vitres de la glace polie.

Après la première guerre mondiale, les réalisations en béton armé translucide se multiplient : marquises et voûtes des gares de Lens, de Versailles Chantiers, de l'aérogare du Bourget, Maison de Verre de Pierre Chareau. Ingénieurs et architectes ont recours à plusieurs entreprises spécialisées qui proposent leurs services pour la construction de voûtes, parois, planchers. Joachim est vite concurrencé par d'autres entreprises comme Divorne, Maillet ou Dindeleux. De réalisations modestes en prestigieuses, les prescripteurs s'enhardissent et, passé le temps des expériences prudentes, cette technique exigeante connaît quelques accidents.

En fait la mise en oeuvre du béton armé translucide est délicate, il faut minimiser les effets du retrait du béton en utilisant un ciment bien dosé et poser le ferraillage avec soin, car si le verre et le fer entrent en contact, les différences de dilatation provoquent des éclatements. Panneau, plancher ou coupole doivent être strictement indépendants du gros oeuvre et des joints de dilatation scrupuleusement posés, sinon les pavés enserrés dans une gangue de béton subissent les mouvements de l'ouvrage et les effets du retrait, ils s'écaillent, se fissurent, se cassent et peuvent même se détacher de la voûte ou du plancher. Si les désordres de construction sont le plus souvent la cause des dégradations, la qualité et la forme des moulages ne sont pas exemptes de critiques. Les formes sont parfois fantaisistes ou peu adaptées (tel le pavé hélicoïdal) et la quantité de lumière transmise n'est pas étudiée[2]. Enfin une composition trop

2. Une note de BL à la direction des glaceries du 14 février 1923 estimait déjà qu'en respectant des règles d'optique et en donnant des formes plus adaptées aux pavés, la Compagnie s'assurerait une supériorité de produit incontestable et concluait sur la nécessité d'équiper le laboratoire d'installations permettant des mesures de luminosité précises et sur celle de concevoir des documents techniques bien adaptés pour les utilisateurs.

sodique ou une mauvaise recuisson du pavé de verre peuvent conduire à des fissures par lesquelles l'eau s'infiltre ; en réagissant avec le carbonate de soude, des efflorescences, des irisations surviennent, le pavé se ternit et s'écaille.

VERS UNE NOUVELLE APPLICATION DE LA TREMPE DU VERRE

L'accident de la gare de l'Est

En 1931, des désordres spectaculaires se produisent sur un chantier parisien prestigieux : le doublement de la gare de l'Est[3]. Trois grandes coupoles construites par Dindeleux, à peine terminées, présentent de tels défauts qu'elles doivent être refaites entièrement, alors même que cette entreprise figure parmi les meilleurs spécialistes de ces travaux et que les pavés employés étaient d'épaisseur égale à celle du béton pour limiter les risques. Malheureusement nous n'avons retrouvé aucun procès-verbal d'expertise dans les archives Saint-Gobain et M. de Lajarte n'a pas pu nous renseigner à ce sujet bien qu'il ait évoqué ce chantier malheureux dans l'entretien qu'il nous a accordé. Pourtant même si on ne peut l'affirmer[4], il semble bien que cet incident ait réellement été le déclencheur du programme de recherche. Il est tentant de le croire, tant il est avéré que les accidents sont souvent les moteurs de l'innovation !

Le laboratoire central des glaceries est alors une organisation modeste. Il est installé dans l'immeuble du siège de la compagnie, au 6e étage de la place des Saussaies à Paris et possède une sorte d'annexe à l'usine de Bagneaux-sur-Loing pour des essais à l'échelle semi-industrielle. Le directeur est un physicien, Bernard Long[5], qui dirige une équipe de 25 personnes : chercheurs et préparateurs. Le fleuron du laboratoire de recherche est le procédé de la trempe des glaces, dit procédé Sécurit, dont les brevets sont déposés à la fin de l'année 1928 et la mise au point industrielle se fait pendant les années 1929 et 1930.

Les premiers rapports de recherche n'ont pas été conservés, mais M. de Lajarte, qui a rédigé ses souvenirs après une longue carrière au laboratoire et

3. Le doublement de la gare de l'Est est un chantier particulièrement imposant par l'emploi des techniques modernes de soutènement et de béton armé ; de nombreuses voûtes et coupoles en béton armé translucide y ont été réalisées. Les coupoles incriminées avaient été construites dans la salle d'entrée de la gare. Bien que le chantier ait été largement publié dans la presse spécialisée de l'époque, on ne trouve aucune mention de ces accidents. Voir *Revue générale des Chemins de fer*, 50 (1931), 29-58. *Génie Civil*, 94 (1929), 98 (1931), 100 (1932), *L'Architecture* (1933), 93-104, *La Technique des travaux* (1929).

4. Les archives de la Compagnie des chemins de fer de l'Est ne contiennent aucune référence à cet incident. Les archives de l'entreprise Dindeleux ont disparu avec l'entreprise dans les années 1970.

5. Stéphane de Lajarte (1905-) est ingénieur diplômé de l'institut de Chimie, il est entré en 1927 à Saint-Gobain et a fait toute sa carrière au laboratoire, qu'il a quitté en 1970. S. de Lajarte, *Un demi-siècle de recherche à la Compagnie de Saint-Gobain*, Manuscrit dactylographié, 1973.

a été directement impliqué dans ces recherches, donne une date autour de la fin de l'année de 1931 pour les premières études[6].

La trempe industrielle

La trempe est un phénomène commun à plusieurs industries du feu et appliqué au verre depuis la deuxième moitié du XIXe siècle[7]. Refroidies par des jets d'air, les couches supérieures de la feuille de verre entrent fortement en compression, les couches inférieures restent en extension, la résistance mécanique est augmentée. De plus lorsque le verre se casse, la rupture se fait dans un sens organisé et les morceaux de verre ne sont pas coupants.

Les brevets Sécurit[8], sont donc très importants pour Saint-Gobain, ils ouvrent à la glace un marché prometteur : l'automobile. En 1931, la trempe des glaces est à peu près maîtrisée et le laboratoire peut donc se tourner vers d'autres applications.

Pourquoi chercher à tremper les pavés de verre ? L'objectif est moins d'obtenir un verre de sécurité que d'améliorer la résistance mécanique du verre inclus dans le béton, afin qu'il résiste mieux à la dilatation et au retrait du béton armé. Des essais infructueux (les pièces avaient explosé pendant le traitement) avaient déjà été faits auparavant, pour tremper les condenseurs de projecteurs de cinéma, mais la trempe des objets creux est une application très différente de celle des pare-brise en glace. Au delà des dispositifs et du réglage de la température de trempe, la qualité même du verre est très importante. En effet, les moulages sont fabriqués à partir de verre ordinaire produit dans un four à bassin, alors que la glace de composition beaucoup plus soignée est toujours produite dans un pot. Les réfractaires de four à bassin sont de qualité assez médiocre, vite attaqués par les fondants sodiques et les gaz du bain de verre en fusion, ils se délitent et sont responsables d'inclusions dans la pâte du verre. Ces défauts minuscules ou " pierres " comme les appellent les verriers, sont la cause des éclatements spontanés.

6. Bernard Long (1895-1983), reçu à l'Ecole Normale Supérieure en 1914, agrégé de physique en 1921. Entré à la compagnie de Saint-Gobain en 1921, il obtient toute la confiance du directeur de la Compagnie, Lucien Delloye. Jusqu'en 1939, le laboratoire n'aura pas de budget propre et le financement sera assuré directement par la direction générale des glaceries. Son grand succès à Saint-Gobain est d'abord la mise au point du Sécurit, mais sont aussi remarquables les recherches sur les réfractaires, les moulages trempés et l'accrochage de l'aluminium sur le verre. En 1943 il quitte Saint-Gobain pour créer et diriger l'Institut du Verre, en 1950, il rejoint le groupe Glaver-Boussois-Delog, concurrent de Saint-Gobain. Son intérêt se porte avant tout sur la recherche appliquée. Nécrologie, *GtB* (1983).

7. Etudes systématiques des phénomènes de trempe du verre par le prof. Victor de Luynes en 1872. Procédé breveté en 1874 par La Bastie pour la trempe de petits objets, bobèches de chandeliers, coupelles, brevet en 1874 ; brevet de F. Siemens pour la trempe du verre plat en 1877.

8. Les brevets Securit ont été exploités en commun par Saint-Gobain et Boussois dans le monde entier. Voir J.-P. Daviet, *Un destin international, la compagnie de Saint-Gobain de 1830 à 1939*, Paris, 1988, 404.

Les premières études du laboratoire

Les études ont d'abord lieu à Paris, au siège de la Compagnie où est installé le laboratoire. Bernard Long décide de commencer par une forme propice à la trempe : une sphère. On fabrique des sphères en verre de 8 cm de diamètre avec des moules ouvrants, elles sont démoulées à l'air libre, recuites puis réchauffées et brutalement refroidies par des petites buses d'air froid. La température du verre au moment de la trempe doit être précisément réglée, trop froid, le verre se fissure, trop chaud, il éclate. Bernard Long utilise donc le four électrique mis au point pour le Sécurit, que l'on peut contrôler plus facilement et qui sert à réchauffer les pavés. Posés sur un cercle métallique recouvert d'amiante, soulevés par une tringle hors du four, ils sont refroidis violemment par des soufflettes et enfin recuits normalement une seconde fois. Le volume d'air soufflé par les buses est dirigé de manière précise car les soufflettes doivent opérer de façon homogène sur le pavé, à l'intérieur comme à l'extérieur.

En février 1932, les pavés trempés sont essayés au choc, les essais sont concluants, mais ces premiers pavés sont un peu lourds. Allégés, les bords amincis, ces pavés de forme sphérique sont baptisés Coupolith ; ils sont en effet réservés aux coupoles, à cause de leur calotte émergeante qui ne permet pas que l'on circule dessus. Ils présentent des caractéristiques mécaniques de résistance à la traction et à la compression deux à trois fois supérieures à celles des pavés Novalux, modèles couramment diffusés par Saint-Gobain.

Les premiers mois de l'année 1933 sont consacrés à l'élaboration de nouvelles formes, en effet il faut s'éloigner de la forme sphérique pourtant avantageuse car les services commerciaux réclament des pavés plus aplatis et aussi des pavés carrés. Les pavés Cupulith sans calotte émergente et Discolith, minces et aplatis, sont mis au point, par contre les pavés carrés seront plus difficiles à tremper, comme l'attestent les rapports de M. de Lajarte des années 1934-1935.

Soumis à des tests de traction et de résistance à Bagneaux et au laboratoire d'essais du CNAM début 1933, les pavés Coupolith, Cupulith et Discolith réagissent très bien et la direction décide de les industrialiser. M. de Lajarte estime rétrospectivement que la mise au point à été rapide puisqu'en 1932 un dispositif semi-industriel a déjà permis une petite fabrication de lancement de Coupolith à Bagneaux.

La mise au point industrielle

L'industrialisation décidée, c'est l'usine de Cirey[9] dans les Vosges qui est choisie et, dès lors, M. de Lajarte passe de longs moments sur place pour met-

9. Cirey est une des plus anciennes usines de la Compagnie de Saint-Gobain, elle a été acquise par la fusion avec la société de Saint-Quirin en 1858. On y trouve une glacerie et des fours de verres spéciaux, verre imprimé et moulages.

tre au point l'outil industriel. Seul chercheur responsable de cette étude, il a une liberté d'action appréciable et peut monopoliser assez facilement des équipes d'ouvriers pour des essais ou bien la fonderie de l'usine pour des retouches sur des moules ou des poinçons. M. de Lajarte passe neuf mois en 1934 à Cirey et la fin de l'année 1935 là bas à nouveau, il envoie des rapports hebdomadaires sur l'avancement de ses travaux[10]. Ces rapports évoquent aussi bien les problèmes techniques rencontrés, qu'ils annoncent l'envoi d'échantillons de fabrication, ou répondent à des demandes précises. Ils révèlent surtout la difficulté et le bricolage des installations de trempe et d'équilibrage, dont l'efficacité repose beaucoup sur l'habileté du personnel.

La fabrication traditionnelle requiert un pocheur ou cueilleur, qui puise la quantité voulue de verre en fusion dans le four à bassin et l'apporte à la table de presse, un presseur qui coupe la paraison et abaisse le poinçon. Le pavé formé est démoulé, trempé puis recuit et contrôlé. A Cirey, le procédé de trempe mis au point à Paris est un peu simplifié, la recuisson préalable est supprimée. Après leur démoulage, les pavés sont placés sur un support et introduits dans le four pour la phase de réchauffage, qui est appelée " équilibrage ". Un four tunnel d'équilibrage de 6 m de long est construit par les services techniques de l'usine. La température du four peut varier entre 620 et 680°C, ce qui permet d'éviter les déformations ou les marques de support et autorise une fabrication en continu grâce à cette marge de 60°C. Les pavés sont ensuite portés sur la table de trempe, dont le dispositif est limité à trois soufflettes aux extrémités percées de petits trous, celles-ci peuvent être orientées facilement selon le type de pavé et diffusent l'air froid de manière homogène. Les essais de traction sont encore meilleurs qu'à Bagneaux, peut-être du fait de la composition du verre plus calcique à Cirey qu'à Bagneaux. Par contre, le rendement lumineux est décevant et il faut trouver des améliorations, Bernard Long prévoit l'application d'une peinture ou d'une couche de métal réfléchissante. Cette précaution va rejoindre un sujet d'étude qui lui est cher, la métallisation du verre par l'aluminium.

Fin décembre 1933, devant l'association pour l'essai des matériaux de construction, Bernard Long fait une conférence, qui sera publiée dans le journal *L'Architecture*[11] et qui s'intitule " Les moulages en verre pour le béton translucide ". Il détaille les enjeux techniques de la composition du verre et de la forme des moulages, présente les trois nouveaux modèles de pavés trempés, Coupolith, Cupulith, Discolith, leurs propriétés et les essais auxquels ils ont été soumis et conclut par une formule lapidaire : " par les chiffres et les considérations qui précédent, nous espérons avoir fait suffisamment ressortir les

10. La série classée par Mlle Sellin est aujourd'hui versée dans les archives Saint-Gobain à Blois. Elle comporte d'abord 2 rapports du mois de mars 1933, puis une série complète entre avril 1934 et décembre 1935.

11. *L'Architecture*, 47 (1934), 54-59.

immenses avantages des nouveaux pavés trempés. ” Il n’est pas certain que cela ait suffit à convaincre les prescripteurs !

Le 27 mars 1934, M. de Lajarte envoie un rapport détaillant précisément le prix de revient des pavés Coupolith et Cupulith peints et métallisés : pour les Coupolith, en comptant 3 équipes de 3 ouvriers le total est de 824 F par jour. La production est réglée à 1 pavé toutes les 40 secondes, soit en théorie 2.160 pavés par jour, ce qui donne un prix de 0, 38 F par pavé avant métallisation et peinture, mais en comptant la casse et les déchets ainsi que les deux opérations citées, on obtient un prix de 0, 66 F. En fait M. de Lajarte note que compte tenu d’une casse élevée on ne produit guère plus de 1.000 pavés par jour ! Le prix de revient par kilo de verre est alors de 0, 96 F pour les Coupolith et de 0, 81 F pour les Cupulith. Ces prix sont plutôt élevés, la métallisation double presque le prix de revient, quel est donc l’intérêt de cette technique ?

L’adhérence de l’aluminium au verre : des applications variées

Dans une communication au Congrès de la prestigieuse Society for Glass Technology de Sheffield en 1937[12], Bernard Long rappelle l’histoire des applications de l’aluminium au verre et les recherches menées par Saint-Gobain. La découverte en revient à Charles Margot assistant au cabinet de physique de l’université de Genève qui publiait en 1894 un article rendant compte de ses découvertes sur l’adhérence des métaux au verre[13]. Celle-ci est particulièrement remarquable avec le magnésium, le cadmium, le zinc et l’aluminium. L’aluminium en particulier, très blanc, garde un bel aspect, le magnésium et le cadmium s’oxydent très vite. Pour déposer le métal, on emploie des pistolets chalumeau, où le métal fondu est pulvérisé en fines gouttelettes dans un courant gazeux. Ce procédé appelé schoopage est commercialisé par la Société française de métallisation qui vend le matériel adapté. On peut ainsi souder du verre au métal ou bien métalliser deux pièces de verre et les réunir par une soudure conventionnelle. Saint-Gobain va mettre en oeuvre trois applications de ces procédés :

- la métallisation réfléchissante des pavés de béton armé translucide,
- la soudure du verre, pour les pavés et les briques de verre isolant,
- les dépôts métalliques conducteurs, pour les dégivreurs, les radiavers ou les chaufferettes, mais dont nous ne parlerons pas ici.

La métallisation réfléchissante

La métallisation réfléchissante est donc une étude corollaire de la trempe des pavés, car elle n’est possible que sur du verre trempé, capable de résister

12. BL fait une communication à la réunion pour le XXIe anniversaire de la *Society for Glass Technology*, le 10 nov. 1937 (voir *JSGT* (1937), 428-435). Cet article est traduit en allemand dans *GtB*, 16 (1938), 187-191. Il est publié en français dans *Céramique, verrerie, émaillerie* (1938), 5-11 et dans *Verres et silicates industriels*, 9 (1937), 169-174.

13. C. Margot, *Archives des sciences physiques et naturelles*, 15 août 1894.

au souffle du pistolet. Cependant elle entraîne un surcoût important et sollicite un peu plus l'habileté des ouvriers pour les retouches ou les nettoyages qui doivent faits très rapidement. La projection de métal au pistolet se fait pendant, ou juste après, la trempe, le pavé devant avoir une température minimum de 300°C. Pour obtenir un dépôt suffisant, il faut passer une seconde couche.

En juin 1934, une table de presse automatique et une table de trempe, mises au point par l'ingénieur de fabrication Defauconpret avec M. de Lajarte, sont installées à Cirey. Le four à moulages est équipé d'un feeder afin de réduire le coût de la fabrication. Cet appareil installé au débouché du four, mesure la quantité nécessaire de paraison et l'envoie directement à la presse, le pocheur est supprimé, le poids des pavés devient plus régulier. Le dispositif de trempe comporte une table de soufflage au ventilateur. La métallisation s'effectue à la suite sur une table de métallisation. Defauconpret donne l'exemple d'une fabrication de Coupolith métallisés. La fabrication emploie quinze hommes au lieu de dix pour les pavés recuits Novalux : il y a un surveillant, un conducteur de feeder, un mécanicien pour les graissages et le contrôle de la température du four de trempe, trois ouvriers pour le transport des moulages entre la presse et le four d'équilibrage, sept hommes pour le transport entre le four de refroidissement et la table de métallisation et les fours de recuit, un ouvrier pour la surveillance des niveaux oxygène-acétylène des pistolets de métallisation et un trieur manutentionnaire. Le chronométrage de la fabrication donne des durées oscillant entre 8 minutes 18 et 8 minutes 25 secondes. Le coût des pavés est le même que celui estimé par M. de Lajarte dans son rapport du mois de mars 1934 : 0, 66 F[14].

La soudure des pavés isolants

Les pavés sont métallisés pour améliorer leur diffusion lumineuse mais la soudure du verre va aussi leur être appliquée. Ce sujet est très fréquemment évoqué par M. de Lajarte dans ses rapports en 1934 et 1935, à propos de pavés isolants.

Les pavés trempés, Coupolith, Cupulith ou Coupolux (une variante du Coupolith) ont une cupule ajustable moulée, puis soudée, qui emprisonne un matelas d'air, la cupule pouvant être de couleur. Toutes sortes de joints, litharge, brai, asphalte, lave de Volvic, sont essayés sans grand succès, avant qu'on se décide à les souder par métallisation. La cupule moulée est ajustée sur la base du pavé à l'aide d'un gabarit, puis le joint est métallisé. L'emboîtement doit être très précis, il est difficile à obtenir et les moules comme les poinçons doivent être constamment revus. Il faut également nettoyer les pavés avant le soudage et éliminer les excédents de métal immédiatement, ce qui nécessite un poste de travail supplémentaire. A partir de janvier 1935, les pavés isolants sont métallisés, cuivrés puis soudés avec un mélange plomb-étain, comme une

14. Rapport de Defauconpret à la direction du 16 au 19 juillet 1934.

soudure de plombier[15], le prix de revient d'un pavé Coupolux isolant est alors de 5, 20 F par pavé, il pourrait être abaissé à 3 F en utilisant la presse automatique, ce qui reste tout de même plus du double du prix d'un Coupolux[16]. Commercialement ces pavés isolants sont un échec, ils disparaissent très rapidement des brochures, mais ces essais facilitent la mise au point des briques de verre Verisolith, qui seront utilisées dans le pavillon de 1937.

Les briques de verre isolantes

Les briques de verre sont en fait des dalles carrées assemblées deux à deux. Les moules des pavés carrés sont dessinés par M. de Lajarte, qui les fait réaliser ainsi que le petit matériel de poches ou de cercles à la SEVA à Châlon, ou bien chez Gosselin à Courbevoie. M. de Lajarte avait déjà fait quelques essais en 1934 pour coller des dalles deux par deux, directement, sans liant, en mettant au point une petite presse pour aider au centrage, mais à la recuisson, les 2/3 de ces premières briques se décollaient. La mise au point est assez lente et la fabrication repose là encore sur la dextérité manuelle des ouvriers, leur habileté à centrer très exactement les dalles pour que le recouvrement soit parfait. Ces briques Duralux qui ne sont pas trempées, seront fabriquées à Pise où les moules sont envoyés au début de l'année 1935. Un ingénieur et des ouvriers de Pise viennent se former à Cirey. M. de Lajarte continue à tenter de petites améliorations mais rapidement il devient inutile d'améliorer les conditions de production à Cirey, puisque la fabrication se fait à Pise[17].

En fait la trempe des pavés carrés ne se révèle pas trop problématique dans un premier temps, bien qu'il faille revenir aux soufflettes mobiles pour les angles et les conjuguer avec le dispositif de ventilateur. Baptisés “ Quadralux ” et “ Quadralith ”, les modèles carrés sont mis en fabrication fin décembre 1934, ils seront ensuite fabriqués dans l'usine d'Aix en Allemagne. La métallisation de ces pavés carrés est plus difficile à mettre au point car la répartition du métal se fait mal, mais en décembre 1935, M. de Lajarte est en mesure d'envoyer des échantillons convenables. Cette opération a deux applications. Il s'agit soit d'améliorer le rendement lumineux : brique simple Aluver à mouchetures d'aluminium sur les côtés intérieurs, soit de permettre l'assemblage.

15. Selon la terminologie actuelle le terme soudure employé à l'époque est impropre. En effet soudure désigne le joint soudé, l'opération étant qualifiée de soudage, mais dans le cas d'un mélange plomb étain fusible à basse température, les termes brasage et brasure sont appropriés. Je remercie Anne-Catherine Hauglustaine pour ces utiles précisions.

16. Rapport SL du 8 juillet 1935 : Analyse du prix de revient : la presse à main est d'un faible rendement, il faut trois ouvriers pour nettoyer les coupelles et pavés avant la soudure. Le prix d'un pavé prêt à être soudé (trempe + métallisation aluminium + cuivre) est de 2,84 F, il faut rajouter 1,30 F par coupelle prête à être soudée, ce qui donne au total 5,20 F par pavé. En tenant compte d'un rendement amélioré on pourrait abaisser à 4,35 F par pavé isolant, en utilisant une presse automatique on pourrait arriver à 3 F. SL conclut en évaluant le prix d'un pavé isolant au double d'un pavé trempé ordinaire.

17. Lettre du 15 décembre 1934. SL estime que les moules actuels peuvent déjà assurer la fabrication, le dispositif est très simple, une seule presse doit assurer la fabrication avec moitié d'ouvriers, quatre moules sur la presse, un noyau et deux cercles.

Des briques de verre à matelas d'air interne sont intéressantes car elles sont isolantes et permettent d'édifier de véritable murs translucides en verre. Un premier modèle baptisé " Verisolith ", est réalisé à partir de dalles carrées de 30 x 30 cm, trempées et métallisées qui sont ensuite assemblées par le procédé Alcustan[18] : brasure plomb-étain au fer à souder. Ce modèle est retenu pour la construction du pavillon de Saint-Gobain à l'exposition des arts et techniques de 1937[19]. Les briques sont fabriquées à la main et trempées avec des boîtes de soufflage fixes comme au premier temps des expériences place des Saussaies ! Malgré les précautions prises, le pourcentage de casse est beaucoup plus élevé que celui des pavés. Sans que nous en ayons une trace dans les rapports de recherche, M. de Lajarte rapporte dans ses mémoires qu'une étude minutieuse est alors effectuée par M. Godron, détaché par le laboratoire à Cirey. Celui-ci conclut que des défauts d'homogénéité ou des inclusions minuscules créent des zones instables spécialement dans les angles des briques. " On ne peut éviter l'exagération des contraintes d'extension dans les zones où il existe des changements brusques de courbure "[20]. A défaut de pouvoir améliorer la qualité des réfractaires des fours, et d'éliminer ainsi les inclusions, il ne peut que recommander des tests soigneux pour éliminer les pavés défectueux avant la trempe.

La mise au point des briques Verisolith est donc laborieuse et la fabrication proprement dite commence seulement 3 mois avant l'ouverture de l'exposition !

Les pavés Securex

En octobre 1935 est mise en route à Cirey la fabrication des modèles Securex, qui progressivement supplanteront tous les autres, ils sont disponibles en format ronds et carrés en 10 modèles différents, leur poids variant de 600 g à 2, 9 kg. La mise au point de la trempe des Securex occupe M. de Lajarte la fin de l'année 1935 mais c'est une opération désormais mieux maîtrisée, on en trouve moins d'écho dans les rapports. Un traitement spécifique est expérimenté sur ces pavés, il s'agit d'une sorte de fumigation dans un four électrique à l'atmosphère saturée en soufre pendant 6 minutes, le but est d'améliorer leur résistance à la trempe, nous n'avons pas trouvé d'autres mentions de cette expérience.

Les essais individuels ou en dalle

M. de Lajarte réalise des essais ponctuels à Cirey, mais les essais systématiques sont réalisés à Bagneaux où des échantillons de produits sont régulière-

18. Procédé breveté, Alcustan est l'acronyme de aluminium, cuivre, étain.

19. Voir B. Long, " Les briques creuses en verre ", Communication au *17e congrès de la chimie industrielle à Paris le 30 sept. 1937*.

20. S. de Lajarte, *op. cit.*, 50.

ment envoyés pour être montés dans des dalles d’essais. D’autre part, l’usine de Cirey ne dispose pas de matériel visant à faire des tests de d’absorption ou de diffusion lumineuse. En 1935, M. de Lajarte se rend donc régulièrement à Bagneaux d’où il envoie une autre série de rapports[21], avant de retourner à la fin de l’année à Cirey. Ces essais, plusieurs fois décrits par Bernard Long dans ses communications[22], sont tous classiques, essai de choc avec mouton ou mise au point de dispositifs spéciaux[23], essai de compression, de flexion, d’étanchéité des pavés isolants, essais comparatifs de pavés trempés et de pavés recuits. Des modifications légères de la forme des bords ou des coupelles de pavé sont faites, des recommandations sont adressées au personnel de presse ou de trempe. Mais M. de Lajarte cherche également à mettre au point une sorte de protocole d’essai avant expédition, car la casse spontanée est un fléau et il faut éliminer tous pavés susceptibles de défauts minuscules, inclusions, etc… Là encore, c’est un accident en 1934 sur une marquise réalisée par l’entreprise Divorne à la brasserie parisienne La Coupole où un nombre anormalement élevé de pavés trempés se sont fissurés qui motive ces essais[24]. Finalement, c’est par choc thermique, en plongeant les pavés dans l’eau bouillante puis dans l’eau froide que l’on obtient la meilleur garantie de la qualité des pavés avant leur livraison.

Les pavés Securex bénéficieront ainsi d’un contrôle de fabrication et d’un mode de réception strict à partir de 1941, suivant en cela les instructions préconisées par M. de Lajarte dès 1935. En premier lieu, on jugera les pavés selon leur poids, on écartera systématiquement les pavés trop lourds ou trop légers des lots. Cette méthode servira de base à des primes de rendement versées aux ouvriers. Ensuite des essais caractéristiques seront réalisés sur des échantillons sains de fabrication (15 par jour soit 5 par équipes), essai de choc mécanique, de compression et de brusque refroidissement. Un mode opératoire détaillé est fourni ainsi que des valeurs de référence, si le pourcentage de casse est égal ou

21. Séries de rapports SL du Laboratoire industriel de Bagneaux entre le 2 janvier et le 29 janvier, une semaine en février, puis du 12 mars au 30 mars, du 8 avril à fin juin, puis mi-juillet à mi-août et du 9 septembre à fin octobre et enfin mi-novembre 1935.

22. En octobre 1934, Bernard Long fait une communication au 14e congrès de la chimie industrielle, “ La résistance à l’écaillage et le rendement lumineux des pavés pour le béton armé translucide ”. Il y explique que la forme a été mieux étudiée (il faut éviter les arêtes vives et les parties minces greffées sur des parties épaisses), la prise en compte de ces contraintes a conduit à la mise au point de pavés trempés super-résistants et à haut rendement lumineux. Les essais au mouton, les essais de flexion mettant en compression les pavés sont longuement décrits, en comparant ces nouveaux pavés (Coupolith et Cupulith d’après les dessins, mais ils ne sont pas nommés dans l’article) et des pavés N (Novalux), en agissant aussi bien sur la calotte que sur les bords ; ensuite on a cherché à mesurer le rendement lumineux, on s’est servi d’un appareil à sphères intégrantes pour mesurer le facteur de transmission lumineuse des pavés métallisés.

23. Les dalles sont exécutées en faisant alterner des pavés recuits avec les nouveaux modèles de pavés trempés, des essais de désenchâssement et de résistance à l’écaillage et la corrosion sont également exécutés. Ils se terminent lorsque le béton est complètement désagrégé et que la dalle s’affaisse sous la charge.

24. Rapports de décembre 1934, M. de Lajarte a reçu la visite d’un entrepreneur belge à Cirey qui lui rapporte les mésaventures de la marquise réalisée par Divorne à la Coupole.

excède 75 %, la fabrication n'est pas acceptable. Pour tous les pavés avant leur entrée en magasin, des essais dit de sécurité sont obligatoires. En fait si tous les pavés sont encore testés au mouton avant leur entrée au magasin, l'essai par choc thermique, trop coûteux en personnel, n'est pas maintenu longtemps ; il est vrai que la qualité du verre s'améliorant sensiblement après la guerre, grâce à de bons réfractaires, le rend moins impératif.

Le pavillon de Saint-Gobain à l'exposition des arts et techniques de 1937, une apothéose du verre trempé

L'exposition des arts et techniques de la vie moderne en 1937 marque un tournant dans la politique commerciale de Saint-Gobain : pour la première fois la compagnie construit son propre pavillon et celui ci va être une démonstration des qualités exceptionnelles et de la réussite technique de la trempe du verre. Les architectes choisis sont Jacques Adnet, décorateur, directeur de la Compagnie des Arts Français et un jeune architecte qui travaillera beaucoup pour la Compagnie par la suite, René Coulon[25]. Ils conçoivent entièrement le pavillon et son mobilier en verre, en respectant les arbres existants sur le Cours La Reine. La démonstration est totale : façade en glaces bombées trempées, murs latéraux en briques de verre Verisolith, sol et plafond en béton translucide de pavés Securex ronds et carrés, enfin le mur de fond est entièrement recouvert de glaces qui démultiplient l'espace. Un plancher chauffant grâce à des pavés Tepidor, métallisés et servant de résistance électrique, est installé. Des fauteuils et des tables en verre bombé attendent les visiteurs à l'intérieur. Ajoutée aux fontaines et aux arbres, cette maison de verre est un spectacle étonnant. Le pavillon est une grande réussite, l'accès se fait par un escalier dont les marches en verre trempé sont un véritable tour de force. Largement publié dans les revues de l'époque, il reçoit plusieurs prix et reste l'une des grandes réussites architecturales de l'exposition.

Si la volonté manifeste de Saint-Gobain était bien de montrer les possibilités étendues de l'emploi du verre trempé dans l'architecture, les efforts de promotion régulier pour les moulages en verre trempé restent plus discrets. Il est certain que la crise sévère que connaît la construction ne permet guère l'emploi de matériaux trop chers. En fonction de la quantité demandée, le prix des pavés Novalux ronds varie entre 2, 60 F et 2, 69 F, le pavé trempé Securex rond coûte entre 3, 90 F et 4, 35 F[26]. Hormis les brochures et tarifs que la Compagnie envoie aux architectes ou aux prescripteurs en général, le comptoir de vente

25. René Coulon (1908-1997) a construit de nombreux bâtiments pour les grands groupes industriels français (EDF, Usinor, Charbonnages de France) après 1945. Il devient architecte en chef des bâtiments civils et des palais nationaux en 1960.

26. D'après Glaces de Saint-Gobain, service des ventes pour la France. Moulages en verre extra-clair pour le bâtiment. Prix et conditions de vente, 1936. Pour les pavés carrés, les Novalux valent entre 2,70 F et 3 F, les Securex entre 5,15 F et 5,75 F ! Cette brochure ne présente pas les pavés Coupolith et Cupulith.

publie le journal *Glaces et Verres*, destiné aux miroitiers, vitriers, architectes et au public intéressé. Celui-ci ne rend pas compte des recherches du laboratoire de la Compagnie sur la trempe des moulages. De très nombreux articles sont consacrés au béton armé translucide mais il faut attendre le n° 45 de décembre 1935 pour avoir un article consacré aux nouveaux pavés trempés qui, de surcroît, insiste sur le fait que les modèles anciens ne sont pas démodés et peuvent toujours être utilisés avec profit ! Les réalisations publiées n'indiquent pas particulièrement l'emploi de pavés trempés (même lorsque c'est le cas comme à la brasserie de la Maxéville). En 1943 seulement, les pavés Securex — pourtant disponibles depuis 1936 — seront systématiquement mentionnés ! En fait il faut attendre les années d'après guerre pour qu'une large publicité soit faite aux pavés de verre trempés, atteignant la place faite à ces produits aux Etats-Unis dès les années 30.

LA TREMPE DES MOULAGES, UNE TECHNIQUE DÉTOURNÉE ?

Les rapports de M. de Lajarte montrent bien que si la mise au point du dispositif technique de trempe préoccupe d'abord les ingénieurs, il est rapidement résolu et que les améliorations portent ensuite sur une optimisation des installations, un meilleur rendement. Par contre la mise au point de la forme des pavés apparaît comme une série d'adaptations et d'ajustements, selon les essais successifs de moules et de cercles que le service de fonderie de l'usine ne peut d'ailleurs assurer entièrement, et qui doit être sous-traitée. La question de la forme bute surtout sur un problème délicat, la présence d'inclusions dans le verre. Ces inclusions indécelables sans avoir recours à des essais individuels se concentrent dans les zones en tension qui apparaissent dès que les formes s'éloignent de la sphère idéale. Dans ce contexte, la trempe est une technique exigeante parce qu'elle nécessite des réglages de température et de soufflage très fins. Elle s'applique d'autant mieux à un verre de composition de qualité, ce qui n'est pas réalisable dans les fours à bassins avant la mise au point de réfractaires de très bonne qualité à des prix intéressants[27].

Les efforts mis en oeuvre pour la métallisation des moulages, que ce soit la présence d'un chercheur de façon quasi continue à Cirey, les essais répétés à Cirey et à Bagneaux, se soldent donc par un relatif constat d'échec[28]. On peut s'interroger en effet sur la nécessité de métalliser des pavés à coupoles, des pavés isolants ou des briques, d'un prix très élevé et aux applications limitées. Les problèmes d'attaque de la couche de métal par les alcalis du ciment dans les nouveaux pavés métallisés condamnent ces produits à des usages restreints ou spécifiques, où leur mise en place est soigneusement faite avec des ciments

27. C'est-à-dire après 1945, lorsque les réfractaires américains électrofondus (type Cohart) seront disponibles en grande quantité sur le marché européen.

28. C'est la conclusion de M. de Lajarte dans ses mémoires, il insiste néanmoins sur le fait que la soudure Alcustan est toujours employée pour le double vitrage Thermopane en 1973.

spéciaux. Les travaux du laboratoire sur la métallisation et ses applications constituent des sujets sans réelle retombées économiques, dans le contexte d'une mise au point ou d'une recherche appliquée en usine. Il est probable que l'on ait d'abord pensé que ces applications séduisantes du métal au verre pourraient servir à l'argenture des miroirs mais l'image se déformait et ce traitement n'était pas possible. Bernard Long semble s'être beaucoup passionné pour ce phénomène, il publie plusieurs articles dans les principales revues verrières et fait de nombreuses communications sur ce thème. Mais il est certain que la mise au point de ces procédés a lieu à une période de récession économique sévère où les nouveautés ne trouvent guère de marché. Cependant de nombreux brevets[29] sont pris et les modèles de nouveaux pavés trempés sont déposés.

L'usine de Cirey, petite glacerie aux installations dépassées devient une étape d'expérimentation supplémentaire après celle du laboratoire de Bagneaux. Le personnel de la verrerie est habile et qualifié, et les services techniques ont suffisamment de latitude pour travailler aux modifications. Une fois les installations à échelle industrielle conçues et rodées, les moules sont envoyées en Italie ou en Allemagne pour une fabrication à grande échelle.

Le service commercial ne semble pas avoir été consulté avant le début des recherches et les demandes répétées de pavés carrés, commercialement plus attractifs et d'usages plus variés que les pavés réservés uniquement aux coupoles, seront plus longues à satisfaire. Il est aussi vraisemblable que les utilisateurs, architectes et ingénieurs, répugnent à abandonner la grande variété de formes des pavés recuits et les combinaisons décoratives qu'ils permettent. La promotion de ces produits spécifiques, les moulages en verre trempé, hormis la grande vitrine que constitue le pavillon de l'exposition de 1937, ne se distingue pas de celle faite en général aux moulages pour le bâtiment.

Une autre époque dans l'utilisation des pavés trempés s'ouvrira avec les pavés Securex, largement utilisés après la guerre et pendant la Reconstruction. Au prix d'une banalisation des usages, la préfabrication en masse imposera une standardisation des typologies d'emplois : baies de cage d'escalier, jours de souffrance ; encadrements de portes d'entrées…

Enfin il convient de comparer l'ampleur de ces recherches à la place commerciale des moulages dans les productions de Saint-Gobain. Il s'agit d'une fabrication tout à fait secondaire face au marché de la glace en expansion, dans l'automobile et dans le bâtiment où le vitrage de qualité s'impose peu à peu dans les années de l'entre-deux-guerres. En fait, d'après le témoignage de M. de Lajarte, le plus gros succès de la trempe du verre creux (avant la mise au

29. Brevets n° 695 647 (1930) “ Perfectionnement aux dalles et objets moulés en verre ”, n° 760 760 (1933) “ Perfectionnement aux éléments de verre pour couvertures en béton translucide ”, n° 767 962 (1934) “ Perfectionnement aux moulages employés dans les constructions en béton ”, n° 805 959 (1936) “ Pavés en verre pour béton translucide ”, n° 836 426 (1938) “ Eléments de construction en verre ”, n° 848 079 (1939) “ Eléments creux en verre pour la construction ”.

point de l'universelle verrerie de ménage Duralex au début des années 50) fut la trempe des isolateurs en verre. La société Electro-Verre, filiale de Saint-Gobain s'assure une diffusion mondiale grâce à la qualité supérieure de ses produits qui bénéficient de toutes les recherches menées sur les moulages, et en particulier, des essais de choc thermique mis au point par M. de Lajarte. Ils sont systématiquement appliqués pour ces produits relativement sophistiqués et où l'exigence de sécurité prime.

FIGURES

1. Coupoles réalisées par l'entreprise Dindeleux à la gare de l'Est en 1931. (*Catalogue du Comptoir général de vente des manufactures de glaces Saint-Gobain, Aniche et Boussois*, s.d. Document du Centre du Verre, Musée des Arts Décoratifs, Paris).

2. Façade du pavillon Saint-Gobain de l'Exposition des Arts et Techniques de 1937 (Couverture de *Glaces et Verres*, juillet-août 1937).

Research on Materials in France : the *Institut Polytechnique de l'Ouest* in Nantes (1919-1939)

Gérard Emptoz and Virginie Champeau

Introduction

Founded in 1919, the *Institut polytechnique de l'Ouest* (IPO) was the first school of engineers to settle in the city of Nantes, where there was no university at this time[1]. Presently there are ten technical institutions and engineering departments, and an important science and technology university.

IPO aimed at training engineers and technicians in electrical, mechanical and metallurgical engineering and was developed in close relationship with the local industries.

The Nantes area has had numerous industrial activities for a long time. At the opening of IPO, many of the industrial activities were linked with the maritime sector : heavy mechanical materials and machines, naval construction and ship building, aeronautics, agricultural machinery, food industries, and other important activities in relation with the Nantes proximity to the Atlantic coast and with the facilities of the Loire river estuary. In addition to this economical and geographical context, the new institution was taking into account French concerns about the higher educational system at the end of World War I. The question was how to increase production in French industry and how to train its technical personnel.

At IPO, one answer was to promote research into the training of students. In this paper, the IPO research activities on materials during the 1930s will be presented. As will be shown later, this was the main field for its research activities. We will start with talking briefly about the situation in other French institutions during the same period before briefly presenting IPO itself.

1. A.-C. Déré, G. Emptoz, " De la mise à l'écart du cercle universitaire à la création de l'université par le biais d'une Ecole d'ingénieurs ", Centre d'Histoire des Sciences et des Techniques " François Viète ", Université de Nantes, in M. Grossetti (dir.), *Villes et Institutions scientifiques*, Rapport CNRS PIR, Villes, 1996, 2-16.

French institutions and research on materials in the 1930s

If we list the main institutions which were active in this field in France prior to World War I, we find a relatively limited number. They may be classified into different categories :

- The *Grandes Ecoles* : *Ecole Centrale de Paris*, where Léon Guillet with his research on scientific metallurgy was the most prominent personality ; *Ecole des Mines de Saint-Etienne*, on ferrous metallurgy ; and also *Ecole des Mines de Paris*.
- The *Conservatoire des Arts et Métiers*, also with L. Guillet ;
- The University Institutes in Paris, Toulouse, Grenoble and Nancy ;
- The *Ecole Municipale de Physique et Chimie Industrielles* in Paris.

In many other institutions, such as the *Ecole Centrale de Lyon* or the *Institut du Nord* in Lille, no specific research on materials was performed.

In addition, most of the universities were not connected to industry, but were carrying out *pure science* research. Nevertheless, some university departments were active in materials, but it seems that major attention was paid to electricity, chemistry and mechanics.

This weakness in basic and applied research was observed by specialists before the war. Henri Le Chatelier, a major figure, as a member of the French scientific elite (he was polytechnician, *ingénieur des Mines*, professor of industrial chemistry at the *Ecole des Mines* in Paris, member of the French Academy of sciences) influenced engineers and industrialists in advocating a massive penetration of science into industry. During the war, when all the technical forces of the nation were mobilised, rationalisation of production became a necessity for the industries. In 1917 and 1918 an extensive debate within national bodies and associations of engineers, with the support of the French government, led to a plan for the future development of education and training of engineers.

Consequently, in the 1920s, new institutions appeared in the higher educational system, including IPO at which we will look at now.

The *Institut Polytechnique de l'Ouest* : a new institution in Western France in the 1920s

A project, a City Council and a man were present at the same time

For many decades, the Nantes City Council was concerned with the establishment of a higher educational institution which would be devoted to the training of technicians and engineers for local industrial activities[2].

2. A.-C. Déré, G. Emptoz, *Rapport final du Programme Villes et institutions scientifiques*, in M. Grossetti *et al.* (eds), Toulouse, 1996. For a history of IPO, see : V. Champeau, *Des ingénieurs praticiens aux ingénieurs de recherche : l'Institut polytechnique de l'Ouest (1919-1939)*, DEA Dissertation, Université de Nantes, juin 1997.

The last project before the war aimed at establishing a chemical engineering institution with municipal support[3]. In 1918, it was necessary to reorganize the local economy after a very difficult period[4]. In particular, new technicians were needed in local industries. As few of them were concerned with chemistry (represented by companies such as Kuhlmann, for basic chemicals, or Say for sugar production), but the project was to be progressively modified toward mechanics, electricity, and civil engineering[5]. At the same time, links with nearby universities (in Rennes, and Angers) were sought, but nothing came out of this, because these institutions had no industry-oriented training programs[6]. There was only one active institution in this field for the training of technical personel, the *Ecole des Arts et Métiers* in Angers, but this was not part of the academic system. Nantes had to set up its own institution with its own local means.

In 1919 the city council decided to open IPO[7]. In fact, the project was consolidated by an expert, Aimé Poirson. Engineer in aeronautics, Poirson had been trained as technician in mechanics and, at the beginning of the war, became teacher in Lille and in Paris[8]. He came to Nantes during the war as a professor at the *Ecole Nationale Professionnelle* (a technical school). At this time, Poirson was aware of all the national discussions about the French higher educational system, and he had the good idea to promote his project at the Nantes City Council[9].

First activities during the 1920s

The resulting program was agreed to by the City Council, including financial support[10]. It was the right project at the right time.

The IPO had two sections : a basic section for technicians, where young people specialized in " metallic construction, lifting machineries and reinforced concrete ", and " electricity mounter and operator " ; the other section received students with a baccalaureat. Its aim was to train engineers within a three-year program, with four specialized branches : mechanics, electricity, chemistry and public works[11]. We shall note that some change will appear later in those branches.

3. Archives municipales de Nantes (A.M.N.), C21 D14.
4. P. Bois (dir.), *Histoire de Nantes*, Toulouse, 1977.
5. A.M.N.., Conseil municipal du 5 août 1919.
6. *Ibidem.*
7. *Ibidem.*
8. Archives départementales de Loire-Atlantique (A.D.L.A.), ST 223.
9. *Ibidem.*
10. A.M.N. Conseil municipal du 5 août 1919.
11. *Ibidem.*

In 1922, the institution, which was independent of the French national system, became attached to the University of Rennes[12]. At this point IPO was officially part of the French higher educational system for engineering training.

In 1927, IPO was incorporated into the University of Rennes as a Science Faculty department[13]. The main interest of the new institute was the agreement between both institutions concerning national diplomas.

A structural description of IPO in 1922 is provided on the Figure, where its different programs are shown. There were 242 students that year. Out of these, 48 were from the 3-years-engineering program[14].

In this context many students were able to prepare for university diplomas during their studies at IPO. Some IPO courses were similar to those at the university for basic disciplines : physics, chemistry or mathematics. Consequently, students from IPO received their university diplomas with success. And it was possible for them to advance further in the academic circuit, in particular by doing research for the preparation of a thesis[15].

A view at the national context

A few more comments about the new engineering institutions which were founded in France during this period will make the IPO originality in France clear.

In 1919, six of them were created : two in chemistry (Strasbourg, Lyon), two polytechnical ones (Nantes, Rennes), one in agriculture (Toulouse) and one in agronomy (Paris)[16]. After the creation in 1920 of the State Under-Secretariat for Technical Education and the official creation of institutes for scientific and applied research in the universities, three new institutions in optics (Paris), in chemistry (Besançon) and in electricity (Bordeaux) were created, and also six schools and departments were authorized to award official engineering diplomas. Some of them were attached to universities.

During the following years a great number of innovations occured in various technical fields, including the transformation of diplomas from private institutions or from university departments into officially recognised engineering diplomas.

Finally, compared to the other new institutions, only the IPO had a polytechnical vision. It was a very original approach in Western France, because the Rennes institute became devoted to chemical engineering very early. This particularity extended to 1948, when IPO became the Institute of Mechanical Engi-

12. A.M.N., R1 C42.

13. A.M.N., R1 C17 D1.

14. A.D.L.A., 129 T 1.

15. Institut Polytechnique de l'Ouest - Renseignements généraux, Nantes, 1935 (AMN R1 C17, D13).

16. A. Grelon (dir.), *Les ingénieurs de la crise*, Paris, 1986.

neering and later the *Ecole nationale supérieure de mécanique de Nantes* (National School of Mechanical Engineering)[17]. In 1990 it was named the *Ecole Centrale de Nantes* (ECN).

THE TURNING POINT FOR RESEARCH (1926-1928)

During the period 1919-1929, Poirson spent a lot of money organising laboratories for testing and applied research. In 1921 practical work in metallurgy was present in all sections : metallurgy-casting, general mechanics and thermal engineering, electricity mounting and operation, public works[18]. A chemistry laboratory was also well equipped for training and research.

On a list established in 1922, the following training laboratories are to be found :

- machine shop and laboratory ; autogene welding ;
- metallography ;
- chemistry and chemical metallurgy ;
- general physics ;
- electrical measurements[19].

It was also planned to equip IPO with a mechanical testing laboratory and a thermal engines testing laboratory[20].

All the elements for the development of research programs were there in 1926-1927. Three of them will be looked at more closely :

First : effective academic connections

A. Poirson was very active in supporting the creation of the title of Ingénieur-Docteur (doctor of engineering) and also of technical universities in France[21]. This idea was central for the future.

For this purpose, and following administrative regulations, it would be necessary that engineers from IPO performed research under governmental control, *i.e.* at the University of Rennes. As mentioned above, an official agreement

17. A.D.L.A., 247 W 25.

18. A.M.N., R1 C17 D3.

19. A.M.N., R1 C17 D1 Lettre de Aymé Poirson au Ministre de l'Instruction Publique. For a history of the French welding activities and related institutions, see : A.-C. Robert, *Le soudage des métaux en France, un demi-siècle d'innovations techniques, 1882-1939*, Doctoral thesis, Paris, Ecole des Hautes Etudes en Sciences Sociales, 1997.

20. A.M.N., *op. cit.* (fn. 19).

21. A.D.L.A., PR217 : A. Poirson, " Un nouveau titre Ingénieur Docteur ", *Loire Atlantique* (20 janvier 1923), 27, (20 février 1923), 66-67, (5 mars 1923), 77-78. A. Poirson, " Le rôle des Facultés Techniques ", *Loire Atlantique* (20 avril 1923), 130-131, A. Poirson, " Il faut créer le doctorat technique et les facultes techniques ", *Loire Atlantique* (5 juin 1923), 169-172.

between them and the City of Nantes was signed on 1st January 1927[22]. Now, officially recognized research was possible.

Second : a scientist supporting technology

In 1927 Paul Le Rolland, a young scientist from the University of Paris, became a teacher in physical mechanics[23]. In 1934 he was to be the second Director of IPO[24]. His recruiting by Poirson meant that new directions were opened within the institution.

The new professor obtained a doctorate in Physics at the Sorbonne in 1922 with Prof. Gabriel Lippmann (Nobel Prize in physics 1908) on a subject which was used later for the study of materials : the study on swings of a pendulum by a photographic method (influence of suspension)[25]. This technique was applicable to physical metallurgy for the evaluation of materials' hardness. Le Rolland presented his method to the French Academy of Sciences[26] and his work was also published in the *Revue de Métallurgie*[27]. At about the same time, in 1926, he obtained a French patent " for improvements of processes and apparatus for the measurement of hardness of a material "[28]. His interest in applied research was the main reason why Poirson considered it very important to recruit him.

Third : a favourable local economy for engineers

A favourable industrial environment was also present at this time : the local industries were expanding during the 1920s. Consequently, the first engineers found positions very easily. For example, traditional activities such as shipbuilding and metallurgy recruited fresh IPO engineers to take charge of industrial research. Some names found on the list show entries of former IPO engineer into major industrial companies from the Nantes region during the 1920s and 1930s[29]. At the same time it shows that IPO activities were of interest to various industries using metallic materials. For this purpose industrialists

22. A.M.N.., R1 C17 D1.

23. P. Le Rolland, " Les projets d'avenir de l'IPO ", *Loire Atlantique*, 13 (5 juillet 1935), 205-215.

24. " Le nouveau directeur de l'Institut Polytechnique nous expose ses idées sur la création d'une Ecole Supérieure de Mécanique et de son utilité ", *Le Phare de la Loire* (25 octobre 1934), et " Chronique locale ", *loc. cit.*, 3.

25. *Annales de physique et de chimie*, 9e série, 17, 1922.

26. P. Le Rolland, " Sur la mesure de la dureté par le pendule ", *Comptes rendus de l'Académie des Sciences*, 1 (1926), 1013.

27. P. Le Rolland, " La mesure de la dureté par le pendule ", *Revue de Métallurgie*, 10 (Octobre 1926), 567-574.

28. P. Le Rolland, J. Fournery, " Perfectionnements apportés aux procédés et appareils pour la mesure de la dureté d'une matière ", *Brevet français*, n° 618.964, délivré le 23 décembre 1926. (Archives de l'IHT, Nantes).

29. Institut Polytechnique de l'Ouest-Renseignements généraux, Nantes, 1935 (AMN R1, C17, D13).

handed over the IPO jobs of testing and applied research activities in its laboratories. Obviously, investigation into the behaviour of classical materials, especially ferrous metals, were made, but new materials like aluminum and other light materials were also studied.

EMPHASIS ON MATERIALS FOR THE AVIATION INDUSTRY IN THE 1930S

During the 1930s, the director, Paul Le Rolland, built up a research team. While pursuing his own studies, he attracted some of his students to perform other studies and to extend them. The first results appeared in 1934, when four studies were completed. Eight studies were listed in 1936 (see Appendix). Most of these studies led to doctoral theses.

The research group became relatively large for such a young institution : in 1938, Le Rolland had two assistants and was the research director for three undergraduate engineers and four graduate engineers preparing a thesis. As a total, eleven persons were researching with him at that time[30].

With research funds from an increasing number of companies, IPO had a large spectrum of testing and research activities. One of the most important was the support from the French Air Ministry for research[31] within a national research program on fluid mechanics launched in 1929. At the national level, four institutes were created for this purpose in Paris, Lille, Marseille and Toulouse, and five additional associated laboratories were established in Caen, Lyon, Poitiers, Strasbourg and Nantes respectively[32]. This official support was very important for recognition of the institution at the national level.

The studies made at IPO : materials were central

Material testing and material studies were made in connection with the National Aeronautical Technical Service and also with the direction of the *Chemins de fer de l'Etat* (State Railways Company) and the Citroën automobile company[33].

A wide variety of materials were studied[34] :

- metals : molecular deformation studied by X-ray diffraction.
- metals : internal constraints studied with the Hughes balance.

30. *Cinquantenaire de l'Ecole Nationale Supérieure de Mécanique 1919-1969*, Nantes, E.N.S.M., 1969.

31. A.D.L.A., ST 84.

32. P. Mounier-Kuhn, " La mécanique des fluides : des souffleries au calcul analogique ", in M. Grossetti (dir.), *Villes et institutions scientifiques*, Rapport CNRS PIR-Villes, 1996, 187-190.

33. " Une visite au stand de l'Institut polytechnique au Salon de l'aéronautique ", *Le Phare de la Loire* (2 décembre 1934), et " Chronique locale ", *loc. cit.*, 3.

34. " Une visite au stand de l'Institut polytechnique au Salon de l'aéronautique ", *op. cit.* (fn. 33).

- nickel, for hardness resulting from catalytic deposition (in connection with *Ecole Centrale* and Prof. Léon Guillet).
- rubber and varnishes : elasticity, viscosity and hardness.
- wood : mechanical properties (for aviation).

Metal materials were predominant : iron, cast iron, steel, special purposes steels, alloy steels, copper-, aluminium and magnesium alloys.

Technological procedures

For testing operations, different methods were used[35] :

- metal hardness with the Le Rolland's pendulum,
- elasticity : relationship between the applied stress and the resulting strains which determines the mechanical properties,
- rigidity studies on metallic structures.

Other studies were made in order to collect technical data for aeronautical research, such as :

- effects of pressure and temperature on aerodynamic strength,
- photoelastic studies of strength on assembling rivets,
- wind gauge indicator.

Dissemination of results

The results obtained by IPO were disseminated by the classical means : patents and publications.

With regard to patents P. Le Rolland tried to make transfers from basic research to industry in two directions : precision instruments, and meters or testing processes.

In 1926, he obtained his first patent for his pendulum for material hardness measurement (Le Rolland and Fournery), a pendulum which was successfully used in local laboratories[36].

In 1931 he registered another patent for " quantity determination of water, as vapor or fog, in a gaseous mixture " (Le Rolland and Te-Lou Tchang)[37]. This was linked to studies on gaseous fuels for aviation engines. The same year

35. " Institut Polytechnique de l'Ouest ", in G. Desard (ed.), *Annuaire de Nantes et de la Loire Inférieure, 1937-1938*, Nantes, 72-76.

36. P. Le Rolland, J. Fournery, " Perfectionnements apportés aux procédés et appareils pour la mesure de la dureté d'une matière ", *Brevet français*, n° 618.964, délivré le 23 décembre 1926. (Archives de l'IHT, Nantes).

37. P. Le Rolland, T.L. Tchang, " Perfectionnements apportés aux procédés et appareils pour le dosage de la quantité d'eau contenue sous forme de vapeur ou de brouillard dans un mélange gazeux ", *Brevet français*, n° 727.178, déposé le 9 novembre 1931 (Archives de l'IHT, Nantes).

he patented a testing process for the determination of rigidity or strength of a metallic construction[38].

Regarding scientific papers and technical reports, technical reports were, for example, published in *Mémoires du Ministère de l'Air* : (1934-1938)[39]. Scientific papers appeared in *Revue de Métallurgie* (1926-1933)[40] and in *Comptes rendus de l'Académie des sciences* : (1926-1933)[41].

Conclusion

This is an example of research in advanced technologies carried out in France during the 1930s in a new institution. It would be interesting to compare these preliminary results with those of similar studies. In addition, French laboratories might be compared with engineering institutions and technical universities from foreign countries in this field. It is expected that further studies on the local industrial environment will contribute to a better understanding of these developments during the historical period under review.

Appendix

The IPO laboratories in 1936

Departments :

- Mechanics : laboratory for metal testing and machine shop.
- Physics and thermal engines : laboratories for general physics, thermodynamics, and electrotechnology.
- Chemistry and metallurgy : laboratory of general chemistry, foundry, and welding facilities.
- Building materials : material testing laboratory (concrete, lime, wood)
- Fluid mechanics, founded with funds from the French Air Ministry.

38. P. Le Rolland , " Perfectionnements apportés aux procédés et dispositifs pour déterminer la rigidité ou la solidité, voire la fatigue d'un ouvrage métallique ou autre ", *Brevet français*, n° 729.082, délivré le 19 avril 1932 (Archives de l'IHT, Nantes).

39. P. Le Rolland, P. Sorin, " Etude d'une méthode utilisant le couplage entre deux systèmes oscillants pour la détermination de la résistance mécanique des constructions et la mesure des modules d'élasticité ", *Publications scientifiques et techniques du Ministère de l'Air*, 47 (1934) ; E. Ravilly, " Contribution à l'étude de la rupture des fils métalliques soumis à des torsions alternées ", *loc. cit.*, 120 (1938) ; M. Chailloux, " Le module d'élasticité des alliages légers et sa variation avec la température ", *loc. cit.*, 122 (1938).

40. P. Le Rolland, " La mesure de la dureté par le pendule ", *Revue de Métallurgie*, 10 (Octobre 1926), 567-574 ; P. Le Rolland, P. Sorin, " L'étude expérimentale des poutres à assemblages rigides par une méthode de vibrations forcées ", Congrès International de la Sécurité Aérienne, *loc. cit.*, 11 (Novembre 1931), 617-630 ; P. Le Rolland, P. Sorin, " Sur une méthode nouvelle pour la mesure des modules d'élasticité des matériaux ", *loc. cit.*, 3 (Mars 1933), 112-116.

41. P. Le Rolland, " Sur la mesure de la dureté par le pendule ", *Comptes rendus de l'Académie des Sciences*, 1 (1926) ; P. Le Rolland, " Méthode de résonance pour mesurer la rigidité et éprouver la stabilité d'une construction ", *loc. cit.*, 192 (1931) ; P. Le Rolland, P. Sorin, " Sur une nouvelle méthode de détermination des modules d'élasticité ", *loc. cit.*, 196 (1933).

Research programs

- Study of sliding phenomenas acting during the rolling (on railways) under the action of parallel or perpendicular forces to the rolling direction.
- Testing of a viscosimeter with a double torsion pendulum.
- Study of friction with a new method using the coupling of two oscillating systems.
- Study of internal stress developed into metals using the Hughes's balance.
- Research on mechanical properties of wood.
- Systematic study of stress related to the alternated twisting and study of relations between the twisting strength and internal friction (research made after a railway accident, with the support of the State Railways Company).
- X-ray analysis of the crystal dislocation phenomena coming with the twisting stress.
- Study of the hardness anisotropy of crystals with the pendulum method.
- Study of the hardness of nickel electrolytic depositing with the pendulum method (in cooperation with Prof. L. Guillet, *Ecole Centrale*).
- Research on the magnetism effect on the elastic properties of metals.
- Photo-elasticity study of stresses generated by rivets into the assembling.

This was made after an air crash where the General Governor of Indochina died. It was found that a very hard shearing stress occured on a full line of rivets. The study was supported by the French Air Ministry.

De la science à la technique, naissance de l'industrie de l'aluminium en France[1]

Muriel Le Roux

L'inventeur opère des choix, il peut découvrir à la suite d'erreurs, de hasards mais son action reste déterminée par les progrès scientifiques et par ceux parallèles des techniques. L'exemple de l'aluminium est un cas d'école car moins d'un siècle fut nécessaire pour parvenir à l'invention scientifique décisive, préalable de la création d'une industrie dont les ramifications furent importantes.

Depuis le début du XIXe siècle, nombreux furent ceux qui s'intéressèrent à l'aluminium qui était une question de laboratoire au début des années 1880. " Comme tous les champs inexplorés, l'aluminium à bon marché a vu passer beaucoup de chercheurs et d'enthousiastes. La plupart des inventeurs, (...) n'ont fait que des essais qui ne sont pas sortis du domaine du laboratoire, ni le plus souvent de la littérature technique "[2].

La science avait progressé et les connexions science-industrie aussi. Les acquis résultant d'échanges entre science et applications techniques permettaient la création d'industries dont celle de l'aluminium. Les cheminements n'ont pas été simples.

Quelles ont été les étapes menant à la fabrication de " l'aluminium à bon marché "[3] puis à l'industrie ?

1. Ce travail s'inspire de notre thèse de doctorat, *L'entreprise et la recherche : un siècle de recherche industrielle à Pechiney, 1886-1996*, Paris, 1998, 499 p.

2. P. Héroult, " L'Aluminium à bon marché ", *Bulletin de l'Industrie Minérale*, 3e série, t. 14, Saint Etienne, 1900, 1737-1748. Il déposa le brevet permettant la fabrication de l'aluminium par voie électrolytique en 1886 quelques mois avant l'Américain Hall.

3. *Ibidem*.

Le rôle des savants européens et de la recherche académique (1808-1880)

Les savants

Les savants cherchèrent avant les industriels à isoler et fabriquer de nouveaux métaux. En 1808, H. Davy (1778-1829), chimiste et physicien anglais, réussit à prouver l'existence de nouveaux éléments métalliques à l'état pur et les nomma. Il s'agissait du silicium, de l'alumium, du zirconium et du glucium[4].

En 1825, H.-C. Oersted (1771-1851), physicien et chimiste danois, isola l'aluminium pur. En 1827, l'Allemand F. Wöhler, reprenant les travaux de ses deux prédécesseurs, obtint un culot d'aluminium. Peu après, R. Bunsen (1811-1899) résolut les problèmes que posait la fabrication de l'aluminium par électrolyse. Il utilisa pour ses expériences un minerai que le minéralogiste français Pierre Berthier (1782-1861) avait découvert en 1821 : la bauxite.

Vinrent ensuite les travaux d'Henri Sainte-Claire Deville (1818-1881) qui expérimenta les deux possibilités déjà explorées : la voie électrochimique (travaux de Davy, Bunsen) et la voie chimique (travaux de Oersted, Wöhler).

En 1854, dans son laboratoire de l'Ecole Normale Supérieure, il reprit les travaux de Wöhler et obtint suffisamment de métal pour en déterminer les propriétés. C'était un " métal blanc et inaltérable comme l'argent, qui ne noircit pas à l'air, qui est fusible, malléable, ductile et tenace et qui présente la singulière propriété d'être plus léger que le verre "[5].

La méthode Sainte-Claire Deville permettait enfin d'envisager une production industrielle. Il utilisait du chlorure double d'aluminium et de sodium, et du sodium comme réducteur ; il ajoutait un fondant, du spath-fluor, qu'il remplaça ensuite par de la cryolite. Ce fondant dissolvait l'alumine. Puis, reprenant les travaux de Bunsen, il produisit de l'aluminium en électrolysant des sels fondus.

Un réseau de savants se constitua autour du métal. Tous publièrent leurs résultats dans les meilleures revues : *Philosophical transactions, Poggendorff's Annalen der Physik und Chemie, Annales de Chimie et de Physique, Liebig Annalen der Chemie und Pharmacie,* les *Comptes rendus de l'Académie des Sciences,* etc. De plus, ils se connaissaient : Sainte-Claire Deville a travaillé avec Wöhler, celui-ci a travaillé sous l'égide d'Oersted qui l'encouragea dans la direction des recherches à suivre, Bunsen succéda à Wöhler à l'Ecole supérieure de l'industrie de Cassel quand ce dernier fut nommé à Göttingen pour y

4. L'orthographe devint aluminium, glucinium puis béryllium.

5. H. Sainte-Claire Deville, " De l'aluminium et ses combinaisons chimiques ", *C.R.*, 38 (1854), 279-281.

remplacer le maître de Bunsen ; Bayer[6] fut le préparateur de Bunsen à Heidelberg.

En outre, l'Académie des sciences, en France examinait toutes ces publications. Elle possédait des correspondants dans tous les pays européens ; la Société royale de Londres, l'Académie de Saint-Pétersbourg, celle de Berlin, la Société des Sciences naturelles de Genève également. Les membres de ces académies avaient demandé à Sainte-Claire Deville d'être l'un de leurs ou leur correspondant. Ils confrontaient et critiquaient ainsi leurs théories. Les congrès organisés par ces sociétés eurent aussi un rôle considérable dans la progression de la connaissance en physique et en chimie notamment pour les métaux non ferreux. Ainsi, le 49e congrès de la Société Helvétique des Sciences Naturelles de Genève rassembla, au mois d'août 1865, Sainte-Claire Deville, Tyndall, Claude Bernard, Dumas, Wöhler… C'est donc à l'intérieur d'un solide réseau scientifique qu'il faut replacer les premières tentatives de production d'aluminium[7] de Sainte-Claire Deville. Elles donnèrent lieu à de nombreux débats et publications[8].

Il est intéressant de relever les connexions existant entre les savants européens et l'enchaînement chronologique rapide de leurs découvertes attestant de la complémentarité de leurs travaux. Ainsi la découverte de l'aluminium et des deux grandes théories pour le fabriquer sont les résultats de la science européenne du XIXe siècle. En 1856, Sainte-Claire Deville mit au point le procédé de fabrication industrielle en utilisant cette fois-ci de la bauxite comme minerai de départ. Il déposa un brevet en 1858, au nom de son collaborateur, le métallurgiste Louis Le Chatelier. De vifs débats l'incitèrent à publier en 1859 l'ouvrage *De l'Aluminium ; ses propriétés, sa fabrication et ses applications*[9].

Cependant, la voie chimique continuait à être explorée aussi bien en Allemagne qu'en Angleterre, permettant des tentatives industrielles et des améliorations du procédé Deville. En France, à Salindres, à partir de 1860, la compagnie des Produits Chimiques d'Alais et de la Camargue (Cie P.C.A.C.)[10] produisit l'aluminium. Mais il restait cher et la production (en kg) ainsi que le prix irréguliers, limitaient les utilisations aux objets de luxe. L'inexistence d'un

6. Docteur en chimie de l'université d'Heidelberg, en 1871, avec une thèse intitulée : *Contribution à la connaissance de l'indium*. Après avoir travaillé pour Bunsen, il n'ignorait rien des recherches sur l'aluminium électrolytique. Il devint ensuite assistant auprès de la chaire de Chimie générale à l'Institut technique de Brünn, puis fonda son propre laboratoire de chimie. Il s'intéressa à la fabrication de l'alumine et déposa son brevet en 1887.

7. En 1854 eurent lieu les premiers essais au stade pilote grâce au soutien financier que le chimiste Jean-Baptiste Dumas avait obtenu de Napoléon III ; les lingots furent présentés à l'Exposition Universelle de 1855.

8. *Cf.* les *Comptes rendus de l'Académie des sciences* et les communications de Sainte-Claire Deville et J.B. Dumas entre 1854 et 1865.

9. Mallet-Bachelier (éd.), *De l'Aluminium ; ses propriétés, sa fabrication et ses applications*, Paris, 1859, 176.

10. Fondée en 1854 par Henry Merle, future Pechiney ; on retrouve les chimistes Dumas et Guimet dans le parrainage de cette entreprise.

marché n'incita pas les industriels du milieu du XIXe siècle à se lancer dans la fabrication de l'aluminium selon le procédé Deville. Seule l'usine de Salindres maintint une production jusqu'en 1889.

Tout changea au début des années 1880. On entrevoyait de nouvelles applications et l'aluminium, grâce à ses propriétés, intéressait les chercheurs ainsi que l'attestent les publications scientifiques et le nombre de brevets déposés. Il y eut au moins 20 brevets déposés en Angleterre, en Allemagne et aux Etats-Unis, pour trouver un moyen plus économique de fabriquer de l'aluminium. Quatre annonçaient le procédé électrolytique, grâce à la dynamo.

L'aluminium se trouvait à la croisée des préoccupations des savants et des intérêts des industriels. Le cas de ce métal confirme le processus d'accumulation de données opérées par les chimistes au sein des laboratoires. Une volonté commune de compréhension de la matière a constitué le point commun des motivations de tous ceux qui ont participé à la naissance de ce métal léger. Dès lors que l'on entrevit une possibilité de le fabriquer au moindre coût, les perspectives de gains motivèrent les chercheurs afin de fabriquer " l'aluminium à bon marché ", l'aluminium électrolytique dont les propriétés étaient prometteuses.

RECHERCHE APPLIQUÉE, FORMATION & INDUSTRIE

De nouvelles expériences étaient possibles en utilisant la dynamo du belge Zénobe Gramme (1871). Il y eut un foisonnement de travaux appliqués afin de changer d'échelle de production. Aux savants succédèrent les inventeurs, les " industrialo-chercheurs " ceux qui donnèrent à la science ses applications pratiques, la menant aux confins de l'industrie.

Les concurrents

En 1883, le Français Lontin électrolysa de l'alumine qu'il supposait dissoute dans un bain fondu composé d'un mélange de chlorure et fluorure d'aluminium et de métaux alcalins ; il continua, en vain, jusqu'en 1886. En Allemagne, en 1886, Grätzel von Gratz essaya de transposer à l'aluminium son brevet pour la fabrication du magnésium en 1883. En Suisse, à Zurich, le Dr. Kleiner-Fiertz, élève du professeur Rathenau et inspirateur du Dr. Kiliani[11], déposa deux brevets en 1886 et 1887 pour la fabrication de l'aluminium ou d'autres métaux légers. Des tentatives aboutirent à la production d'alliages d'aluminium (procédé Lossier 1884), tandis qu'aux Etats-Unis les frères

11. Avec qui Héroult travailla pour l'entreprise qui devint Alusuisse, avant de revenir en France pour y créer également son entreprise.

Cowles[12] avaient, dès 1885, breveté un procédé et construit deux usines où l'on produisait par électrothermie du bronze d'aluminium.

Le recensement des principaux brevets et des tentatives industrielles montre que Héroult et Hall ne furent ni les premiers, ni les seuls à penser à utiliser l'électricité pour fabriquer de l'aluminium par électrolyse. Ajoutons que tous cherchaient une application industrielle tant était forte la conviction que ce métal pur ou allié allait connaître un avenir florissant, tant était forte l'idée que les applications de la science pouvaient avoir des retombées économiques, même si la métallurgie était une discipline balbutiante.

Recherche et enseignement : une formation scientifique efficace

Héroult, né en 1863, intégra l'Ecole des Mines de Paris en juillet 1882. Mais en 1881, il avait déjà entrepris des essais portant sur les principes de l'électrolyse, " (...) La théorie me promet la réussite, mes essais aussi, mais pourtant ce n'est pas suffisant. D'un autre côté cela peut être trouvé d'un jour à l'autre par un autre et par conséquent perdu pour moi. (...) J'ai vu à l'exposition des procédés et des machines employées pour des choses analogues. Cela a fortifié ma conviction et augmenté mes craintes vu qu'il n'y a qu'un pas à faire pour passer de là à mon idée (...) "[13]. Héroult savait que la réussite serait déterminée par la maîtrise rapide du potentiel scientifique et technique disponible. Cinq années supplémentaires lui furent nécessaires pour déposer le brevet[14].

Renvoyé des Mines à la fin de la première année, il y reçut tout de même l'enseignement général de physique et de chimie de la 1re année. Cette formation était d'un niveau élevé. Ainsi, Héroult eut comme professeur Henri Le Chatelier (1850-1936) — que ses travaux sur la thermodynamique allaient rendre célèbre —, fils de Louis Le Chatelier (1815-1873), le métallurgiste[15] ayant travaillé avec Sainte-Claire Deville. Henri Le Chatelier connaissait donc toutes les questions touchant l'aluminium. Ensuite Héroult eut comme camarade de promotion Louis Merle, fils d'Henry Merle qui, à partir de 1860, avait entrepris la fabrication chimique de l'aluminium.

Ainsi, si le professeur Henri Le Chatelier ne fut pas l'initiateur des recherches d'Héroult, il le stimula. En effet, comment imaginer que ce professeur et chercheur, ayant devant lui le fils de l'industriel ayant exploité le brevet Deville-Le Chatelier, n'évoque pas dans son cours plus spécifiquement

12. Contre qui Hall, l'inventeur américain du procédé électrolytique, gagna un procès pour contrefaçon, B.H. Pruitt, M.B.W. Graham, *R&D for Industry, A century of technical innovation at Alcoa*, Cambridge, 1990, 29.

13. Lettre écrite par Héroult à sa mère le 29 août 1881.

14. M. Le Roux, *op. cit.*, 1re partie.

15. Cet ingénieur des Ponts et Chaussées, inspecteur des mines, fit partie du conseil de la 1ère société fondée pour fabriquer l'aluminium par voie chimique avant 1860.

l'aluminium ? Et ce, d'autant plus que responsable, depuis 1877, du cours préparatoire de chimie générale réservé aux futurs ingénieurs civils comme Héroult, il travaillait sur la structure des métaux et des alliages[16].

Aux Mines, Héroult compléta sa formation. Dans son article[17] il explique que son prédécesseur, Lontin, échoua faute de connaissances en chimie, confirmant que lui-même les avait acquises ; il continuait en expliquant qu'en 1886 : " La décomposition des chlorures par Bunsen et Sainte-Claire Deville était connue. On avait (...) sur la thermochimie, grâce aux travaux de Fabre et de Silbermann, à ceux de Berthelot des notions assez exactes. La machine dynamo existait. Il restait donc relativement peu de choses à faire pour en arriver au point où nous en sommes. De plus l'aluminium était connu comme aussi les matières premières employées pour sa fabrication : l'alumine et la cryolithe ".

Or, où mieux qu'à l'Ecole des Mines pouvait-on acquérir cette connaissance ? Les informations disponibles sur la fabrication de l'aluminium se trouvaient soit à l'usine de Salindres, soit dans les revues scientifiques spécialisées. Marginale sur le plan industriel, la fabrication de l'aluminium relevait encore grandement de la quête scientifique. Grâce à Le Chatelier et Merle, Héroult fut en contact avec les univers scientifique et industriel. Ces rencontres furent, d'excellents vecteurs d'information, complétant celles collectées aux expositions.

L'équipe d'Héroult trouve

Après son renvoi, Héroult resta informé sur les cours de l'Ecole par l'intermédiaire de quatre de ses camarades de promotion, dont Louis Merle, avec qui il entreprit dans son laboratoire de Gentilly les recherches qui aboutirent[18].

La structure de l'enseignement supérieur des années 1875-85 dissociait encore recherche et enseignement, ainsi les recherches d'Héroult sont conformes à l'esprit du temps. Rares étaient les enseignants possédant un laboratoire. Polytechnique, Normale sup., la Sorbonne constituaient des exceptions avec l'Ecole Pratique des Hautes Etudes et les laboratoires de Pelouze, de Würtz et des Mines où l'on pouvait faire de la recherche. Il était courant que les recherches, souvent financées sur le salaire des professeurs, aient lieu dans des lieux privés, et que les enseignants incitent leurs élèves les plus aisés et les plus doués à entreprendre des expériences.

16. M. Lette, *Henri Le Chatelier et la constitution d'une science industrielle au tournant du siècle*, Doctorat, E.H.E.S.S., Paris, 1998.

17. *Ibidem.*

18. Trois d'entre eux le suivirent, à la fin de leurs études, lorsque il exploita industriellement son brevet.

En revanche, lorsque Le Chatelier, devint dans les années 1880, directeur adjoint de l'Ecole des Mines, il fit travailler dans son laboratoire d'essais ses élèves ingénieurs civils sur des sujets l'intéressant. Les enseignements et les recherches de Le Chatelier aidèrent probablement Héroult.

Ce cas illustre l'importance de l'apport des connaissances scientifiques pour Héroult mais inversement, lorsque Héroult entreprit ses expériences, il répondait à un besoin. Ces recherches, en présidant à la naissance d'une nouvelle industrie, s'inscrivent dans l'important effort de recherche-développement que connut la France à l'époque du " triomphe de l'ingénierie industrielle et de la science appliquée "[19]. Bien que les prises de position de Le Chatelier sur les relations entre la science et l'industrie aient été légèrement postérieures à l'époque où il rencontra Héroult, on peut supposer qu'il était déjà persuadé de l'utilité de la collaboration science-industrie[20] et qu'il prônait l'efficacité des laboratoires de recherche industrielle. Lorsqu'il obtint la chaire de chimie industrielle, il y inclut le cours de métallurgie à partir de 1890.

Ainsi, si Héroult procéda par essais successifs, si par bien des aspects, les travaux liminaires à son brevet sont empiriques, il bénéficia de l'accumulation scientifique antérieure, préalable nécessaire pour conduire lui-même ses travaux et aboutir à un résultat tangible. La participation de ses camarades des Mines qui venaient l'aider dans ses desseins, furent autant de séances de travaux pratiques supplémentaires, où les étudiants pouvaient chercher en toute liberté et en toute indépendance opérant la liaison entre les théories de Le Chatelier et les applications d'Héroult.

Il entretint constamment des connexions avec le milieu scientifique et universitaire afin de préciser ses travaux et ainsi d'innover[21]. Plus tard, lorsqu'il mit au point son four à acier, il contacta à nouveau Le Chatelier — devenu entre temps un des plus éminents spécialistes de la question —, il consulta les professeurs Moissan, Eichhof de l'Ecole Polytechnique de Charlottenbourg et Borchers de l'Ecole Technique d'Aix-la-Chapelle. Ce dernier fit en sorte qu'il devînt *Docteur Honoris Causa* de l'université de sa ville (1903) ; tandis que Le Chatelier, au nom de la Société d'Encouragement à l'Industrie Nationale, remit, en 1904, la grande médaille Lavoisier à son ancien étudiant. Il s'agit d'un bel exemple de relations université/industrie et de reconnaissance mutuelle. L'histoire du laboratoire d'Héroult reflète l'organisation de la recherche appliquée qui a prévalu au cours des trois premiers quarts du XIXe siècle.

19. T. Shinn, " From " corps " to " profession " : the emergence and definition of industrial engineering in modern France ", in R. Fox, F. Weisz (eds), *The organisation of sciences and technology in France in XIXth century*, Paris, M.S.H., 1981, 197.

20. Il mit en pratique ses idées et participa après Moissan, aux recherches sur l'acétylène pour le compte de l'Air Liquide par exemple.

21. Il travaillait ainsi, s'informant des progrès des sciences et des techniques en voyageant, visitant des usines, rencontrant les personnes qui étaient le mieux informées, allant droit à la source.

Le brevet

Le 23 avril 1886, Héroult déposa son brevet : “ Procédé électrolytique pour la fabrication de l'aluminium ”. Après avoir électrolysé des sels d'aluminium en solution aqueuse (1ers essais en juillet 1885), l'équipe d'Héroult reprit les travaux de Sainte-Claire Deville sur les halogénures fondus, ainsi que les expériences du suisse Kleiner. Ensuite, Héroult construisit un four au pied de la cheminée de l'usine, car sous-estimant l'effet Joule, il pensait nécessaire de maintenir une température élevée. Alors qu'Héroult avait atteint la température recherchée, la cathode fondit formant un alliage aluminium-fer. Au cours d'une nouvelle expérience, constatant que la cathode avait été corrodée, il ajouta du chlorure double d'aluminium et de sodium pour diminuer la température de l'électrolyte. Après quelques vérifications, il se rendit compte que le chlorure double utilisé était pour partie de l'alumine. Il électrolysa une solution d'alumine dans de la cryolite fondue dans un creuset en plombagine avec une électrode centrale en charbon. Au cours de ses expériences, Héroult réalisa qu'une température élevée était un obstacle à la formation d'aluminium ; celui-ci se transformait à nouveau en alumine. Après avoir agi sur la température, il eut l'idée d'ajouter au bain un peu d'oxyde de cuivre pulvérulent qui, réduit, tombait au fond du creuset rassemblant les globules d'aluminium dispersés dans le bain. L'aluminium électrolytique était né. Le brevet posait les principes de l'électrolyse ignée, toujours identiques aujourd'hui, même si la technologie née de ces recherches est devenue très complexe.

Les attributs de la recherche industrielle en France

Héroult, dans son laboratoire de recherche de Gentilly, possède les attributs des inventeurs de la seconde industrialisation française.

Il était jeune au moment de sa découverte et avait reçu un enseignement de haut niveau, où la formation par la recherche était un principe pédagogique.

Il n'a jamais travaillé isolé de tout mais il était, au contraire, intégré dans un réseau de relations/informations qui le soutenait et le confortait, ses assistants et lui. Ils utilisèrent cette méthode d'expérimentation d'essais répétés qui, seule, leur permit d'aboutir en éliminant peu à peu les solutions insatisfaisantes. Ainsi que le dit T. Hughes, rares furent les inventions nées d'un “ moment Eurêka ”[22]. Cette démarche empirique complète les recherches scientifiques qui ont présidé à la naissance de l'aluminium. Héroult prit le relais au moment où la science, celle produisant un savoir systématisé dans un cadre théorique clairement formulé, ne pouvait plus progresser sans avoir recours à la méthode expérimentale. D'ailleurs ces deux grands moments de la recherche scientifique ne font qu'un dans une définition large de la science[23].

22. *American Genesis*, New York.

23. D.C. Mowery, N. Rosenberg, *Technology and the pursuit of economic growth*, Cambridge, 1989, 22.

Les dépôts de brevets de Héroult, de Hall en 1886, et de Bayer, en 1887[24], eurent lieu dans un court laps de temps, confirmant que ce sont les progrès scientifiques et techniques du XIXe siècle qui, en créant un nouveau système technique dont la clef de voûte était l'électricité, qui permirent d'aboutir à ces inventions. L'aluminium électrolytique appartient à ces lignées d'innovations à l'horizontale suscitées par le système technique électrique. Ainsi le processus d'invention ne peut s'expliquer hors de son contexte comme le disait Héroult, " l'invention des procédés actuels de fabrication était dans l'air en 1886 "[25].

Héroult systématisa les principes de recherche de son laboratoire de Gentilly au sein de son entreprise, la S.E.M.F., pour les recherches de développement (amélioration du procédé), celles sur la qualité du métal primaire, celles pour la mise au point du procédé Bayer ou encore celles pour l'invention de ses fours électriques pour la fabrication des aciers. Cette association recherche/développement/production/contrôle explique les résultats performants de certaines entreprises françaises dès 1900. La recherche appliquée était une réalité efficace bien avant que n'aient été créés les grands laboratoires de recherche industrielle standardisés, même si, pour l'industrie de l'aluminium, les choses furent complexes. Cet exemple, représentatif, illustre l'organisation de la recherche industrielle en France jusqu'aux années 1920. Il s'agit d'un centre de recherche privé, de taille modeste, où les ingénieurs, et non plus les savants, jouent un rôle primordial. Leur formation pluridisciplinaire en l'état des connaissances disponibles leur ont permis d'aboutir, assimilant ainsi sciences et techniques à des fins industrielles. C'est dans ces laboratoires industriels que la complémentarité des problématiques sciences et techniques prenait son sens.

Après la mort d'Héroult en 1914, les laboratoires de la S.E.M.F. eurent un rôle limité aux essais et aux contrôles. La recherche fut accaparée par les ingénieurs d'usine parce que la recherche sur l'électrolyse se fait sur du matériel grandeur réelle. Mais, dans ce cas, puisque la science et l'organisation de la recherche en laboratoire n'apportaient rien de spécifique, la position française en matière d'innovation de procédé ne se laissa jamais distancer. Chaque usine était en quelque sorte un centre de recherche.

En revanche, pour inventer des alliages d'aluminium, il était nécessaire d'entreprendre des recherches complètement nouvelles, ainsi que l'avaient fait les savants qui ont découvert l'aluminium. Ce fut encore un scientifique, le Docteur Wilm[26] qui inventa le premier alliage majeur : le Duralumin. Les Français achetèrent le brevet de Wilm et ne créèrent pas de centre de recherche

24. Inventeur du procédé de fabrication de l'alumine.

25. P. Héroult, *op. cit.*

26. Il travaillait au laboratoire de la *Dürener Metallwerke* A.G. lorsqu'il découvrit le nouvel alliage. Il déposa un brevet en Allemagne, en 1909. Le duralumin est un alliage léger, composé à 94 % d'aluminium, 4 % de cuivre et 0,7 % de magnésium ; il a de hautes caractéristiques mécaniques, il fut à l'aluminium ce que l'acier fut à la fonte. Il y eut de nombreuses applications pour l'aviation, l'automobile…

— public ou industriel — sur les alliages. En revanche, les Américains, les Allemands et les Britanniques le firent d'abord pour fabriquer du duralumin, ensuite pour inventer d'autres alliages. Les Français se laissèrent distancer. Ils n'ouvrirent un centre qu'à la fin des années vingt, reconnaissant ainsi la valeur et le rôle de la recherche industrielle. En renouant avec des pratiques qui avaient été efficaces 50 ans auparavant, les dirigeants de la firme reconnaissaient que la R&D était importante pour le devenir de l'entreprise.

ALUMINIUM BETWEEN SCIENCE AND PRACTICE : SOME ASPECTS OF THE ROLE OF TECHNO-SCIENCES FOR THE INTRODUCTION OF A " SCIENTIFIC METAL "

Helmut MAIER

INTRODUCTION

Aluminium entered the competition of materials in the second half of the nineteenth century. It conquered applications traditionally occupied by other metals, but furthermore developed its own market[1]. It shows a remarkable success-story and, despite the short-time drop of production after World War I, it had come to stay. Along with its success, however, failures in foundries, workshops, and households happened. Traditional methods of casting, jointing, or machining would not easily work with the delicate newcomer.

At the same time, when aluminium had its breakthrough, new techno-sciences developed, such as electro-chemistry, metallography, or materials testing. These investigated the basic structure of metals and alloys as well as their technological properties and provided new production technologies for aluminium. At first glance, the success of the " scientific metal " appears as a natural consequence of these new techno-sciences.

A closer look reveals, however, that their concepts and results were not easily compatible with the foundryman's and machinist's understanding of metallurgy. Rather, a deep mistrust between science and practice was constantly growing. Up to the 1920s, foundry and workshop practice remained nearly unchanged from nineteenth century traditions[2].

1. Scientific instruments, balances, jewellery, aluminium-bronze for cannons, electric wire, chemical vessels, bridges, cooking utensils ; W. Schäfke, T. Schleper, M. Tauch, (eds), *Aluminium. Das Metall der Moderne. Gestalt, Gebrauch, Geschichte*, Köln, 1991.

2. C.S. Smith, " Retrospective Notes on a Changing Profession ", *Archeomaterials*, 1 (1986), 3-11, especially 3.

On the other hand, the decision for aluminium would only result in success, if exact temperature regulation, high purity source materials, and precise hardening procedures were applied[3]. This required new science-based methods. Consequently, this discrepancy leads to the question, if the success of aluminum was a result of techno-scientific studies and their introduction to practice or rather the achievement of practice, applying the methods of a metallurgical tradition going back thousands of years ?

Trying to answer the question we run into the problem of historic sources. Numerous reports of scientists are not of great value, if we try to assess to what extent science was adopted by practice. Those reports were not written for foundrymen and machinists. These studies reflect the progressing front of research and served as legitimation for the scientist in his community. They constituted a scientific style, which was not understandable by shop culture.

On the other hand, techno-scientific publications sometimes directed practice and can then provide an insight into the perception of practice by the scientist himself.

Because of the oral workshop tradition, reports from inside practice are rare. Fortunately, we are able to benefit from natural and engineering scientists working in the metals industries who gave detailed insights into the problems they experienced on the spot. Their publications can serve as a link between scientific communities and practice, because their authors stood between the two fronts. These scientists reveal to what extent techno-scientific knowledge and methods were adopted by practice. These reports are therefore the main sources for this study.

The period under review covers the history of aluminium roughly from the 1850s up to the early 1920s. The early 1920s reflect several significant developments : apart from the shallow slump of 1907 the aluminium producers experienced the first dramatic drop in production in the early 1920s. The question arose, if aluminium would ever recover and reach the production numbers of the illusory boom caused by the armament industry[4].

Despite its heavy drawback aluminium consumption recovered, and even surpassed tin, one of its rivals in the field of non-ferrous metals. This was remarkable, because for the first time one of the ancient metals was surpassed by a metal of the industrial age. Thus, aluminium had finally proved its significance as an industrial metal.

3. C.S. Smith, " Science and Practice in the History of Metals ", *Technology & Culture*, 2 (1961), 357-367, especially 364.

4. A. Gautschi, *Die Aluminiumindustrie*, Zürich, 1925, 108.

Fig. 1 : World Production of Primary Aluminium, 1893-1953[5]

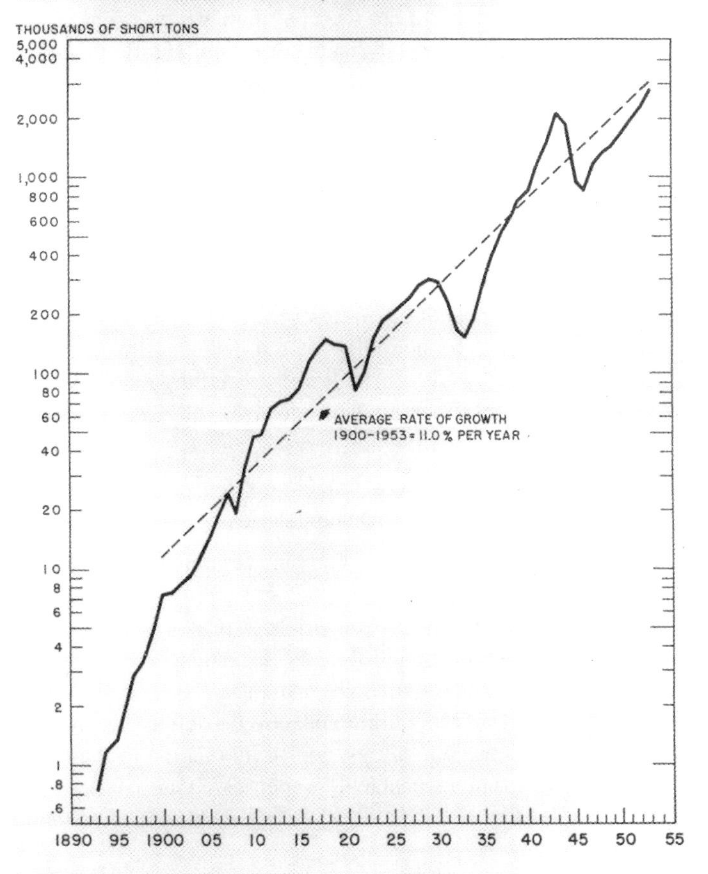

Metals Science in Industry and National Institutions

With regard to metallurgical research and development, the first five years after World War I were very important for aluminium. In 1919, the Aluminum Company of America, Alcoa, the world's largest producer, established a research committee and thus came to industrialize its R&D[6]. In 1921, the English National Physical Laboratory, NPL, published its widely noticed

5. *Materials Survey. Aluminum*, Office of Defense Mobilization, US Dpt. of Commerce, Washington, Nov. 1956, II-12.

6. M.B.W. Graham, B.H. Pruitt, *R&D for Industry. A Century of Technical Innovation at Alcoa*, Cambridge, 1990, 114.

" Eleventh Report to the Alloys Research Committee : on Some Alloys of Aluminium "[7]. This report marked the transition from studies of binary to ternary alloys. Furthermore, the joint effort of the NPL directed a lot of attention to the working of these alloys, such as forging, extrusion, rolling, spinning and stamping. However, the report kept its scientific character, and a manufacturer would still hesitate facing the " intricacies of solid solutions, hypereutectics, solidus curves, and phases "[8].

In Germany, 1921 became a crucial year for non-ferrous R&D, when the *Kaiser-Wilhelm-Institut für Metallkunde* was founded[9]. This lead to aluminium's competition with iron & steel, where scientific methods had been introduced much earlier than in the non-ferrous industry. For the time being, in the steel industry the same skepticism against scientific methods prevailed[10]. But up to 1914 most major metallurgical works in the iron and steel industry had chemical or metallographical laboratories[11]. Consequently, the author of a handbook on the chemical technology of non-ferrous alloys wrote in 1919 : " The valuable scientific results of the ferrous metallurgy caused a low opinion about non-ferrous alloys. Whereas the major iron and steel works established metallographic laboratories... the non-ferrous rejected the new science "[12].

Thus, in the application of the new techno-sciences non-ferrous metallurgy significantly lagged behind the ferrous industries.

In the early 20th century, scientific knowledge about metals was scattered in different academic disciplines such as chemistry, physics, physical chemistry, crystallography, metallography, and materials testing[13]. The development from simple chemical analysis to metallographic investigation established a major advancement for the science of metals, which is reflected by a definition of metallography in 1913 : " Metallography may be defined as the study of the internal structure of metals and alloys, and of its relation to their composition, and to their physical and mechanical properties. It is a branch of physical chemistry, since the internal structure depends on the physical and chemical

7. W. Rosenhain, S.L. Archbutt, D. Hanson, *Eleventh Report to the Alloys Research Committee : On some Alloys of Aluminium (Light Alloys)*, London, 1921.

8. E.F. Law, *Alloys and Their Industrial Applications*, 2nd edition, London, 1914, VII-I.

9. W. Ruske, *100 Jahre Materialprüfung in Berlin*, Berlin, 1971 ; R. Vierhaus, B. vom Brocke (eds), *Forschung im Spannungsfeld von Politik und Gesellschaft. Geschichte und Struktur der Kaiser-Wilhelm-/Max-Planck-Gesellschaft*, Stuttgart, 1990, 242-243.

10. For the introduction of scientific methods in the steel industry see in detail : G. Tweedale, " Science, Innovation and the " Rule of Thumb " : the Development of British Metallurgy to 1945 ", in J. Liebenau (ed.), *The Challenge of New Technology. Innovation in British Business Since 1850*, Aldershot, 1988, 58-82.

11. H.A. Wessel, " Erfahrungswissen in der deutschen Eisen- und Stahlerzeugung/-verarbeitung des 19. Jahrhunderts ", *Ferrum*, 68 (1996), 61-81 ; M. Kranzberg, C.S. Smith, " Materials in History and Society ", *Materials Science and Engineering*, 37 (1979), 23.

12. P. Reinglass, *Chemische Technologie der Legierungen mit Ausnahme der Eisen-Kohlenstoff-Legierungen*, Leipzig, 1919, Vorwort.

13. In detail : M. Kranzberg, C.S. Smith, *op. cit.* (fn. 11).

conditions under which the solid metal or alloy is formed, and the study of structure presents itself as a department of the study of equilibrium in heterogeneous systems. Whilst, however, physical chemistry concerns itself in general only with the nature and relative quantity of the phases in a system, and with the transformations of energy which accompany chemical changes, metallography takes into account a further variable, namely the mechanical arrangement of the component particles. It is thus intimately connected with crystallography "[14].

However, the main elements of this definition also constituted the field of investigation of physical metallurgy as well as materials testing, as Walter Rosenhain, superintendent of the metallurgy department of the NPL, and Adolf Martens, director of the *Königliche Materialprüfungsamt zu Berlin-Lichterfelde*, expressed in major publications. And the author of the Lehrbuch der Metallographie, Gustav Tammann, was the director of the Institute of Physical Chemistry at the University of Göttingen[15]. These differing convictions about the scope of the science of metals and their application reflect the early stage in the process of institutionalization of these young techno-sciences[16].

Success and Failure of the " Scientific Metal "

From its first presentation to the public in the 1850s onwards, aluminium was characterized as a triumph of science. 19th century chemists had discovered the light metal, and a French chemist established a small production. He was mainly responsible for the fuss around the scientific metal, because he extremely exaggerated its characteristics. Distributed in small quantities, practice dismantled its myth pretty quickly. To give an example : early aluminium specimens changed its silvery look into an unpleasing dirty grey and thus became no longer recommendable for jewellery or cooking utensils[17].

Owing to this and other disappointments, and due to its high price, aluminium remained a laboratory curiosity. But again, science helped to overcome the dilemma : a French and an American engineering scientist developed an electrochemical process, the Hall-Héroult process, named after its inventors. This process caused a major price drop from the 1880s onwards. However, it was difficult to merchandise the light metal, as a major aluminium producer put it : " Aluminium is a metal with a limited sales area ; it is suitable for (...) opera

14. C.H. Desch, *Metallography*, New York, 1913, 1.

15. G. Tammann, *Lehrbuch der Metallographie. Chemie und Physik der Metalle und ihrer Legierungen*, Leipzig, 2nd 1921.

16. For the definitions of physical metallurgy and " Materialprüfungswesen " see in detail : W. Rosenhain, *Metallurgy : An Introduction to the Study of Physical Metallurgy*, London, 2nd 1916, 2-15 ; A. Martens, *Das Materialprüfungswesen*, Stuttgart, 1912.

17. In detail : H. Maier, " " New Age Metal " or " Ersatz " ? Technological Uncertainties and Ideological Implications of Aluminium up to the 1930s ", *ICON*, 3 (1997), 185-186.

glasses. And if you sell the kilogram for 10, — instead of 100 —, Francs, you would not sell a single kilogram more "[18]. In Europe, the main applications were military and cooking utensils, and in the US., " the first steady customer was the steel industry, exploiting aluminum's possibilities as a deoxidizing agent for steel "[19].

Nonetheless, the young automobile industry helped aluminium to achieve a stable demand[20]. The German automobile industry started to cast light metal crankcases from 1898 onwards. Up to the 1920s it seems that the economic condition of the aluminium industry world-wide was directly related to automobile production. In the United States, during the early 1920s, " about 40 per cent of domestic aluminum output was consumed by the automotive industry "[21]. Despite its obvious success, practice was still struggling hard with the new metal. For example, Alcoa's " technical experts felt themselves to be lurching from one embarrassing crisis to another ". Their camera housing for Eastman corroded badly under humid conditions, and a crankcase shrank, when exposed to higher temperatures[22].

SHOP VERSUS SCHOOL CULTURE

" There has been, and I am sorry to say there is still, a violent opposition on the part of certain short-sighted producing firms, to the adoption of microscopic examination in specifications. They use every possible argument to suppress it (...) "[23].

In order to estimate the role of the techno-sciences for the solution of these troubles, and thus their role for the final success of aluminium, the reports of natural and engineering scientists offer valuable insights. In historiography, the relation between the " shop culture of the metalworking craftsman and the school culture of university-trained researchers " has been characterized as a " clash of cultures "[24]. It seems that the introduction of aluminium, despite its myth of being a scientific metal, perfectly reflects the dichotomy of shop and school culture.

At first glance, being a product of chemistry and electro-chemistry, the development of the Hall-Héroult process benefited immensely from practice. The distinguished English metallurgist John Rhodin mentioned in 1921, that

18. Pechiney (France) after : A. Strobel, " Die Entwicklung der Aluminiumelektrolyse am Hochrhein von Héroult bis Kiliani (1885-1893) ", *Ferrum*, 55 (1984), 31-5.

19. M.B.W. Graham, B.H. Pruitt, *op. cit.* (fn. 6), 49.

20. A. Gautschi, *op. cit.* (fn. 5), 5.

21. R.J. Anderson, *The Metallurgy of Aluminum and Aluminum Alloys*, New York, 1925, 272.

22. M.B.W. Graham, B.H. Pruitt, *op. cit.* (fn. 6), 70-2.

23. K.F. Smith, " Rationality in Physical and Metallographic Testing ", *Journal of the American Society of Naval Engineers* (Feb. 1917), 63-87, especially 83.

24. M.B.W. Graham, B.H. Pruitt, *op. cit.* (fn. 6), 123.

" All the inventors used mixtures of cryolite, flourspar and alumina as electrolytes, besides which all used some kind of modification of Siemens' electric furnace. The main thing was the electrolyte, but the mixtures were rule-of-thumb ones "[25].

Given this rather unscientific method, Rhodin assumed that the process was only scientifically understood in the early 1920s, when aluminium already was an industrial metal.

At the turn of the century, in the area of manufacturing and alloying the search for suitable light alloys was a " mainly unsystematic attempt, which best resulted in a lucky choice ", as a German foundry engineer put it[26]. Numerous alloys swamped the market, disappearing as quickly as they had appeared. Despite the lack of metallographical knowledge this unsystematic search brought up a limited number of successful alloys[27].

A crucial reason for success or failure of aluminium casting was foundry practice. John Rhodin characterized the foundry of the early 20th century as a desolate and chaotic, dark and dirty place. Companies that started casting light alloys were traditional manufacturers of non-ferrous alloys. Especially " usages in the brass trade were generally conservative and old-fashioned. " Whereas brass casting would mainly react indifferently on inaccurate mixtures, aluminium was a more delicate candidate. Chemical analysis had revealed that small amounts of zinc had a bad effect on aluminium-copper piston alloys. The zinc impurities were brought in via the zinc chloride flux. Although this could have been avoided easily by using cupric chloride, practice ignored scientific consultance, as John Rhodin complained : " It is, however, a thankless job to try to introduce scientific considerations in a foundry, but one lives in hopes of this occurring as well as the millennium ".

For Rhodin, it was essential that " the management of an aluminium foundry, or at least of the melting, was a chemist's job ". Only the chemist could avoid the other main cause of failure : overheating. Again, shop culture stood against scientific methods, because " no particular harm is done by overheating brass, [but] in the case of aluminium, the oxidation product remains in the body of the metal, which is thus permanently contaminated "[28].

Up to this point, it seems that aluminium had been introduced to practice mainly without techno-scientific consultance, but rather by its more or less successful adaptation to shop culture by metalworking crafts- and foundrymen. However, chemists and metallographers remained a rare species in the foundry. But with growing success of the techno-sciences the question arises, why prac-

25. J.G.A. Rhodin, " Aluminium and its Alloys in Engineering ", *The Engineer*, 131 (1921).

26. W. Büchen, " Leichtmetallguss ", *Giesserei*, 46 (1959), 654-64.

27. For the successful alloy-families see in detail : G.M. Young, " Aluminium 3 : The Early History of Alloys ", *Historical Metallurgy*, 19 (1985), 148-66.

28. All quotes : J.G.A. Rhodin, *op. cit.* (fn. 25).

tice reacted with " violent opposition " to the introduction of scientific methods. From a professional perspective, the distinguished historian of metallurgy Cyril Stanley Smith defined metallurgy in the early 1920s as " almost unchanged from the 19th century. " Not only that basic science was not regarded as of much use in the English university education, the study of metallurgy did not include " a single college course in math or physics ". At least a half-term course in metallography introduced Smith to practice[29].

In Germany, though more scientifically trained, in practice young engineering scientists in shops were confronted with grey-haired elder engineers constantly insisting that the industry would run without these new-fashioned sciences[30].

In 1916, a US Navy officer gave a perfect description of the gulf between the new science of metallography and practice : " Unfortunately, the present-day engineer knows nothing about this new " highbrow fad ", and in many cases is unwilling to learn. On the other hand, the metallographer is all too often a pure scientist who considers an analysis of stresses beneath his dignity "[31].

In fact, the reluctance of shop culture against the new techno-sciences was criticized by an authoritative voice in engineering, when The Engineer stated in a leading article in 1920 : " It may perhaps be urged that engineers as a whole may well be pardoned for their tardiness to accept the advanced teachings of modern metallurgy, because that whole subject is still the battle-ground of contending views and theories (...) On most of the main fundamentally important matters, ascertained knowledge has been reached and lies ready for the use of the engineer and metallurgist alike. The fact that " doctors disagree " is therefore no valid excuse for adopting an attitude of skeptical aloofness "[32].

Conclusion

In 1906, the hardening in aluminium alloys was discovered by the German metallurgist Alfred Wilm. The alloy " Duralumin "[33] with the spectacular strength of mild steel became an important alloy for airships. Although Wilm was scientifically trained and his methods included chemical analysis as well as materials testing, historiography has assessed this as an accidental discov-

29. All quotes : C.S. Smith, " Retrospective Notes on a Changing Profession ", *op. cit.* (fn. 2), 3.

30. H. Schenck, " Wechselwirkung zwischen Wissenschaft und Praxis im Hüttenbetrieb ", *Stahl und Eisen*, 80 (1960), 1377-82, especially 1377.

31. K.F. Smith, " Rationality in Physical and Metallographic Testing ", *op. cit.* (fn. 23), 63.

32. " The Choice of Materials " (Leading articles), *The Engineer*, 129 (1920), 531-532.

33. " A group of heat-treatable aluminium alloys containing 0-4.2 % Cu, 0-0.8 % Mn, 0.6-2.25 % Mg, 0-1 % Si and 0-1.2 % Fe, the balance being aluminium. For high strength applications zinc (5.5-7.6 %) is present, and alloys for use at elevated temperatures contain 1 % Ni ", A.D. Merriman, *A Dictionary of Metallurgy*, London, 1958, 64.

ery[34]. Science of metals was able to explain the hardening process only in 1919[35], but the whole subject remained a major topic of scientific discourse. This new marvel in the family of aluminium alloys remained an intricate member : John Rhodin called " Duralumin " the foundrymen's horror. The phenomenon itself was a metallurgical sensation, but, at the moment of discovery, theory was not able to explain it with the existing insight into the constitution of metals.

Aluminium was introduced into the market, when the new techno-sciences developed in second half of the 19th century. While workshop practice especially in the non-ferrous industries lagged behind in introducing scientific methods, the delicate newcomer badly needed advanced know how in production and manufacturing. The required scientific knowledge and methods were only accessible via natural and engineering scientists, but these faced fierce reluctance or simply ignorance attempting to introduce science to practice. Although brought to daylight by science, the introduction and adaptation of aluminium to become an industrial metal seems to have mainly been the result of the shop culture of the metalworking craftsmen. Even the famous " Duralumin " had already been introduced to the market, when years later science was able to offer some theoretical explanations. Summarizing the benefit of the new science of metallography for industry in 1917, the German metals scientist Wichard von Moellendorf, later director of the Kaiser-Wilhelm-Institut für Metallforschung, stated : " [Apart from a few examples such as bearing alloys and filament metal], in almost every other case the innovation is not related to metallographic knowledge. To the contrary, ... metallography concedes not be able to enrich the skills of the true metals master (...) "[36].

34. R. Grabow, " Zu einigen wissenschaftshistorischen Aspekten der Entwicklung aushärtbarer Aluminiumlegierungen ", *Schriftenreihe für Geschichte der Naturwissenschaften, Technik und Medizin* (*NTM*), 17 (1980), 69-79.

35. P.D. Mercia, R.G. Waltenberg, J.R. Freeman, " Constitution and Metallography of Aluminum and Its Light Alloys with Copper and Magnesium ", *Scientific Papers of the Bureau of Standards*, n° 337, Washington, 1919 ; P.D. Mercia, R.G. Waltenberg, H. Scott, " Heat Treatment of Duralumin ", *Scientific Papers of the Bureau of Standards*, n° 347, Washington, 191.

36. W. von Moellendorff, " Die Wechselbeziehungen zwischen der empirischen Metalltechnik und der Metallographie ", *Giesserei-Zeitung*, 11 (1914), 16.

EARLY PLASTICS : INFLUENCES AND CONNECTIONS

Susan MOSSMAN

When examining how early plastics developed, it becomes clear that various connections, some quite fortuitous, led to their development in the nineteenth century. Certain key figures influenced their development in a variety of ways, some of which are not immediately obvious. The climate in the mid-nineteenth century was one of keen interest and curiosity, as witnessed by the series of great exhibitions, beginning with the 1851 Great Exhibition at Hyde Park, the brain child of Prince Albert. There was massive interest in new developments in materials — an excellent atmosphere for the encouragement of those who were to develop these new materials and the entrepreneurs who went on to make them a commercial success.

There was also a need to find satisfactory substitutes for natural materials which were becoming increasingly rare and/or expensive, such as ivory or tortoiseshell. New materials were also required to meet the demands imposed by the technological changes occurring at this time.

The tale is not one of unmitigated triumph. Those who invented these new materials, and those who were courageous enough to invest in the early developments, were not always the ones to benefit from them. Indeed many of the early plastics pioneers were to lose money and take great risks, only supported by their faith in these new materials. Most of their efforts ended in commercial failure. Those who were able to invent new materials did not always combine this with either a gift for self-publicity or business acumen.

It would be possible to select a number of different plastics materials to illustrate these points, for example, vulcanised rubber, patented by Thomas Hancock. Hancock was both a successful inventor and entrepreneur. He was the first to patent the vulcanisation of rubber, making a new semi-synthetic plastics material with a range of advantageous properties. The likelihood is that he obtained his inspiration for this process by examining samples of treated rubber obtained from the American, Charles Goodyear, following the good offices of Hancock's friend, Henry Brockedon. Hancock went on to make the best of this invention, culminating in his memoirs[1]. Hancock clearly had no problems with claiming an invention as his own, even though doubts have been cast on his right to do this. A contemporary of his, Alexander Parkes, wrote in the margins of his own copy of Thomas Hancock's memoirs[2] various uncomplimentary remarks about Hancock, notably that it was Goodyear that really invented vulcanised rubber. Whose opinion are we to believe : Hancock or Parkes ? As Parkes forms one of the main characters in the following account of the development of celluloid, it will become clear that Parkes is likely to have been the more trustworthy character.

Celluloid has been selected as the main topic of discussion in this paper both because of the nature of its development and because of its long-term effect on mass-communication in the form of celluloid film. Indeed the massive multi-million Hollywood film industry of today is often called the celluloid industry. The original participants in the development of celluloid could not have envisaged the enormous influence this material was to have on a world-wide scale.

THE FIRST CELLULOSIC PLASTIC

Even today, around a hundred and fifty years after its invention, exactly who invented celluloid is still a matter for debate. There is a clear transatlantic differentiation in whom is given credit.

In America, John Hyatt is given the honour, as witnessed most recently in Jeffrey Meikle's study of American plastics[3]. In Britain, the tendency is to give credit to Alexander Parkes[4]. However the story is not quite so simple as other eminent scientists of the day, such as the Swiss-German Chemist Christian Schönbein, were also involved in the initial development of this cellulosic material. The Director of the Laboratory at the Royal Institution, Michael Faraday, provided another important link. Professor August von Hofmann trained Alexander Parkes' brother, Henry, with whom Alexander was to work in close collaboration on all his scientific inventions throughout his life. Daniel Spill, who had worked with Alexander Parkes, also made various claims to the invention of celluloid.

The answer to this question seems to lie in assessing exactly what was the contribution of these various people in developing a new semi-synthetic cellulosic plastic, now commonly known as celluloid.

1. T. Hancock, *Personal Narrative of the Origin and Progress of the Caoutchouc or India Rubber Manufacture in England*, London, 1857.

2. Now in the Science Museum Library.

3. J.L. Meikle, *American Plastic*, New Brunswick, New Jersey, 1995, 11.

4. S.T.I. Mossman, " Parkesine and Celluloid ", in S.T.I. Mossman, P.J.T. Morris (eds), *The Development of Plastics*, Cambridge, 1994, 10-25.

SCHÖNBEIN AND FARADAY

In 1845 Schönbein first produced cellulose nitrate using a workable commercial process, with a sulphuric acid catalyst[5]. A letter from Christian Schönbein to Michael Faraday on the 27 February 1846 forms the first step in the invention of this new cellulosic plastic. Schönbein wrote to Faraday in 1846 : " I have ...made a little chemical discovery which enables me to change very suddenly and very easily common paper in such a way as to render that substance exceedingly strong and entirely waterproof "[6]. Later that year, on March 18, Schönbein sent a specimen of this transparent substance to Faraday, noting that : " This matter is capable of being shaped into all sorts of things and forms... ". Schönbein both urged Faraday to keep the matter secret and yet exhibit it at a Friday meeting of the Royal Institution[7].

Michael Faraday was in a pivotal position at the Royal Institution at the centre of nineteenth century science, with a wide range of contacts in the academic, business and entrepreneurial fields. Parkes may have learned about this material from one of these contacts, or possibly from a friend of his, John Taylor, who was also Schönbein's agent[8]. Parkes was the ideal man to learn of this discovery and to make something of it.

ALEXANDER PARKES

Alexander Parkes was a man of many talents with a variety of interests which he pursued with an enormous amount of energy, producing 66 patents in a variety of fields, ranging from India rubber and *gutta percha* to important metallurgical applications. Indeed he was christened the " Nestor of Electrometallurgy " by contemporary press[9]. He rather modestly called himself " a modeller, manufacturer, and chemist "[10]. With his wide range of interests he was the ideal man to see the possibilities of exploring this new cellulosic material[11].

5. Ten years before, J. Pelouze had produced cellulose nitrate from dissolving cellulosic fibres in concentrated nitric acid. M. Kaufman, *The First Century of Plastics - Celluloid and its Sequel*, London, 1963, 20.

6. G.W.A. Kahlbaum, F.V. Darbishire, *The Letters of Faraday and Schoenbein*, London, 1899, 152-153.

7. G.W.A. Kahlbaum, F.V. Darbishire, *The Letters of Faraday and Schoenbein*, *op. cit.*, 155.

8. M. Kaufman, *The First Century of Plastics - Celluloid and its Sequel*, *op. cit.*, 21.

9. He silverplated a spider's web which he presented to Prince Albert. Anon., " A Short Memoir of Alexander Parkes (1813-1890) ", *Chemist and Inventor*, privately circulated, 3, 4.

10. Initially Parkes referred to himself as an artist in his earlier patents, but later called himself a chemist, Anon., *Chemist and Inventor*, *op. cit.*, 3.

11. R. Friedel, *Men, materials and ideas : A history of Celluloid*, Ph.D. thesis, Ann Arbor, Michigan, The John Hopkins University, 1976. University Microfilms International 1978.

Parkes had no formal scientific training but worked in close collaboration with his younger brother, Henry Parkes, a chemist who had trained with the great German professor, August Wilhelm von Hofmann, at the Royal College of Chemistry[12] in 1849. Parkes acknowledged the debt he owed to his brother in his correspondence[13] : " In ... 1852 ... I gave nearly 5 years of my Extra time to Chemical Experiments assessed by my brother Henry Parkes whose Chemical Knoledg was allwas of great value to me Espethr in Preparing the Nitro Selose "[14].

Parkes used nitric and sulphuric acid to nitrate his " coton ". After mixing these ingredients with vegetable oils and small proportions of organic solvents, he produced a mouldable dough which was heat softened and then pressed into moulds. Other pieces were hand-carved, possibly by Parkes himself, or inlaid with mother-of-pearl and metal wire. Parkes called this material Parkesine and displayed a wide range of Parkesine objects at the 1862 International Exhibition, including combs, billiard balls, pens, buttons, knife handles, paper knives, and gums for dentures[15]. Parkes was awarded a bronze medal for excellence of quality. In 1867 he won a silver medal for his discovery at the Paris Universal Exhibition[16].

FIGURE

Items made of Parkesine, 1855-1868
(Science Museum/Science and Society Picture Library)

12. The Royal College of Chemistry was situated off Hanover Square, fronting Oxford Street. It was later amalgamated with the Royal School of Mines, Hofmann Papers, London, Imperial College Archives. My thanks to Anne Barrett, Imperial College Archivist, for this information.

13. The idiosyncratic spelling is Parkes' own, and may vary even when spelling the same word, for example he spells pyroxylin with and without a final " e ".

14. A. Parkes, *Undated note*, Inverness, c. 1881, London, Plastics Historical Society Archive.

15. An example of a Parkesine denture is in the Science Museum collections. It is badly degraded.

16. These medals are now in the Science Museum collections.

Parkes launched the Parkesine Company Ltd in April, 1866, with a capital of £10,000. Some of this sum was his own money. The provisional committee for the Parkesine Company showed some of his wider links in the engineering and scientific society, namely Henry (later Sir Henry) Bessemer of steel fame, who also exhibited at the 1862 exhibition[17], and George Maule, who had been a student of Professor August von Hofmann between 1847 and 1848[18] and who may well have been linked with Parkes via his brother Henry (also a former Hofmann student). Dr David Leaback has been studying the contacts of Professor Hofmann in some detail and is published elsewhere in these proceedings.

Following initial optimism, the Parkesine Company failed and was liquidated in 1868. Its failure has been blamed on Parkesine's flammability and the use by Parkes of inferior materials to make it. He appears to have become obsessed with producing Parkesine for a shilling a pound. In 1881 he wrote : " the aims of the Company [were] to Produce the Cheapest Possibl NitroSelulus for Parkesine [and] i[t] was quite unnecessary to use the fine Colour or Papers I used at first and only the Cheapest and commercial — materials ... some so low in Price as 1/- ? lbs "[19].

Unfortunately there were complaints that his Parkesine " combs sent out in a few weeks became so wrinkled and contorted as to be useless "[20]. Insufficient seasoning of the Parkesine, a process necessary to allow for any shrinkage before the material was turned into commercial goods, may well have been a contributory factor. The use of inferior cotton-flock also resulted in dirty-looking products.

Daniel Spill

In 1869 Parkes was forced to assign his patents to the liquidators of the Parkesine Company. These patents were initially assigned to the Xylonite Company which was set up in the same year, with Daniel Spill as manager, a man who had formerly been Parkes' Works manager[21]. The products of the Xylonite Company were renamed Xylonite and Ivoride (imitation ivory).

The Xylonite Company produced items made of Xylonite and Ivoride ranging from hand mirrors and fancy combs to knife handles. They are high quality

17. H. Bessemer, *Sir Henry Bessemer : an autobiography*, London, 1905, 234.

18. *Hofmann Papers*, London, Imperial College Archives.

19. A. Parkes, *Undated note*, *op. cit.*

20. E.C. Worden, *Nitro-cellulose Industry*, New York, 1911, 570-571, note 2.

21. Hackney Archives, Assignment of Letters Patent - *Alexander Parkes and Another to the Xylonite Company Ltd*, London, Hackney Archives Department, 23 June 1869, D/B/XYL/14/1 (patent assignment). Xylonite Company, *Xylonite Company Price list*, London, Hackney Archives Department, October 1869, D/B/XYL/2/1. This price list refers to Daniel Spill as manager of the Xylonite company.

goods, showing a high degree or workmanship. Recent Ivoride items and pictorial material which has come into the possession of the Science Museum reveal that Spill himself may have been responsible for some of the original designs, as this material shows him to have been a very capable draughtsman and includes design drawings for decorative Ivoride mirror backs[22]. These products were subjected to hyperbole in the contemporary advertising literature. The 1869 Xylonite Company price list calls Xylonite : “ An excellent substitute for ivory, bone, tortoiseshell, Horn, Hard Woods, Vulcanite etc. — it is not at all affected by chemicals or atmospheric changes, and therefore valuable for shipment to hot climates ”[23].

The last sentence is particularly ironic as today we know that materials based on cellulose nitrate such as Xylonite and Ivoride are very sensitive to heat, a significant factor (together with light) in their degradation over time. In addition Xylonite is highly flammable, although fairly easy to produce. The Xylonite Company met with little success and by 1873 was also in liquidation. One has to admire Daniel Spill at this stage, as he was still prepared to pursue the commercial production of Parkes' material, albeit under another name, for in the same year Parkes' relevant patents were assigned to him[24]. It took Spill another four years of hard work before he gave up. In 1877 a number of relevant patents including Parkes' patent of 1865 (n° 3163) were assigned to the British Xylonite Company who went on to make a success of the product although not without some serious challenges[25].

The Hyatt Brothers

Meanwhile in America, John Wesley Hyatt was also experimenting with cellulose nitrate. The flammability of this material was also proving a problem for him. Hyatt appeared to have been the author of the famous exploding billiard ball story which some take to be apocryphal. Hyatt set up the “ Albany Billiard Ball Company ” and in 1914 he talked about the products of this company saying that : “ ...billiard balls were coated with a film of almost pure gun-cotton. Consequently a lighted cigar applied would at once result in a serious flame and occasionally the violent contact of the balls would produce a mild explosion like a percussion guncap ”[26].

22. This material was brought to the Science Museum by Daniel Spill's great grandson, Roger Frith.

23. Xylonite *Company Price list*, Hackney Archives, *op. cit.*

24. Hackney Archives, Assignment of Letters Patent - *The Liquidation of the Xylonite Co. Ltd and the said Company to Mr Daniel Spill*, Hackney Archives Department, 8 December, 1873, D/X/XYL/14/2.

25. Hackney Archives, Assignment of English Patents - *Daniel Spill to the British Xylonite Co.*, Hackney Archives Department, 11 Dec. 1877, D/B/XYL//14/4.

26. J.W. Hyatt, “ Address of Acceptance ” (of the Perkin Medal), *Journal of Industrial and Engineering Chemistry*, 6 (1914), 158-161.

He also mentioned a letter he received from : " a billiard saloon proprietor mentioning this fact and saying that he did not care so much about it but that instantly every man in the room pulled a gun "[27].

It was clear that a more stable product was needed. In 1870 Hyatt patented the use of camphor as an excellent solvent and plasticiser for cellulose nitrate. He also called his product celluloid, coining the term which has now become the generic name for products based on cellulose nitrate. In 1870 the Hyatt brothers also set up the " Albany Dental Plate Company ". By 1872 the company name had changed to the " Celluloid Manufacturing Company "[28]. Unlike Parkes or Spill, his company became a roaring success, producing a range of cheap popular goods, and in particular combs, collars and cuffs. It is notable that his company was backed up by a vigorous advertising campaign, notably in the form of attractively coloured cards which usually had a comic but effective advertising message[29].

In addition to good advertising, Hyatt collaborated with an engineer, Charles Burroughs, the founder of the Burroughs Company, to produce a range of machinery suitable for Celluloid production. Burroughs designed specialised tools and machinery for this purpose. His " stuffing machine " produced celluloid " in the form of a bar, sheet or stick " which was then machine finished[30]. This machine was the direct predecessor of the modern injection moulding machine, the method by which the majority of plastics is produced today. Other machines developed by Burroughs include the compression sheet moulding press and the hydraulic planer which sliced celluloid slugs into thin sheets, and " Burroughs Blowing Press ". The last was an early example of blow-moulding, once again a very important plastics moulding process in widespread use today.

The Hyatt brothers laid no claim to inventing nitro-cellulose which they now called Celluloid. In 1885 John Hyatt stated that : " We are aware that pyroxyline has heretofore [been] subjected to the action of spirits of camphor or other solvents, and do not... broadly claim such process, but to our best belief and knowledge no successful means or apparatus have until now been devised to accomplish satisfactory results in economically, uniformly, and thoroughly mixing the materials "[31].

Hyatt's contribution to the history of Celluloid was his refinement of the production methods used to make a material which Parkes had invented. Hyatt

27. Hyatt, " Address of Acceptance ", *op. cit.*, 158-161.

28. M. Kaufman, , *The First Century of Plastics - Celluloid and its Sequel*, *op. cit.*, 37 ff.

29. Robert Friedel has explored the Celluloid Manufacturing Company's advertising strategy in some detail, as well as highlighting some of its more unattractive aspects. R. Friedel, *Pioneer Plastic : The Making and Selling of Celluloid*, Wisconsin, 1983.

30. US Patent 133, 229, 1872.

31. J.W. Hyatt, J. Everding, *Process of making solid compounds from soluble Nitro-cellulose*, US Patent 326,119, September 15, 1885.

devised a number of ways to impregnate the nitro-cellulose with camphor and patented the use of camphor, stating that[32] : " The principal feature of the process ... consists in employing camphor gum as a solvent of pyroxylin pulp ". He then matched his technical achievements with excellent marketing of his product.

The Camphor Question

Much of the debate concerning the early history of celluloid (also known as Parkesine) revolves around the question of whether Parkes recognised the value of camphor as a solvent as well as a plasticiser for cellulosic plastics. The documentary and artefactual evidence supports the view that he did.

Some samples of Parkesine from the Science Museum Collections[33] and dated to 1855-1868, have been analysed and found[34] to contain very high proportions of camphor. As early as 1865 Parkes mentioned in a lecture to the Royal Society of Arts that he had made : " Another important improvement in the manufacture of parkesine is the employment of camphor which exercises an advantageous influence on the dissolved pyroxyline, and renders it possible to make sheets ... with greater facility and more uniform texture, as it controls the contractile properties of the dissolved pyroxyline ; camphor is used in varying proportions according to requirement, from 2 % to 20 % "[35].

In a litigation case that Spill brought against the Hyatts for infringement of his patents relating to Xylonite, Parkes acted as a witness for the Hyatts. In his sworn evidence given before a US commissioner in 1878 Parkes stated : " It is true that I used alcohol and camphor at that early date [1853] ... I was the first to discover the fact that alcohol alone was a solvent of nitro-cellulose and I published that fact in my patent of the year 1855 and I also soon after discovered the fact that camphor alone was a solvent of nitro-cellulose "[36].

This evidence was given under oath, and there is no reason to disbelieve Parkes. His character appears to have been moral, and not greedy or overly self-seeking. Evidence of this is given by his refusal, at his wife's request[37], to reveal the potentially lucrative secret of a powerful explosive to the British Government. He also declined foreign offers for his explosive invention, revealing his patriotism. This is despite the fact that he was not a wealthy man

32. J.W. & I.S. Hyatt, US Patent 133,229, November 19, 1872.

33. By Dr Gretchen Shearer, formerly of the Institute of Archaeology, London.

34. Personal communication by Dr. Gretchen Shearer at the University of Edinburgh & SSC Conference, *Organic Materials*, Edinburgh, 1988.

35. A. Parkes, " On the properties of Parkesine and its Application to the Arts and manufactures ", *Journal of the Society of Arts*, 14 (22 December 1865), 83.

36. R. Friedel, *Men, materials and ideas : A history of Celluloid, op. cit.*, 27 ff.

37. J.N. Goldsmith, *Alexander Parkes, Parkesine, Xylonite and Celluloid*, 1934, 37. Bound Manuscript, Science Museum Library and Birmingham Reference Library.

and had to support a wife and twenty (living) children. He appears to have lived of the royalties of his many patents and died leaving only £66-10s, a sum insufficient even to allow his wife, Mary Ann, to inherit the one hundred pounds he had bequeathed to her in his will. In 1881, Parkes commented : " in one of my patents of 1864 and one of 1865 I claimed the use of Camphor for certain advantages, and my use of Camphor was largely Employed in England years before D. Spills Patent of December 31-1868 or before the Brother Hyatt's Patents were granted [i]n America... "[38].

Two patents assignments of 1869 and 1873 reveal that he was legally bound to do nothing with his invention of Parkesine after 1869 until his patents had run out. If he made any related discoveries these would have to be communicated to the Xylonite Company. In the 1869 assignment Parkes assigned five of his nitro-cellulose/pyroxylin/Parkesine patents to the Xylonite Company, and undertook not to work or trade in this area for the duration of his patents, given as fourteen years[39]. In 1881 Parkes noted that : " After the Parkesine Company closed ... a new company was formed called the Xylonite company, of which company D. Spill (late works manager of the Parkesine company) was one, and the original name Parkesine was suppressed and the name Xylodine was given to the same substance "[40].

Eventually Spill assigned various patent rights to the British Xylonite Company in 1877[41].

It has been thought that Parkes stopped working on cellulose nitrate after the failure of the Parkesine Company in 1868. However, his unpublished diaries and letters in the possession of the Plastics Historical Society show that he returned to the problem of nitrating cellulose in 1881. By now he was referring to the substance as celluloid. Parkes was by now in his 68th year but was still enthusiastic enough about this material to set up the London Celluloid Company. He was now in a position to do this since his old patents had all expired. In 1881 he states : " Since my old patents have all expired I have made great improvements in Cellulose and Celluloid and especially in preventing the rapid combustion of Cellulose substance and Nitro-Cellulose such as Xylonite or Celluloid. My new inventions enable me to make an uninflammable Cellulos

38. A. Parkes, *Sutton Coldfield*, March 7th 1881, London, Plastics Historical Society Archive, Paper Number 1.

39. Hackney Archive, Assignment of Letters Patent, *Alexander Parkes Esq & Another to the Xylonite Co. Ltd.*, Hackney Archive Department, 23 June 1869, D/B/XYL/14/1, and *The Liquidation of the Xylonite Co. Ltd & the said Company to Mr Daniel Spill*, Hackney Archive Department, 8 December 1873, D/B/XYL/14/2. The latter document reveals that Spill took over Parkes's patents after the liquidation of the Xylonite Company in 1873.

40. A. Parkes, *Sutton Coldfield, op. cit.*

41. Hackney Archives, Assignment of English Patents, *Daniel Spill to the British Xylonite Co.*, Hackney Archives Department, 11 December 1877, D/B/XYL/14/4. The patents assigned were : A. Parkes' n° 3163 patent (8/12/1865) ; D. Spill's n° 3984 (31/12/1868) and n° 1739 (11/5/1875) ; L.O. Thayer's n° 2513 (13/7/1875).

or Celluloid and will cause this beautiful substance to be imployed in a much larger manufacture than before this time, and give greater confidence in the Artisans employed in the manufacture of articles of Celluloid and to the public all over the World "[42].

He shows his brother, Henry's, continuing interest in the topic by going on to say : " My brother Henry Parkes has also taken two patents recently for improvement in Celluloid and a company is now formed and was registered on the 26th of Feby 1881 under the name of the London Celluloid Company … which will be established at Crayford in Kent where every variety of articles will be manufactured of uninflammable Cellulose and Celluloid "[43].

Sadly, the enthusiasm was misplaced as the London Celluloid Company quickly folded[44].

Who did invent Celluloid ?

John Wesley Hyatt patented the use of camphor in the production of celluloid. He also worked out various ingenious mechanical methods of producing celluloid both efficiently and economically. His greatest contribution was marketing his product very effectively, concentrating on the production of cheap and popular goods such as combs, collars and cuffs. Daniel Spill did not invent celluloid but worked with Parkes' invention. He renamed it to make it appear more his own.

So what was Alexander Parkes' role in the invention of celluloid ? He refers to the use of camphor as a solvent in a 1865 patent[45]. He wrote and gave sworn evidence that he recognised the importance of camphor as a solvent of celluloid as early as 1853. Until he found his own invention was being claimed by others, he did not think it necessary to labour the point. Towards the end of his life his somewhat agonised correspondence indicates that he felt his own contribution to the invention of celluloid was unrecognised. On March 7, 1881 he signed a letter[46] to a journalist, Mr G. Lindsey of Birmingham, which stated : " In answer to the American Inquiry " Who Invented Celluloid " I have put together a brief history of my various patents for the invention of Parkesine, Xylonite, or Celluloid for they are all the same. I do wish the World to know who the inventor really was, for it is a poor reward after all I have done to be denied the merit of the invention… ".

The mourning card at his funeral declared that : " All his labours were to benefit mankind and to do good to all "[47].

42. A. Parkes, *Note*, London, Plastics Historical Society Archive, E10, 3.
43. A. Parkes, *Note, op. cit.*
44. J.N. Goldsmith, *Alexander Parkes, Parkesine, Xylonite and Celluloid, op. cit.*, 54.
45. British Patent 1313, 11 May, 1865.
46. Only the signature is in Parkes' handwriting, so presumably he dictated the letter.
47. *Mourning card*, London, Plastics Historical Society Archive.

CELLULOID AND OTHER INDUSTRIES

This account would not complete without touching on the influence of Alexander Parkes' invention on one particular industry : that of celluloid and the development of film.

As early as 1856, Parkes took out a provisional patent for substituting his new material (Parkesine) for the heavy glass negative plates currently in use, although it was never issued[48]. The Science Museum collections contain samples of transparent Parkesine films.

In 1870, Spill lectured to the London Photographic Society and mentioned that he hoped that he would one day be able to produce from Xylonite " a flexible and structureless substitute for the glass negative supports "[49]. Celluloid was to become the subject of study of various photographers in Britain (Colonel J. Waterhouse) and France (David & Fortier). The British efforts met with little success, as the British Xylonite Company were unable to produce a material which was thin and transparent enough. The Hyatt brothers in America were able to achieve this and they continued to produce celluloid in different forms and sold licences to other companies to turn their material into marketable goods, including film[50].

A Sheffield man, John Carbutt, who had emigrated to America, experimented with materials from the Celluloid Manufacturing Company from about 1884. By 1888 he announced to the Franklin Institute that it was only now that " it has been produced uniform in thickness and finish and I am now using at my factory large quantities of sheet celluloid 100th of an inch in thickness, coated with the same emulsion as on glass, forming flexible negative films ". Carbutt had already put this product onto the market and this was the first commercial photographic use of celluloid as a substitute for glass. Carbutt's celluloid film, was advertised on page 845 of *The British Journal Photographic Almanac* in 1889[51].

The next challenge was the development of thin flexible transparent celluloid. Its successful development was the result of work by John H. Stevens, George Eastman and Hannibal Goodwin (whose contribution was only recognised a decade after his death)[52].

48. British Patent 1123, never issued. I am grateful to Deac Rossell for drawing my attention to this patent application. This is also mentioned in his forthcoming book : *Living Pictures : The Origins of the Movies*, typescript, 46.

49. D. Spill, *British Journal of Photography*, 17 (1870), 603.

50. C. Harding, " Celluloid and Photography ", *Plastiquarian*, 15 (1995/96), 15 ff.

51. C. Harding, , " Celluloid and Photography ", *Plastiquarian*, 15 (1995/96), *op. cit.*, 16 ff.

52. C. Harding, " Celluloid and Photography Part Two ", *Plastiquarian*, 16 (1996), 6-8. " Celluloid and Photography Part Three ", *Plastiquarian*, 17 (1996), 10-12.

Celluloid film was to remain the mainstay of the film business until the 1940s, although cellulose acetate safety film was available from 1910[53]. So although celluloid objects are now a rare occurrence, confined mainly to table-tennis balls, mortars and pearlised coverings for popstars' drum kits, the legacy of celluloid is the film business, often simply referred to as the Celluloid Industry.

CONCLUSION

In conclusion it is worth commenting on the recent gallery on materials science which opened at the Science Museum, in May, 1997, called Challenge of Materials. My academic research into the history of plastics has been object based, complemented by written evidence when it was available. In the process of researching for the gallery and choosing objects for display across the whole range of materials science, not just plastics, it was striking to see the range of different materials associated with what one might call the renaissance scientists or polymaths of the nineteenth century. Notable is Michael Faraday, who, apart from his work on electricity and magnetism, recognised the potential of gutta percha as an electrical insulator as early as 1848[54]. He also did research work of note on glass and metals, in particular specialist steels. His circle of correspondents provided the essential link which enabled Alexander Parkes to learn about cellulose nitrate.

Parkes himself had an enormous range of research interests, turning his hand to a range of materials and managing to obtain successful results, whether it be in the fields of Parkesine, India rubber, rubber, lead or electrometallurgy among others. This was a period when it was possible for an individual to work successfully with a range of materials. This range may perhaps have given a breadth of vision which was beneficial to the development of new materials in the nineteenth century. Today it would be almost impossible for an individual to cover a similar range. However, the multi-disciplinary teams which are becoming more common today in the field of materials science, particularly in the fields of biomimetics and the so-called smart materials, are able to bring a broad-based approach to tackling materials' problems which, it is hoped, will lead to the development of an exciting and diverse range of new materials.

53. Developed by the Dreyfus brothers. Used by amateurs as early as the 1930s, it was not adopted by the film industry until later. I am grateful to my colleague, John Ward, for this information.

54. R.H. Chambers, " The Gutta Percha Story ", *Plastiquarian*, 18 (1996), 3.

The origins of the Plastic Industry in Portugal

Maria Elvira Calapés

The industry of plastic materials' transforming and of producing synthetic resins in Portugal dates back to the 1930s, when the country was living under the rule of the *Estado Novo*, Salazar's fascist dictatorship[1]. The plastic industry was launched precisely at the beginning of the Portuguese process of industrialisation, which was advocated by certain sectors of the political regime, but met with opposition in its more conservative factions. The industrial policy adopted by Salazar's government was based on the regime of " Industrial Constraint " (*Condicionamento Industrial*). This regime, informally implemented in 1926, before the world economic crisis of 1929-1935, was legally enforced in 1931[2]. Its purpose was that of reorganising and regulating Portuguese industry. Initially, this law had a provisional character but, in 1937, it became permanent in a slightly altered form[3]. According to the regime of industrial constraint the establishment of any new industry and its location, the enlargement of industrial premises, the acquisition or replacement of equipment and machinery and the trade with industrial goods had to be sanctioned by the central government. This policy that allegedly aimed at protecting Portuguese industry, had unintended consequences, because only well-established industrialists with good connections were protected from their competitors. Those who intended to start their business, had to battle through a harsh bureaucracy, often without success.

At the same time, another instrument of the economic policy of the *Estado Novo*, which had a major impact upon the plastic industry, was the emergence of corporationism, which materialised in various associations of entrepreneurs. This form of organisation aimed at protecting the interests of each industrial

1. Salazar's dictatorship lasted from 1932 to 1968 and was continued by his successor, Marcelo Caetano, until the Revolution of 1974.

2. Decreto n° 19 354, 3 January 1931. See also J.M.B. Brito, *A Industrialização Portuguesa no Pós-Guerra (1948-1965) - O Condicionamento Industrial*, Lisbon, 1989, 112.

3. Decreto n° 27 994, *Diário do Governo*, n° 19, 1ª série, 26 August 1937.

sector, but usually it only secured the interests of the more influential. The industrialists of plastics also took part in this movement by associating in a patronal organisation, called Association of the Industrialists of Composition and Transformation of Plastic Materials (*Grémio dos Industriais de Composição e Transformação de Matérias Plásticas*)[4].

Portuguese plastic industry developed in this context and its emergence is associated with two direct causes : on the one hand, plastic was increasingly required by the electrical industry, and on the other it was necessary to respond to the basic needs of the population arising from a political measure that forbade people to enter towns and villages on barefooted. Two companies closely associated with the response to these needs pioneered the transformation and manufacture of plastics in Portugal : the Industrial Company for the Manufacture of Electrical Material - SIPE (*Sociedade Industrial de Produtos Eléctricos*) and the firm Nobre & Silva.

THE INDUSTRIAL COMPANY FOR THE MANUFACTURE OF ELECTRICAL MATERIAL - SIPE

SIPE was founded in 1935, at Dafundo, Lisbon, by João C.B. Corsino[5]. He is considered the industrialist who first introduced the manufacture of small plastic electrical apparatus in Portugal in a period of negligible industrialisation. His factory initiated the manufacture of plastic materials, in particular of bakelite, which replaced porcelain in the construction of electrical devices.

This plant did not exclusively depend on the importation of raw materials, because plastics were actually synthesised in its premises. However, like many other similar foreign companies, SIPE did import various raw materials such as phenic acid, urea and urotropine, especially from Britain[6]. With the exception of metallic oxides, which were manufactured in the country, it also imported anilines to impart various colours to bakelite. On the whole, SIPE manufactured bakelite, prepared powders for moulding, and manufactured by moulding low tension electrical devices and other goods for current use. The manufacture of bakelite thus became part of a group of new industries launched in Portugal in the 1930s, which are considered typical of the second industrial revolution as shown in table.

4. This organisation was suppressed in 1974, following the April Revolution, and was replaced by the Portuguese Association of Plastics Industry (*Associação Portuguesa de Indústria de Plásticos*).

5. J. Marques Henriques, " Indústria de Matérias Plásticas ", *II Congresso da Indústria Portuguesa*, Relatório 5.7, AIP, Lisbon, 1957, 4. See also, " A SIPE e a sua fábrica na vanguarda europeia - Dos mais acreditados produtores da pequena aparelhagem eléctrica ", *Indústria Portugesa*, n° 40, 471 (1967), 312 and *Diário do Governo*, n° 7, III série, January 1959.

6. " O fabrico da Baquelite em Portugal ", *O Jornal do Comércio e das Colónias*, (7 January, 1939), 4.

The creation of SIPE had great economic impact on the electrical industry, given the advantages of bakelite over porcelain, which until then had been the material generally used in the electrical industry. In particular it allowed the production of goods at lower costs. In the context of the national Portuguese industry of the time, SIPE soon acquired a leading position. From a small, improvised and inadequate workshop located in the ground level of a rented building[7], it was converted into a major enterprise manufacturing small electrical devices. It was the first industry of its kind ever to be set up not only in Portugal, but also on the Iberian Peninsula[8].

According to Corsino, government bureaucracy took nine years to grant permission to introduce this industry in the country[9]. Had that happened earlier, the Portuguese plastic industry would have started at the same time as in more developed countries. However, in the three years that followed its foundation, SIPE was already manufacturing materials whose quality and prices were similar to those of its foreign counterparts. In Corsino's opinion Portugal lacked adequate legislation to protect national industry from foreign competitors because, despite the quality of national production, lower quality materials were being imported. In his own words, " National manufacture does not have to be ashamed when confronted with other countries. Often it has a higher quality and more competitive prices, especially when compared to those low prices at which the Germans and others export to our country. They sell what a strict legislation forbids to be sold in their own country[10] ".

Thus, the pioneer of Portuguese plastic industry endorsed the view that national manufacture should be intensified and importation reduced or even forbidden. The nationalistic and protectionist measures advocated by Corsino, in particular in relation to the young plastic industry, coincided with the political propaganda promoting national industry that was being disseminated in newspapers and magazines.

However, the state's protectionist policies did not apply equally to all industries, especially not to those recently established. As the historian Fernando Rosas[11] pointed out, for long time there were strong interests linked to either the importation of foreign goods or to foreign companies established in Portugal. The fight against those interests was extremely difficult. The lack of protectionism from the government, of which Corsino complained, is also explained by its ignorance and mistrust about the economic potential of a

7. " A SIPE e a sua fábrica na vanguarda europeia - Dos mais acreditados produtores da pequena aparelhagem eléctrica ", *op. cit.* (fn. 5), 312.

8. " J.B. Corsino, Lda. - A fábrica montada pelo pioneiro em Portugal da pequena aparelhagem em matéria plástica ", *Indústria Portuguesa*, 471 (May 1967), 301.

9. " O fabrico da Baquelite em Portugal ", *op. cit.* (fn. 6), 8.

10. " O fabrico da Baquelite em Portugal ", *op. cit.* (fn. 6). This and subsequent quotations were all translated by the author.

11. F. Rosas, *O Estado Novo nos Anos 30 (1928-1938)*, Lisbon, 1996, 127.

national plastic industry. Moreover, at the time, little was known about local industrial initiatives, and so a new industry as plastics was hardly encouraged or publicised throughout the country. The press only cared to promote new products that the public thought of as being manufactured abroad[12].

THE FIRM NOBRE & SILVA

Apart from the requirements of the Portuguese electrical industry, basic needs of the population had to be satisfied. At the very origin of Portuguese plastic industry is also a legal imposition which required the population to wear some sort of shoes. The story began in the region of Leiria, a town located on the coastline of central Portugal. Large extensions of sand and pine forests characterised its surroundings. The population lived in the farmlands in the same way they lived the seaside and, in view of their habits and financial hardship, there were no arguments that could persuade people to wear shoes[13]. In the 1930s, Portugal was essentially an agricultural country, and even those who managed to find employment in factories had such a low income that " it was hardly enough to eat and what was left from the low salary was saved to the last farthing to pay the house rent. Clothes were used until they fell apart and throughout the week workers wore denim dungarees and sandals, and children were barefooted "[14].

Rural populations without land or money desperately attempted at escaping poverty by addressing town mayors, begging for bread and work. In order to sustain this movement, local council edicts were issued, forbidding the population to walk into towns barefooted. This operation, promoted by the regime, came to be known as the " barefoot campaign ". It began in Leiria, but later extended to the whole country and lasted for many years. The " barefoot campaign " created problems for the government. It exposed an impoverished population, contradicting the official rhetoric which was centred in the Secretariat for Official Propaganda, created in 1933, whose task was that of " transforming farm work, the rural family, the Portuguese home, and that world of poor villages, where a soup and a piece of bread were, nevertheless, available, into a support and a symbol of social harmony, national virtue and of stability of the political regime "[15].

12. A good example is the Portuguese Industrial Exhibition of 1932, during which a large public had the opportunity of seeing a great number of new commodities which were assumed as being imported. See J.N. Ferreira Dias Júnior, *Linha de Rumo - Notas de Economia Portuguesa*, Lisbon, 1945, 231.

13. J. H. Saraiva, " Leiria minha Leiria ", *O Tempo e a Alma : itinerário Português*, (Viagens), vol. I, Lisbon, 1986, 140, 2 vols.

14. F. Rosas, " O Estado Novo (1926-1974) ", in José Mattoso (ed.), *História de Portugal*, vol. VII, Lisbon, 1994, 95-96, 8 vols.

15. F. Rosas, *op. cit.* (fn. 14), 53.

However, by 1927, the immediate practical response to the " barefoot " problem came from private initiative. José Nobre Marques and José Lúcio da Silva, two bank employees who foresaw a profitable business in the massive manufacture of cheap rubber-based sandals, founded the firm " Nobre & Silva ", in Leiria[16]. In the next year, the local newspaper, *O Mensageiro*[17], publicised the fine quality of its products and the technology used by this firm. It began as a modest workshop, where employers worked in their spare time, but was soon upgraded by applying new technologies, copied by its owners from a similar factory operating in Mahon (Spain)[18].

This industry had been created to serve the needs of a largely low income population and was considered by the Portuguese Industrial Association as having an almost charitable function. In its words this was a " congenial and nice industry deserving protection from both the public and the government "[19]. This idea emphasises the protection against possible foreign competitors which the Portuguese industrialists of the time so emphatically required from the government. They were to see their expectations fulfilled when the government implemented the regime of Industrial Constraint. In particular, the owners of Nobre & Silva expressed their satisfaction with this law as follows : " In the future, the regime of Industrial Constraint will bring great benefits by preventing the establishment of new factories without official permission. Moreover, it allows existing industrialists to keep up prices, thereby putting an end to the dangerous crisis that affects this industry "[20].

From 1931 onwards Nobre & Silva expanded and diversified its manufactures. The technology associated with the transformation of natural rubber and the creation of a market for these goods made the transition to the manufacture of plastics easy. Soon after, this firm became one of the leading Portuguese industries in the field of plastics.

In 1931, the owners of Nobre & Silva established a new factory in the suburbs of Lisbon, which was called Rubber Industrial Company (Sociedade Industrial de Borracha) - BIS only manufactured rubber boards, but the manufacture of vulcanised shoes, pipes, foams, latex goods and plastic sandals followed.

However, since the 1930s that an anti-industrial mentality continued to permeate the country, thereby reducing Portugal's ability to strengthen its economy internationally. The transfer of Nobre & Silva from Leiria to Venda Nova

16. Information given by the local newspaper *O Mensageiro* (11 February, 1928), 2 and the manager of Nobre & Silva between 1960 and 1985. See also *Diário da Republica*, n° 135 , III série (9 June 1953).

17. *O Mensageiro* (1 April, 1928), 8.

18. " Alpergatas ", *Indústria Portuguesa*, 43 (1931), 31.

19. *Ibidem*.

20. *Ibidem*.

in 1945 denotes the ongoing resistance to industrialisation expressed not only by parts of the government, but also by local administrations. Following disagreements with Leiria Local Council, Nobre & Silva decided to change its location. The dispute arose when the firm requested the local council, which supplied electricity to the region, to reduce the price of Kilowatts. The council refused, because " if one wants luxury, one must pay for it ", and because it considered industrialists as " something exotic, coming from America "[21]. Instead of promoting the development of industry which entrepreneurs perceived as a factor of economic growth, local authorities were clearly unable to foresee the benefits of a local industry as a source of employment.

At Venda Nova, where much industry concentrated during the 1940s, Nobre & Silva was part of the first generation of industrial entrepreneurs[22]. This company, whose first plastic manufacture were bakelite stoppers, extended its production to encompass other plastic commodities geared to the consumer. It specialised in the processes of injection, extrusion, inflation, compression and rolling. From then onwards Nobre & Silva's manufactures covered a wide range : domestic commodities and toys ; industrial goods, containers for medical purposes, packages, plastics for agriculture, pipes, materials for the electrical industry, telecommunications and building industry ; and rolling of polyethylene on paper and canvas. Although in 1942 it had requested permission from the government to manufacture synthetic resins in order to replace raw materials imported from Spain and the USA. It never came to manufacture them, however, although permission was granted in 1943.

The Development of the Portuguese Plastics Industry

The introduction of plastic industry in the country in the 1930s corresponds to a period, in which plastics were still a novelty for consumers. In addition to SIPE and Nobre & Silva, the first factories were mainly family workshops producing especially celluloid toys and flowers. Motivated by curiosity, the public responded well to these novelties, as is expressed by the following case : " An entrepreneur brought the idea from abroad of manufacturing plastic hens delivering plastic eggs. The next Christmas he sold fifty thousand toys "[23].

Competition continued to grow, often coloured by the Fátima Portuguese popular culture, as testified by the story which occurred in Fátima, a town possessing a sanctuary which attracts thousands of pilgrims every year, constituting a wide market for religious items many of which made of plastic. In the 1940s, an alleged devotee of Our Lady of Fátima[24] engaged in the manufacture

21. J.H. Saraiva, *op. cit.* (fn. 13), 141.

22. J. Custódio (ed.), *Recenseamento e Estudo Sumário do Parque Industrial da Venda Nova*, Amadora, 1996, 29.

23. J.H. Saraiva, *op. cit.* (fn. 13), 141.

24. F. Costa (Director of BIS in 1957), interview given to Elvira Calapés, 23 May 1997.

of plastic rosaries by establishing a small workshop near the local cemetery, where he and his family manufactured these items. He was highly successful, but when a competitor intruded his business, he threatened " If you interfere with my business I will stop selling string of beads by the hundred and I will sell them by measures for grain "[25].

This retaliation was never carried out because the market for plastics flourished. Throughout the 1930s permissions concerning either the establishment of new factories or the enlargement of those already in existence grew. Yet, the response from the State did not correspond to the industrialists' expectations. The number of permissions issued is small in comparison with the permissions to enlarge existing plants, which denotes a protectionist policy favouring industries already established. Bureaucracy was extremely cumbersome and those industrialists initiating their activities complained that their requests took months and even years before the government dealt with them[26]. As a rule, only powerful entrepreneurs increased their industrial capability, sometimes by fraudulent means[27].

However, despite the economic policies implemented by the Estado Novo and the constraints to the normal dynamics of technological innovation and of markets for new commodities, the prospects of plastics industry in Portugal improved during the next decades. During and after World War II, Portugal saw a great development in the manufacture of plastic items that replaced traditional materials. The number of factories increased from two in 1936, to 36 in 1953, and to 180 in 1965[28]. These industries supplied only the national market, exportation being almost negligible. No Portuguese inventions mark this process, as national industry was mainly interested in the transformation of plastic materials, rather than in their production. However, there was an evident effort to keep pace with the progress made in this sector by foreign industry, whose technologies were then imported by national industrialists.

25. J.H. Saraiva, *op. cit.* (fn. 13), 141.

26. See J.M.B. Brito, *op. cit.* (fn. 2), 120.

27. F. Rosas, *op. cit.* (fn. 11), 207.

28. *Bulletins of General Council for Industry (Direcção Geral da Indústria), 1937-1954*, Statistics of National Institute of Statistics (*Instituto Nacional de Estatística*).

TABLE 1. NEW INDUSTRIES LAUNCHED IN PORTUGAL DURING THE 1930S

Years	Industries	Companies
1933	Fibrocement	Lusalite
	Lamps and electrical engines	ENAE
1936	Electrical batteries	Tudor
	Bakelite	SIPE
	Mechanical manufacture of glass	Covina
1938	Oil refining	SACOR
1939	Amide	Amidex
	Hydrochloric Acid and Sodium Silicate	Soda Póvoa
	Steel in electrical furnace	CUF
	Bicycles	Vilarinho e Moura
1940	Iron and concrete in rotative furnace	Cimentos Tejo

Source : F. Rosas, *O Estado Novo nos Anos 30 (1928-1938)* (Histórias de Portugal), 2nd ed. Lisbon, 1996, 247 .

This research has been supervised by Dr. Paulina Mata, Dr. Ana Carneiro and Prof. Antonio Manuel Nunes dos Santos.

Fox Hunt : Materials Selection and Production Problems of the Edison Battery (1900-1910)

Gijs Mom

Up to now the history of the alkaline battery has only been partly researched and we therefore have only a rather one-sided view of the development of this energy source[1]. There are two reasons for this.

First, only the American side of the story is quite well known, as this forms part of the Thomas A. Edison heritage, which is very well documented in the excellent archives of the Edison National Historic Site (ENHS) in West Orange, New Jersey.

Second, because of this emphasis on the alkaline battery as part of the Edison heritage, this invention has been analyzed within the framework of the other electrotechnical accomplishments of the Wizard of Menlo Park, instead of as a part of the history of automotive technology, for which it undoubtedly was intended.

It is, therefore, not a coincidence that for many historians of technology the alkaline battery is identical with the Edison battery. This means that the European part of the story (especially the role of the Swede Waldemar Jungner and the role of the German battery manufacturers) has always been in the shadow of this mainly American history.

Apart from this argument that the alkaline battery history is not " complete " and one-sided, there is a second argument why this history deserves new research. For at least half a century, most biographers of Edison have based their story on the two volumes of Frank Lewis Dyer and Thomas Commerford Martin *Edison ; his life and inventions*, authorized by the old man himself[2].

This means that, until long after his death in 1931, Edison orchestrated even his own heritage. This is the more serious in the case of the storage battery,

1. For an expanded version of this contribution, see : G. Mom, " Inventing the miracle battery ; Thomas Edison and the electric vehicle ", *History of Technology* (forthcoming).

2. F.L. Dyer, T.C. Martin, *Edison : his life and inventions*, New York, London, 1910, 2 vols.

because at the time of completing the book of Dyer and Martin (1910), Edison's struggle to market his last big invention was not yet over and the pages dedicated to this subject are clearly written under the impression of the enormous difficulties in reaching this goal. Furthermore, as has been made perfectly clear by the short, but brilliant analysis of Edison's work on the alkaline battery by Richard H. Schallenberg, this part of Edison's biography has been " falsified a little " (as Schallenberg euphemistically put it) by one of the two authors, Frank L. Dyer, who was Edison's patent attorney. Schallenberg clearly demonstrates that the downplaying of the role of Waldemar Jungner, Edison's big adversary during the first decade of this history, was continued in his first biography : he calls this biography " a rather clever piece of public relations work "[3]. Although the image of the " Yankee inventor ", finding his way through thousands of possible solutions, was corrected by the work of Richard Schallenberg and W. Bernard Carlson[4], the European part of the story still remains unclear[5]. This is all the more painful because, as we know from hindsight, it was the Jungner nickel cadmium version and not the Edison nickel iron version which came to dominate the alkaline battery history after World War I, and it was the European development during the inter-war years, which was responsible for this dominance.

The reappraisal of this part of battery history as part of the history of automotive technology is only at the beginning. This contribution, therefore, can only very crudely give some indication of which direction this reappraisal should take. In order to do this, I will have to introduce two new concepts, one which enables me to describe incremental, evolutionary changes in the history of technology (the so called " Pluto effect ") and the other one developed on the basis of a study of the early car history (the petrol car as an " adventure machine ")[6]. For brevity reasons these concepts will be explained later at the place, where they will be introduced in full. Suffice it to say here that the metaphor of the petrol car as an " adventure machine " will help to explain the efforts of some electric car manufacturers in Europe and the United States, to develop an electric alternative to this adventure machine and to try to establish what has been called " electrotourism ". Within this context the struggle for what I have called the " miracle battery " played a pivotal role in this develop-

3. R. Schallenberg, " The Alkaline Storage Battery : A Case Study in Edisonian Method ", *Synthesis*, 1 (1972) 3-13, here 10.

4. W.B. Carlson, " Thomas Edison as a Manager of R&D : The Case of the Alkaline Storage Battery, 1898-1915 ", *IEEE Technology and Society Magazine* (December 1988), 4-12.

5. In fact, the only sources for this story up to now are a not so easily accessible Swedish source and the historical introduction to an alkaline battery handbook. S.A. Hansson, " Waldemar Junguer och Junguerackumulatoren ", *Daedalus, Tekniska Museets Arsbok* (1963) 78-91 ; S.U. Falk, A.J. Salkind, *Alkaline storage batteries*, New York, London, Sydney, Toronto, 1969.

6. G. Mom, *Geschiedenis van de Auto van Morgen ; cultuur en techniek van de elektrische auto*, Deventer, 1997.

ment. In my opinion, it is in this context that the development of the Edison battery should be viewed.

Nowadays a consensus exists among historians of technology as to the phasing and main events of the development of the Edison's battery[7]. The story more or less reads as follows : only two months after the Swedish inventor Waldemar Jungner filed his patent on a nickel iron or nickel cadmium battery in January 1901, Edison took a patent on a comparable combination of nickel iron or cobalt iron[8]. Both inventors had worked in a tradition of research into a battery with an electrolyte that would not change its composition during charging and discharging, *i.e.* that would only function as a conductor of hydrogen and oxygen ions without taking part in the chemical process itself. Edison developed such a cell for his phonograph, whereas Jungner took an interest in the alkaline cell because of his work on fire alarms.

It took Jungner about four years and Edison two years to more or less definitely select the electrode combinations mentioned[9]. Schallenberg has shown, though, that Edison's actual fox hunt only took three or four months, from late December 1900 to the beginning of March, when he filed his basic nickel-iron and cobalt-iron patents[10].

After establishing the electrode combination, Edison began developing methods to produce the active materials as pure as possible and to device a grid for containing these very pure powders of metal. As was his habit, Edison mounted his first press campaign around his new battery in 1901, well before his battery was ready for production. When, in January 1903, he entered his " type E " battery into full scale production, a fierce patent struggle with the Jungner interests began, accompanied by a second " media blitz ".

After a year and one-half, in November 1904, when about 14.000 cells had been produced, two technical problems forced Edison to stop production and take the already sold cells from the market. The first problem — the steel occasionally solded when being attacked by the electrolyte — was solved within a few weeks. The second problem was much more serious and revealed itself by a sudden drop in cell capacity. It took Edison another five years to solve this problem, which was caused by the swelling and shrinking of the nickel powder

7. R.H. Schallenberg, *Bottled energy : electrical engineering and the evolution of chemical energy storage*, Philadelphia, 1982 ; W.B. Carlson, *op. cit.* (fn. 4). The most recent biography is remarkably thrifty regarding the battery story : N. Baldwin, *Edison : inventing the century*, New York, 1995, 281-83, 300-301. A " dissident " among the biographers, because his approach is determinedly anti-hagiographical, is R. Conot, *A streak of luck*, New York, 1979. Among other things Conot accuses Edison of strong anti-unionist actions, a harsh attitude towards his engineers, and even outright fraud by " demonstrating the battery with one electrolyte, potassium hydroxide, but switching to a cheaper and less efficient one, sodium hydroxide, when shipping the batteries to unsuspecting customers ", R. Conot, *op. cit.* (fn. 7), 387-89 ; citation : 390.

8. W.B. Carlson, *op. cit.* (fn. 4), 12, note 14.

9. R.H. Schallenberg, *op. cit.* (fn. 7), 366, W.B. Carlson, *op. cit.* (fn. 4), 7.

10. R.H. Schallenberg, *op. cit.* (fn. 3), 5.

during charging and discharging. In early 1905 Edison decided to change the grid structure by substituting the original steel plate (with pockets for containing the active material) by a tubular form. Two years later he filed a patent on nickel flake, which, stamped under high pressure into the tubes of the grid, would counteract the swelling and shrinking problem because, being under pressure, they always made contact with the conducting grid. Testing of this new " type A " cell went on through 1908 and 1909, and, in July 1909, the new battery went into production in a pace of about 100 cells per day.

Like most of his other inventions, Edison's nickel iron battery has generally been labelled a success[11]. Mostly, this success is measured economically by pointing at the production of hundreds of thousands of these batteries until well after the Second World War, without any major changes in the concept of the battery or its production method. This is remarkable, because calling his battery a success fails to explain why Edison's claim of a superior battery in the automotive domain was not fulfilled. W. Bernard Carlson, who has analysed the development process of the Edison battery thoroughly, argues that the battery came too late for the electric vehicle, which by 1910 was already on the decline. However, on the basis of two arguments there is ample ground to question this conclusion.

First, during his several press campaigns, Edison explicitly aimed his new battery against the lead acid battery. His arguments were twofold. The first argument was that his battery would be much lighter than the lead acid battery which prompted Edison to predict that his invention, applied to the electric car, would double its range compared to a car with a lead battery. Some scholars have argued that this was only part of his usual bluff and cannot be taken too seriously, Schallenberg, however, argues that Edison's claim was based on false information about the energy density of his competitor, the Exide lead battery of the Electric Storage Battery Company (ESB)[12]. This conclusion is not supported by European evidence, where already in 1900 lead acid batteries were on the market with an energy density of around 30 Wh/kg, more than even Edison's earliest claims and more than the end result of the A type in 1909. In view of the fact that Edison started his search for an alkaline battery with a nine month literature survey, it is hardly likely that he was not aware of this European development. So the hypothesis of a conscious misleading strategy on the part of Edison cannot be excluded. Nevertheless, I propose a more benign interpretation, which is based on the particular car culture of this period.

In order to analyse this, we must take a detailed look at his claims. First of all : the alkaline battery was not, as has been suggested by some scholars,

11. F.A. Jones, *Thomas Alva Edison : an intimate record*, New York, 1924, 257 ; W.B. Carlson, *op. cit.* (fn. 4).

12. R.H. Schallenberg, *op. cit.* (fn. 3).

developed because the lead in the competing battery was so heavy. It is not the mass of the battery materials that counts, but the energy per unity of mass they can produce, thus : its energy density. This energy density depends on thermodynamic and electrochemical properties of these materials and indeed : the theoretical energy density of the nickel iron electrode combination is much higher than that of the lead battery[13]. There was, in other words, a valid theoretical argument to hunt for these alternative metals.

In practical application, however, much of this theoretical energy density is lost because of structural problems. If, for instance, the construction to contam the active material in the grid is complicated (and thus heavy), the theoretical advantages will be compensated. This is true for the lead acid as well as for the alkaline battery. Lead batteries for automotive purposes had been reduced in weight by producing very thin lead grids that had a relatively short life expectancy. Here Edison hoped to win by using well-known construction metals such as steel, but he was forced to construct special pockets to contain the active material and this threatened to offset this gain.

There was a more important theoretical argument why Edison could believe that the alkaline battery promised to be lighter than the lead acid battery. Because the electrolyte did not take part in the chemical process, the amount of this fluid could be reduced. This meant that the plate distance could be decreased, resulting in weight gains in all other parts such as the can. In the lead battery the electrolyte weight amounted to about 25 % of total battery weight ; the electrolyte weight in the alkaline battery was only 14 %[14].

And it was exactly here that the competition between the lead and the alkaline battery took shape. Already in 1900 ESB developed its Exide lead battery, with thin wooden separators between the plates in order to prevent the active material from causing short circuits[15]. In doing so, ESB applied what I would like to call the Pluto effect. Named after Walt Disney's cartoon dog, this metaphor hints at a mechanism that seems to occur generally when technologies compete. Pluto, running after a sausage in front of his nose, is the alternative technology, while the man on the cart, which Pluto is pulling, is the mainstream technology. In this metaphor, Pluto will never reach his goal, while the man on the cart surely will, but only because of Pluto's labor. As I have argued elsewhere in the case of the early automobile history[16], this Pluto effect works

13. B.D. McNicol, D.A.J. Rand (eds), *Power Sources for Electric Vehicles* (Studies in electrical and electronic engineering ; 11), Amsterdam, Oxford, New York, Tokyo, 1984 : the nickel iron battery has a theoretical energy density of 267 Wh/kg, the lead acid battery 171 Wh/kg. The actual density of both batteries is around 30 Wh/kg.

14. A.E. Kennelly, " The new Edison storage battery ", *American Institute of Electrical Engineers*, 18 (1901), 219-230, here 229.

15. G. Mom, " Das Holzbrettchen in der schwarzen Kiste : Die Entwicklung des Elektromobilakkumulators bei und aus der Sicht der Accumulatoren-Fabrik AG (AFA) von 1902-1910 ", *Technikgeschichte*, 63/2 (1996), 119-151.

16. G. Mom, *op. cit.* (fn. 6).

in both directions, but more strongly in favor of the leading technology. Applied to the battery field, the analytical value of this metaphor becomes clear : because ESB knew that the main advantage of the alkaline battery was its possibility of applying smaller plate distances, they created the same effect through other means, by inserting thin veneer plates between the lead grids.

A similar event happened when Edison struck on the leakage and capacity loss problems. It is not clear, who exactly initiated the substitution of the flat plate technology by the tubular plate technology. It is, however, certain, that already in 1899, during the famous *Concours d'accumulateurs* in Paris, the Phenix battery with tubular plates was, as to sturdiness, one of the best. Schallenberg has described, how ESB bought the Phenix rights around 1905 and started to develop its own tubular concept. Around the same time, Edison opted in favor of this concept, too. Whereas Edison used this concept to solve the swelling and shrinking problem of the active material, ESB adopted it because it guaranteed the active material in the lead battery to stay in the tubes and not fall down, again enabling a smaller grid distance. Thus, in two instances, the advantage of the alkaline battery over the lead battery was reduced. One year after Edison marketed his A type alkaline battery, ESB came out with its Ironclad Exide with tubular positive plates, shrewdly using the " steel image " of the Edison product in its name, although the Ironclad did not contain even a gram of iron. In the end, the energy density of both types of batteries did not differ very much.

Edison's second argument in promoting the alkaline concept was less technical, but all the more remarkable. According to Edison, in several interviews, the lead battery was an untidy thing. It contained aggressive substances (acids) and produced harmful fumes. His battery, on the contrary, was mainly made of shiny steel and looked like a machine. Why then, did Edison stress the " machine character " of his battery ? In order to investigate this, we have to make a detour into the early history of the car[17]. After a period of " invention ", in which the general structure of the car was worked out and the machine became more or less usable, the first commercially available petrol cars can be characterized as " adventure machines " in three ways :

- in time : speed (races) ;
- in space : touring outside of the city at a considerable speed ;
- in function : unreliability as a " sporty feature ".

The electric car, however, did not fit into this socio-cultural framework. Several quotations from diaries of early car users support this argument. Several electric automobile producers tried to " mimic " this adventure idea (again a nice example of the Pluto effect). In 1899 the Belgian Camille Jenatzy was the first to drive faster than 100 km/h, in an electric car. And the French Louis

17. Mom, *op. cit.* (fn. 6) and G. Mom, " Das " Scheitern " des frühen Elektromobils (1895-1925). Versuch einer Neubewertung ", *Technikgeschichte*, 64/4 (1997), 269-285.

Kriéger developed an Electrolette in 1901, a fast electric, expressly intended to perform what was called at the time " electric tourism ".

Whereas around 1900, most electric car manufacturers agreed that their product was to be used as a city car (and as such, performed much more reliable than its petrol driven competitor), a minority of producers kept following this path towards an " electric adventure machine ". Crucial in this hunt was the battery, and it was exactly here that Edison played his card. In claiming that his battery would double the electric's range and at the same time " would look like " the familiar machinery in the petrol car, he strongly enhanced this belief in a " miracle battery ", which, in the end, promised to propel the electric as far as the petrol car.

Finally, the electric was *not* in decline at the moment the Edison battery came to market. Exactly at the time when Edison and ESB both marketed their tubular plate batteries, the electric automobile experienced a second revival. Like the passenger cars, electric trucks experienced a revival in the teens[18]. According to some estimates there were about 12.000 electric trucks in America in 1914, compared to about 30.000 electric passenger cars. One-quarter to one-third of the trucks were equipped with Edison batteries, mainly because of some other advantages of this battery type : its robustness and its low maintenance demands. Also, the Edison battery could better withstand charging at high current (the so called " boosting " during lunch time). *This* in fact enlarged the electric truck's range considerably : by repeatingly boosting the battery, truck users in New York and elsewhere were able to use their vehicles on delivery routes, which was not possible with one single charge. Because of these advantages this type of battery was popular in those applications, where maintenance costs and transportation costs in general were important factors. The fact that even in this application the lead battery could hold the lead, can only be explained by pointing at similar development towards a more robust construction.

Nevertheless, one is tempted to conclude that the Edison battery failed, because it did not capture the market at the expense of the lead battery. In fact, the lead battery was even more successful, because it was more advantageous when applied as a starter battery in petrol cars after 1912. Here the tubular concept was at a disadvantage because of its high internal resistance : when used as a starter battery the high starting currents would force the cell voltage so far down that it could not turn the starter motor fast enough. While the lead battery fought its market struggle with the Edison battery in the electric car field, it could " escape " in its flat plate form towards the petrol car, where millions of batteries were needed.

18. G. Mom, *The Electric Truck in America : Why Did it Fail ?* (SAE Technical Papers Series, 980618), Warrendale, 1998.

However, if one takes the Pluto effect into consideration, the picture of failure and success changes drastically. Viewed from the perspective of autotechnical change, the Edison battery forced the mainstream technology of the lead battery into a more robust design. Viewed from the perspective of the Pluto effect, the alternative technology can be analysed as a materialised criticism of the mainstream technology, and, as such, it was highly successful.

DIE " DELTA-GLOCKE ". EIN HOCHSPANNUNGS-FREILEITUNGS-ISOLATOR UND DIE ENTWICKLUNG DES WERKSTOFFS ELEKTROPORZELLAN

Friedmar KERBE

DIE VORGESCHICHTE

Beginnend mit der zweiten Hälfte des 19.Jahrhunderts wurde die Elektrizität zur Haupttriebkraft der industriellen Entwicklung in Deutschland[1]. Eng damit verbunden ist die Entwicklung der Isolatoren. Mit dem Fortschreiten von der Schwachstrom- zur Starkstromtechnik und der Steigerung der Übertragungsspannungen wuchsen auch die Anforderungen an die Isolatoren. Man unterscheidet[2] :

- Schwachstrom-Isolatoren zur Isolierung von Leitungen für Telegrafen-, Telefon- und Signalanlagen ;
- Niederspannungs-Starkstrom-Isolatoren für bis ca. 500 V betriebene Leitungen der Verteilungsnetze ;
- Hochspannungs-Isolatoren für Energie-Fernübertragung.

Schwachstrom-Isolatoren

Nachdem C.F. Gauß und W. Weber im Jahre 1833 den ersten elektromagnetischen Telegrafen erprobt und S. Morse 1837 das System durch Schreibtelegrafen und Alphabet anwendungsreif gestaltet hatte, wurde 1843 die erste Telegrafenlinie auf deutschem Boden installiert, der binnen zweier Jahrzehnte ein weltumspannendes Netz folgte.

Werner von Siemens, dessen 1847 in Berlin gegründete Telegraphen-Bau-Anstalt Siemens & Halske in der Folgezeit weltweit tätig wurde, hat sich selbst

1. *Geschichte der Produktivkräfte in Deutschland von 1800 bis 1945*, 3 Bde, Bd. II (" Produktivkräfte in Deutschland 1870 bis 1917/18 "), Berlin, Akademie-Verlag, 1985, 104-113.

2. W. Weicker, " Die Entwicklung des Freileitungs-Stützen-Isolators ". Sonderdruck aus " Beiträge zur Geschichte der Technik und Industrie ", *Jahrbuch des VDI*, 17 (1927) 1-12.

intensiv mit den Fragen der Isolation beschäftigt. 1850 berichtet er : " Die unvollkommene Isolation der Leitungsdrähte war ... ein hauptsächliches Hinderniss einer sicheren und directen telegraphischen Verbindung ... Bei feuchter Witterung bilden die den Draht tragenden Pfosten eine leitende Verbindung desselben mit dem Erdboden ... Die früher benutzten Isolationsmittel, durch welche man den Draht von den feuchten Stangen zu isoliren suchte, wie Glas- oder Porcellanringe, durch welche er gezogen wurde, Umwickeln des Drahtes an den Berührungsstellen mit Kautschuk *etc.*, Anbringung eines schützenden Daches auf den Stangen konnten nur unvollkommene Dienste leisten ... Die neuerdings angewandten Trichter von Glas, Porcellan oder Steingut erfüllen dagegen den Zweck der Isolation in sehr vollkommenem Grade. Bei der von mir im Winter vorigen Jahres ausgeführten ... überirdischen Leitung zwischen Eisenach und Frankfurt a. M. ... wurden oben geschlossene Porcellantrichter angewendet, die auf eiserne Stangen so aufgekittet waren, daß die Glocke nach unten gerichtet war ... Die innere Fläche des Trichters bildet hier die stets trocken bleibende, isolirende Schicht ...[3].

Abb.1a zeigt die von W. von Siemens benutzte Glockenform. Sie besaß eine Halsrille, die von dem Kupferdraht umschlungen wurde. Nach Einführung des Eisendrahtes um 1852 wurde der Isolator zwecks leichterer Befestigung mit einer Kopfrille versehen, die Halsrille vergrößert und der untere Glockenrand ausgekehlt, um ein Aufsteigen von Regenwasser in das Innere des Isolators zu unterbinden (Abb.1b). Wegen der anfangs noch häufigen Bruchschäden wurde 1855 vorübergehend eine eiserne Glocke mit eingekittetem Porzellankörper (Abb.1c) benutzt. 1857 folgte der *Borggreve*-Isolator, ein kompakter Porzellankörper (Abb.1d) mit einer bis heute für Stützenisolatoren gebräuchlichen schwanenhalsartigen Schraubenstütze. Er wurde in Preußen bis 1862 verwendet.

Zur gleichen Zeit versuchte man einen Einheits-Isolator (" Kommissions-Isolator " - Abb.1e) zu schaffen, indessen konnte sich erst die 1858 von Chauvin vorgeschlagene Doppelglocke (Abb.1f) durchsetzen. Mit ihrem durch den zweiten Mantel verlängerten Isolationsweg verkörpert sie das Urbild aller weiteren Telegrafen-Isolatoren. Dieser Typ wurde 1862 in Preußen allgemein eingeführt und als deutsches Reichsmodell in den Größen I bis III genormt. Damit fand die Entwicklung der Telegrafen-Isolatoren im wesentlichen ihren Abschluß.

3. W. Siemens, " Über telegraphische Leitungen und Apparate ", *Poggendorff's Annalen der Physik und Chemie*, Bd. 79, 481 ff. Nach : " Wissenschaftliche und technische Arbeiten von Werner Siemens ", Bd. 1, 2. Aufl., Berlin, 1889.

Abb. 1 : Entwicklungsstufen der Schwachstrom- (a-f)
und Niederspannungs-Starkstrom-Isolatoren (g-h)

Neben diesen Regelmodellen gab es jedoch sowohl in Deutschland als auch weltweit eine Flut von Sonderformen einzelner Bahnverwaltungen, von Post, Heer und Flotte, denn sie alle unterhielten eigene Telegrafenleitungen und legten Wert auf ihre eigene, unverwechselbare Isolatorenform[4]. Jedoch bei aller äußerer Vielfalt entsprechen sie alle dem Prinzip der Doppelglocke.

Nachdem 1877 G. Bell das Telefon entwickelt hatte, erlebte diese Anwendungsform der Elektrizität einen so raschen Durchbruch, daß z.B. bereits 1890 Berlin mit 15.000 Anschlüssen Weltspitze darstellte[5]. Anschaulich demonstrierte das der 1889 erbaute " Isolatorenturm " auf dem Berliner Steuer-Postamt : 700 Isolatoren für 350 Leitungen auf der Kuppel. Für die Telefonie

4. Hermsdorf-Schomburg-Isolatoren GmbH. *Broschüre*, o. J., 16-17.

5. H. Späth, " Das Zeitalter der Elektrotechnik ", *Kennen Sie Schomburg ?/Elektrokeramiker aus Moabit - Eine vergessene Porzellanmanufaktur*, Berlin, 1996, 18-28.

verwendet wurden die üblichen Telegrafenisolatoren bei stärkerer Beachtung einer guten Oberflächenisolation für die Übertragung des " gesprochenen Wortes ".

Für die Branche der Elektrokeramik brachte die Telefonie noch ein weiteres großes Bedarfssegment : Rollen, Klemmen, Durchführungen für Hausanschlüsse u.a. ; diese Kleinteile beschleunigten das Vordringen rationeller maschineller Formgebungsverfahren in der keramischen Industrie[6].

Niederspannungs-Starkstrom-Isolatoren

Höheren mechanischen Belastungen ausgesetzt, unterscheiden sich die Niederspannungs-Starkstrom-Isolatoren von den Telegrafen-Isolatoren durch größere Hals- und Kopfrillen und einen verhältnismäßig hohen Kopf ; zum Teil werden sie mit drei Mänteln versehen (Abb.1g). Eine 1920 erschienene VDE-Norm verfolgte das Ziel, diese Isolatoren durch eine stark abweichende Form von den Schwachstrom-Isolatoren leicht unterscheidbar zu machen (Abb.1h).

Gleich- oder Wechselstrom ? - Entwicklungsetappen der Hochspannungs-Isolatoren

Seit Entdeckung des dynamoelektrischen Prinzips durch W. von Siemens 1866 und Konstruktion eines entsprechenden Generators mit Elektromagneten waren die Voraussetzungen zur Elektroenergieerzeugung großen Stils geschaffen. Die anfangs praktizierte Gleichstromtechnik hatte jedoch den Nachteil hoher Energieverluste bei Übertragung über weite Entfernungen. Da hochgespannter Wechselstrom dagegen die Möglichkeit einer verlustärmeren Übertragung bot, stellte sich um 1890 die Grundsatzfrage : " Gleich- oder Wechselstrom ? ".

Zum Schlüsselereignis in der Beantwortung dieser Frage wurde 1891 die Drehstrom-Kraftübertragung über ca. 175 km vom Kraftwerk Lauffen zum Ausstellungsgelände der Internationalen Elektrotechnischen Ausstellung in Frankfurt/Main. Da man den damaligen Anschauungen entsprechend bei den Isolatoren den Hauptwert auf eine hohe Oberflächenisolation legte, fiel die Entscheidung zugunsten der von der Firma Schomburg & Söhne, Berlin, bekannten *Öl-Isolatoren*. Für die ursprünglich vorgesehene Übertragungsspannung von 25 kV wurden 12 000 Isolatoren in einer Ausführung mit drei Rinnen bestellt (Abb.2)[7]. Deren Fertigung aus ursprünglich einem Stück bestehend erwies sich im Herstellerbetrieb " Margarethenhütte " in Großdubrau/Bautzen bald als so schwierig, daß man sie aus zwei getrennten Teilen fertigen und

6. W. Weicker, " Keramische Isolierstoffe ", in H. Schering, *Die Isolierstoffe der Elektrotechnik*, Berlin, 1924, 109-158.

7. " Die Isolatoren der Lauffener Kraftübertragung ", *Hescho-Mitteilungen*, 59/60 (1931) 52-53.

durch Zusammenkitten miteinander vereinigen mußte. Unter enormem Zeitdruck konnte nur ca. 1/3 der Stückzahl mit dieser Ausführung geliefert werden ; der größere Teil der Trasse wurde mit der kleinen Type mit einer Ölrinne ausgerüstet. Als tatsächliche Übertragungsspannung wurden 15 kV gewählt.

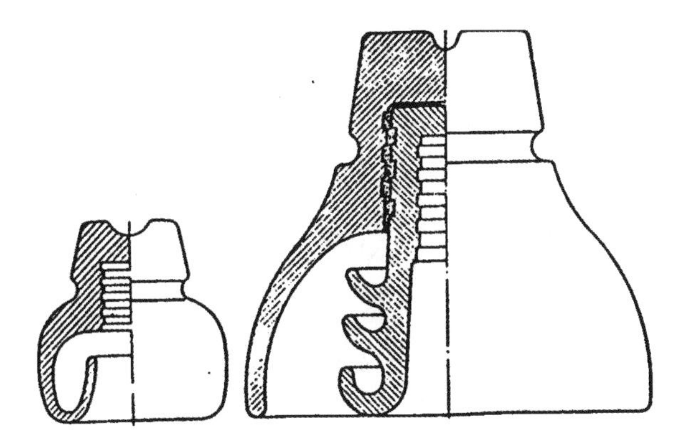

Abb 2 : Öl-Isolatoren der Lauffener Kraftübertragung

Trotz eines hohen Wartungsaufwandes für das Betreiben der Leitung und des Durchschlages eines Isolators der großen Type — allerdings bei der versuchsweisen Steigerung der Übertragungsspannung auf 30 kV — kann insgesamt vom " aufregendsten Experiment " dieser Ausstellung resümiert werden : es wurde " ...der schwierigste und großartigste Versuch realisiert, der auf dem Gebiet der Elektrotechnik gemacht worden ist, seit jene geheimnisvolle Naturkraft, die wir Electricität nennen, der Technik dienstbar gemacht wurde "[8].

Erstmals wurde der Nachweis erbracht, daß es möglich ist, elektrische Energie relativ verlustarm über große Entfernungen zu übertragen. Gleichzeitig hatte die Elektrotechnische Ausstellung in ihrer Gesamtheit den tiefen Einfluß demonstriert, den die Elektrizität schon damals auf alle Lebensbereiche der Gesellschaft ausstrahlte.

Hatten alle bisher eingesetzten Hochspannungs-Isolatoren Mängel bezüglich elektrischer Durch- und Überschläge gezeigt, so war es ein technikhistorischer Meilenstein, als 1896 mit der " Paderno-Glocke " in Italien und 1897 mit der " Delta-Glocke " in Deutschland grundsätzlich neue Bauformen von Hochspannungs-Isolatoren entstanden. Im Ergebnis längerer Forschungsarbeiten durch Prof. R.M. Friese von der Elektrizitäts-AG (EAG) vorm. Schuckert & Co., Nürnberg gemeinsam mit der Porzellanfabrik Hermsdorf unter

8. *Die Drehstromanlagen und die Kraftübertragung Lauffen-Frankfurt a. M. auf der internationalen elektrotechnischen Ausstellung in Frankfurt a. M. 1891*, 21.

Direktor O. Arke entwickelt, stellte die Delta-Glocke (Abb.3a) den ersten auf wissenschaftlicher Basis konstruierten Hochspannungs-Freileitungsisolator dar. In ihr war die Breitenentwicklung des Isolators bei gleichzeitiger Wahrung eines guten gegenseitigen Regenschutzes der einzelnen Mäntel auf das vollkommenste durchgebildet, was sich besonders in der Regenüberschlagsspannung zeigte. Durch Patente im In- und Ausland geschützt[9] wurde die Delta-Glocke in den Folgejahren konsequent für steigende Übertragungsspannungen weiterentwickelt. Ein Vergleich typischer Entwicklungsstadien zeigt bezüglich der Gestaltung der schirmartig ausgebreiteten Mäntel den Übergang vom " Delta "- zum " *Tridelta* "-Isolator (Abb.3b).

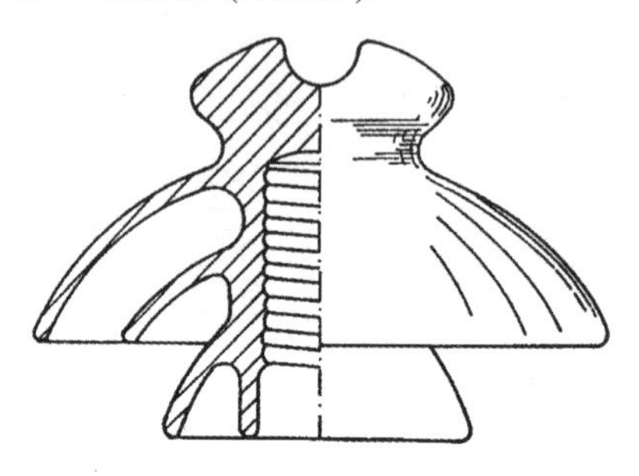

a

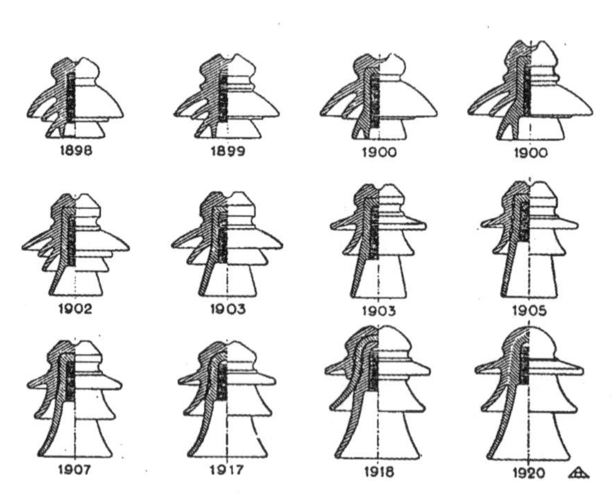

Abb. 3 : Von der " DELTA-Glocke " nach DRP Nr. 110 961 (a)
zum " TRIDELTA-Isolator " (b)

9. " Stützisolator für hohe Spannungen ", *DRP*, n° 110 961 vom 11. 1. 1898. Auslandsanmeldungen : Italien n° 95/235 ; Norwegen n° 8802 ; Belgien n° 140.018 ; Schweiz n° 18.385 ; Österreich n° 4186.

Der 1920 erreichte Entwicklungsstand wurde durch den VDE für Betriebsspannungen von 6 bis 35 kV in 5 verschiedenen Größen genormt (Reihen HD 6...35)[10]. Dazu kamen ab 1921 noch die sogenannten " Weitschirm-Isolatoren " der Margarethenhütte in analoger Reihung (HW 6...35).

Einen wichtigen Fortschritt bedeutete die seit 1925 mit Erfolg durchgeführte Schaffung der " verstärkten " Delta- und Weitschirm-Isolatoren (genormte Reihen VHD und VHW), die sich durch eine hohe Durchschlagsicherheit auszeichneten[11]. Damit war die Entwicklung der Hochspannungs-Freileitungsisolatoren in der Bauart von Stützenisolatoren zu einem gewissen Abschluß gekommen.

Innerhalb der Hochspannungs-Isolatoren[12] kam es seit der Jahrhundertwende im Bestreben nach der Beherrschung höherer Übertragungsspannungen zur Entwicklung[13] der großen Gruppe der " Hängeisolatoren "[14]. Dazu zählen vor allem die " Kappenisolatoren " und — dem Streben nach dem " durchschlagsicheren " Isolatorentyp entsprechend — die " Vollkern-Isolatoren ".

Die letzte und aussichtsreichste Entwicklungsstufe der Vollkern-Isolatoren war Mitte der 30er Jahre der " Langstab ", der sich unter Wegfall aller bisherigen Zwischenarmaturen durch eine große Einfachheit auszeichnet. Mit Vervollkommnung seiner Konstruktion und Herstellungstechnologie wurde er nach dem 2.Weltkrieg in Mitteleuropa zum vorherrschenden Freileitungs-Isolator im Hochspannungsbereich für 110, 220 und 380 kV. Mit zunehmender Elektrifizierung von Bahnstrecken in den letzten Jahrzehnten eroberte sich der Stabisolator auch in Form von " Bahnstab-Isolatoren " ein weiteres potentielles Applikationsfeld.

PRÜFTECHNIK

Die ca. 150 Jahre währende Isolatorenentwicklung war spätestens mit dem Einstieg in die Hochspannungstechnik mit dem Aufbau einer spezifischen Prüftechnik verbunden. Die Fa. H. Schomburg & Söhne in Berlin erhielt als erste Isolatorenfabrik 1900 eine Hochspannungs-Prüfanlage für 110 kV ; ihr folgten 1901, 1906 und 1913 ausgedehnte Prüf- und Versuchsfelder in der Porzellanfabrik Hermsdorf bis max. 500 kV Prüfspannung[15]. Die Fa. Rosenthal,

10. F. Kerbe, *100 Jahre Technische Keramik*, TRIDELTA AG, Hermsdorf, 1991.

11. W. Weicker, " Keramische Isolierstoffe ", *Elektrotechnische Isolierstoffe/Entwicklung, Gestaltung, Verwendung*, Berlin, 1937, 121-154.

12. W. Weicker, " Zur Geschichte des Freileitungs-Isolators ", *Geschichtliche Einzeldarstellungen aus der Elektrotechnik*, Bd. III, Berlin, 1932.

13. A. Hecht, " Geschichtliche Entwicklung der Elektrokeramik ", *Ber. DKG*, 36/9 (1959), 309-318.

14. F. Kerbe, " Keramik für die Elektrotechnik ", *Die zündende Idee/Keramik in der Technik*, Koblenz, 1997, 34-38.

15. H. Schubert, H. Reuter, " Geschichtlicher Überblick über die Hochspannungsprüffelder in Hermsdorf ", *Hermsdorfer Technische Mitteilungen*, 26 (1969), 806-809.

Selb, nahm 1904 ein Prüffeld für 100 kV in Betrieb, dem 1912 erstmals in Europa ein weiteres für 500 kV folgte[16]. Nach dem 1.Weltkrieg bauten weitere Isolatorenhersteller Prüf- und Versuchsfelder auf bzw. aus und paßten diese auch in den vergangenen Jahrzehnten den gestiegenen Anforderungen an, was Prüfspannungen bis in den Mega-Volt-Bereich bedingte[17].

Isolator-Werkstoffe

Derartige Prüfungen fixierten gleichzeitig das Anforderungsniveau für den Isolatorenwerkstoff. Während für Niederspannungs-Isolatoren das übliche *Hartfeuer-Geschirrporzellan* völlig ausreicht, verlangte der Übergang zu Hochspannungs-Isolatoren, insbesondere für Langstäbe und Apparateporzellane, ständig steigende Anforderungen an den keramischen Werkstoff bezüglich seines komplexen Festigkeitsverhaltens. Den praktisch bis zur Jahrhundertwende erreichten Entwicklungsstand zum " Porzellan als Isolier- und Konstruktionsmaterial in der Elektrotechnik " hat R.M. Friese dokumentiert[18]. Die weiteren Entwicklungsetappen waren charakterisiert durch die systematischen Untersuchungen von O. Krause[19] über den Einfluß des Quarzgehaltes und insbesondere seiner günstigsten Korngröße auf die Festigkeit von Hochspannungs-Porzellan, die Werkstoffe *Melalith* und *Steatit* und die nach dem 2.Weltkrieg erfolgte Entwicklung *hochfester Porzellane* in den drei Kategorien Quarz-, Cristobalit- und insbesondere Tonerdeporzellan[20]. Letzteres hat sich wegen seines zuverlässigen Festigkeitsverhaltens zum Spitzenwerkstoff der Hochspannungs-Porzellane entwickelt.

Resümee

Die erfolgreiche Drehstrom-Kraftübertragung 1891 über 175 km von Lauffen nach Frankfurt/Main zum Gelände der Internationalen Elektrotechnischen Ausstellung war ein Meilenstein in der Entwicklung von Hochspannungs-Freileitungs-Isolatoren und für die Beantwortung der Grundfrage : Gleich- oder Wechselstrom ? Die für dieses Experiment eingesetzten Öl-Isolatoren wiesen jedoch wie alle bisher verwendeten Isolatoren Mängel betreffs elektrischer Durch- und Überschläge auf.

16. L. Reitz, " Rosenthal Isolatoren GmbH ", *Geschichte der keramischen Hochspannungsisolatoren in Deutschland, Fachausschußbericht der DKG, Köln*, 29 (1991), 59-61.

17. H. von Treufels, " Prüfungen von Isolatorenporzellan ", *Ber. DKG*, 16/2 (1935), 74-80.

18. R.M. Friese, *Das Porzellan als Isolier- und Konstruktionsmaterial in der Elektrotechnik, Hermsdorf-Klosterlausnitz*, 1904.

19. O. Krause, " Strukturuntersuchungen an Hartporzellan ", Habilitationsschrift an der Bergakademie Freiberg/Sachsen, 1928, *Zeitschrift für technische Physik*, 9/7 (1928), 247-263.

20. E. Singer, " Werkstoffe ", *Geschichte der keramischen Hochspannungsisolatoren in Deutschland, op. cit.* (fn. 16), 115-122.

Mit der *Paderno-Glocke* 1896 in Italien und der *Delta-Glocke* 1897 in Deutschland waren grundsätzlich neue Bauformen von Hochspannungsisolatoren entstanden. Insbesondere die Delta-Glocke, entwickelt von Prof. R.M. Friese gemeinsam mit der Porzellanfabrik Hermsdorf, stellte den ersten auf wissenschaftlicher Basis konstruierten Freileitungs-Isolator dar. In den Folgejahren wurde sie für steigende Übertragungsspannungen weiterentwickelt vom *Delta-* zum *Tridelta*-Isolator und 1920 vom VDE für Betriebsspannungen von 6-35 kV genormt. Zusammen mit den ab 1921 aufkommenden Weitschirm-Isolatoren und ab 1925 in " verstärkter " Bauweise für hohe Durchschlagsicherheit ausgelegt erreichte damit die Entwicklung von Hochspannungs-Freileitungs-Isolatoren in Form von Stützenisolatoren einen gewissen Abschluß.

Mit dem Einstieg der Isolatorenentwicklung in die Hochspannungstechnik war der Aufbau einer spezifischen Prüftechnik verbunden. Als erste Isolatorenfabrik erhielt die Berliner Firma Schomburg & Söhne im Jahre 1900 eine Prüfanlage für 100 kV.

Wurde für Schwachstrom- und Niederspannungs-Isolatoren das für Porzellangeschirr übliche Hartfeuer-Porzellan eingesetzt, so erforderte die Hochspannungstechnik Werkstoffe sehr komplexen Festigkeitsverhaltens. Entwicklungsstadien waren neben verbessertem Porzellan die Sonderwerkstoffe Melalith und Steatit sowie in den letzten Jahrzehnten die hochfesten Porzellane in den drei Kategorien des Quarz-, Cristobalit- und insbesondere Tonerdeporzellans.

Advanced Ceramic Oxides and Glass Ceramics : Progress, Prospects and Future Trends

Asitesh Bhattacharya

Introduction

Ceramics represent one of the oldest materials used by mankind for objects of utility as well as those for beauty. These were made from inexpensive, abundant natural materials. The industrial revolution triggered the demand by engineers for materials with specific properties which iron and steel could not provide. Man then began to understand the basic principles governing the structure of matter which led to the birth of " Materials Science " for the design, synthesis and production of materials tailored to specific applications[1]. The availability of novel materials has been responsible for many of the impressive technological achievements of today[2].

Materials are mostly used for strength. Only a small fraction of the ideal intrinsic strength is usable in real materials due to the presence of imperfections called dislocations which make them weak. Introducing other atoms of different sizes into the host material arrests easy movement of dislocations and thereby increases strength ; this is the principle of alloying. Excessive alloying however turns the structure brittle, with a total lack of ductility.

Glass has high strength, but its brittleness makes its use limited. Ceramics are also very strong materials and easily available but they are equally brittle and thus limited in their uses. An option is to intertwine strong solids with materials which can absorb deformation and blunt cracks. This is realized in composites, produced by synthesis of materials which are different in nature and configuration : one component giving the strength while the other provides

1. E.C. Subbarao, " Advanced ceramics ", *Indian Academy of Sciences*, Bangalore, 1988, 53-54.

2. V.S. Arunachalam, " Challenges in materials ", *Bulletin of the Insitute of Engineers India*, 36 (1987), 9-11, 15.

the toughness. Nature has been using composites all along — in bones and trees — e.g. in bamboo the fibre imparts the mechanical strength with cellulose providing the toughness[3].

This paper will review the global development efforts in advanced ceramic oxides and glass ceramics, and in particular discuss the Indian scenario, both in terms of basic research and development as well as commercial implementation of some of these technologies.

Advanced Ceramics

Ceramics have several advantages with higher melting points and greater strength than superalloys at elevated temperatures. However, fabricating advanced ceramic materials with specific properties has presented researchers with technological challenges. Since the 1960s through research and development, advanced ceramics have evolved into miracle materials strong and tough enough to meet newer engineering applications withstanding the harsh environments of earth and space. Scientific understanding of the structure-processing-property correlation in such ceramics are making impressive strides[4], and thus advanced ceramics are at the forefront of the " New Materials Age ".

Advanced or technical and/or engineering ceramics are basically inorganic non-metallic oxides, nitrides, or carbides with a combination of fine-grained, microstructured high purity complex compositions and accurately controlled additives. They possess characteristic pore size, pore structure and grain boundaries and are broadly divided into two categories : (1) structural ceramics and (2) functional ceramics. The former are for applications requiring mechanical strength and stability at low and elevated temperatures, wear-, chemical- and corrosion resistance and pronounced hardness. These materials are suitable for cutting tools, engine components, turbines, mechanical seals, high temperature bearings, etc.[5]. The functional ceramics due to their ionic conductivity include electronic, magnetic and other ceramics used as sensors, devices, etc. They are produced via chemical synthesis routes from highly-refined naturally-occurring materials.

In this presentation, greater emphasis is placed on oxide ceramics because of their large market share. The basic materials used in their manufacture are alumina, zirconates, titanates, ferrites, borates, etc. Out of these, alumina is by far the most versatile and widely used ceramic oxide apart from its use as refractory. High purity submicron size alumina powders are widely used in electronic and structural applications, such as cutting tools, nozzles, grinding

3. V.S. Arunachalam, " Challenges in materials ",*op. cit.*

4. E.C. Subbarao, " Advanced ceramics ", *op. cit.*

5. A.K. Chatterjee, " Advanced ceramics - trends and issues ", *Proceedings of the International Conference on Minerals and Mining*, Hyderabad, 1992.

media, bio-implants, coatings, etc. Each of these applications demands specific physico-chemical properties of the powders which in turn depends on the processing route employed.

Global Market and Development Efforts

Electro-ceramics dominate the world market with about a 70% share followed by mechano-ceramics with 16% which is projected to rise to about 30% by 2000 AD. In the US market electronic ceramic powders accounted for 81% in 1995 followed by structural ceramics with 15% but with the highest average annual growth of ~ 10%. The world structural ceramic market is dominated by automotive applications (60%) followed by industrial (25%), aerospace (10%) and others. According to material types, oxides constitute about 80%, carbides about 9% and nitrides only 3%. The annual growth rate for nitrides is however the highest, at 14%[6].

According to Spriggs[7] extraordinary growth of markets for advanced technical ceramics designed for application in high-tech industries will be shared around the globe, and ceramic technologists will progress to create a one trillion dollar market for advanced materials by the year 2000 in the areas of information systems alone. While the exact numbers projected by various agencies disagree, there is a general consensus that the advanced ceramics market is certainly booming.

Commercialization of advanced ceramics has had a slow start due to technical problems, the major ones being the elimination of flaws whose presence drastically reduces the fracture toughness leading to brittle failure. Nevertheless because of a very large market potential ($20-25 billion) by the year 2000 and benefits of superior performance of advanced ceramics there is intense international competition for their development with extensive research and product development all over the world. Japan is considered to be the leader in this field dominating the electro-ceramics market in the world. The success of developed countries such as Japan, USA, and members of the EC in advanced ceramics is mainly due to national commitment, government funding for R&D, pilot plants, joint academic/industry research, consortia approach and finally, quick and efficient technology transfer. Similar national level programmes are in place in Germany, UK, France, China, Australia and, in particular, South Korea.

6. A.K. Chatterjee, " Advanced ceramics - trends and issues ", *op. cit.*

7. R.M. Spriggs, " Advanced technical ceramics - bridges to challenging the unknown " and " Application and prospective markets for advanced technical ceramics ", *International Symposium on Advanced Ceramics*, ISAC, 1990.

Indian Scenario

While India is endowed with natural mineral resources containing constituents required for advanced ceramics manufacture (Table 1), these require further purification and processing to obtain high purity, homogeneity, specific particle shape and size of the starting materials. Thus, much of the basic raw materials are today imported, and of the industries that manufacture advanced products, many do so with foreign collaboration. In India the advanced ceramic industry is at an infant stage and a very limited number of enterprises are producing such ceramic products.

Raw Materials	Purity of powder available in India	Comments
Bauxite (aluminium oxide)	Al_2O_3 ~ 99.5%	Suitability for technical and electronic ceramics yet to be established. India has 1/5th of world bauxite resources
Barytes (barium sulphate)	$BaCO_3$ ~ 98.7%	Unsuitable for electronic ceramic applications without further improvements
Galena (lead sulphide)	PbO ~ 99.5%	Suitable for many of the PZT ceramic applications
Ilemenite (iron titanate)	TiO_2 ~ 98%	Although pigment grade, fairly suitable for use in ceramic capacitors and PZT production, particularly commercially. Much purer powders required for PTC applications
Rare earths (monazite beach sands)	La_2O_3, Pr_2O_3, Nd_2O_3 ~ 99.9%	Suitable for electronic ceramic applications
Zircon (zirconium silicate)	ZrO_2 ~ 96-97.5%	Suitable for use in dielectric and PZT production for commercial applications
Zinc blend (zinc sulphide)	ZnO ~ 99.5%	Purer powders tried in laboratory investigations

Table 1 : Availability status in India of major raw materials for electronic ceramics

The Indian market for structural and electro-ceramics was estimated in 1995 at Rs. 2700 million ($ 75 million). However, there are several centers of excellence which have made respectable research contributions to the progress in this field.

In the core area of advanced ceramics practice-oriented research activities in India in selected fields of electronic/electrical ceramics and precursors as well as structural ceramics are summarized below[8] :

- Ferrites : research on synthesis and electrical properties is an ongoing activity in India and several groups are working on synthesis of manganese- , zinc- , lithium- as well as alkaline-earth ferrites from fine particles with various substitutions, and on studies of their magnetic and electrical properties.
- Titanates : among the ferro/piezo-electric titanates, $BaTiO_3$ and its substitutes prepared from fine particles have attracted maximum attention towards development and characterization of semiconducting and PTCR (positive temperature coefficient of resistivity) devices. Hydrothermal synthesis of titanate particles at low temperatures as well as that of lead zirconia titanates (PZT) has been carried out.
- Microstructure and electrical properties of other ceramic oxides such as ZnO based ceramics for varistor applications have been studied in details.
- Amongst structural ceramics, pressureless liquid phase sintering of non-oxide SiN_4 and Sialon family, derived from natural alumino-silicates has been investigated. SiN_4 has been made from natural quartz, and also using rice husks.
- Zirconia ceramics : winning of zirconium compounds from zircon beach sand is an important contribution ; the sol-gel route has been employed to prepare free-flowing spherical agglomerates of Y-doped ZrO_2 for plasma spraying. The mechanical properties of doped zirconia and zirconia-toughened alumina ceramics prepared either from precursors or by conventional ceramic routes have been examined and compared by several researchers.
- Alumina ceramics : research on this material in India has been focused mainly in two areas
- (i) the effects of particle characteristics and processing as well as fabrication routes and
- (ii) the role of dopants in the sintering process. Processing parameters of alumina particles e.g. milling schedules, calcination, agglomerate removal, etc. and fabrication techniques, e.g. cold processing, slip and centrifugal casting, etc., have been studied *vis-à-vis* their effect on sintering.

Commercialization of R&D work on electro-ceramics[9]

The Indian market of electro-ceramics at 66 million US $ is less than 1% of the 9000 million $ global market (1993 figures). Thus investment in R&D has been poor, due to the paucity of substantial domestic markets. Electro-ceramics largely dominate the market trend in India amongst advanced ceramics. R&D

8. D. Ganguli, " Ceramic research in India : An outline ", *Transactions and journal of the British ceramic society*, 91 (1992), 127-130.
9. V.C.S. Prasad, " Indigenous commercial R&D in advanced ceramics - Retrospect and prospects ", *Current Science*, 68 (1995), 593-598.

efforts started as early as 1960 at the National Physical Laboratory (NPL), Delhi in the field of ferrites and ceramic capacitors. Commercialization of ferrites was started by Central Electronics Ltd. (CEL) based on NPL know-how but requirements for high frequency ferrites for electronics could not be fully met. Another public sector company, Bharat Electronics (BE), Bangalore, attempted to commercialize ceramic capacitors. But due to deficiencies in product development and commercialization skills, major economic benefits were not realised. BE eventually went in for an imported technology. Quite a few companies in the private sector have now foreign collaboration to produce soft ferrites in India.

A successfully commercialized product currently in the market is the varistor from Elpro International. This company had the benefit of the manufacturing base of lightning arrestors based on ZnO which they had earlier set up with collaboration from General Electric (GE), USA.

A fair amount of domestic technology was successfully developed for different products in the thermistor family. While Thakarsons, Pune, have successfully commercialized the NTC thermistor, BE Bangalore has developed more challenging products for colour tube degaussing. Transelektra Domestic Products, Bombay has successful commercialized PTC devices for the mosquito-repellent heater market.

In India, successful commercialization of indigenous R&D products has been possible only for simple fabrication technologies like dry pressing, spray drying and screen printing processes. Further, the companies had prior exposure to well-developed manufacturing process of their erstwhile foreign collaborators.

The R&D efforts by different institutions in the country on PTC ceramics are presented in table 2. It will be seen that, in addition to scientific R&D activity, a number of issues such as technological and commercial activities are perhaps more important for successful product development. Bharat Electronics, Bangalore, is at an advanced stage of development of PZT ceramics for sonar applications and dielectric resonators for microwave communication apparatus, Central Glass & Ceramics Research Institute (CGCRI), Calcutta is in a similar position for some PTC based sensors. The Tata Research Development and Design centre at Pune is on the threshold of commercialization of ZrO_2 sensors for heat treatment furnaces. More recently Associated Cement Companies — Research & Consultancy Directorate (ACC-RCD) at Thane has successfully set up pilot plant facilities through in-house R&D for production of high quality Al_2O_3, ZrO_2, PSZ, $BaTiO_3$, etc. Powders are under evaluation by perspective customers. Sol-gel derived powders were developed by CGCRI, ACC-RCD and Bhabha Atomic Research Centre (BARC).

The non-nuclear ceramic R&D activities at BARC encompasses the oxide, carbide and nitrides of light elements. The major thrust areas have been towards engineering ceramics like alumina, zirconia, SiC and SiN_4. Results of powder synthesis and shape fabrication by injection moulding, reaction sintering and liquid phase sintering have been reported[10].

Institution Period	IISc Bangalore 1977-1982	IIT Madras 1976-1981	IIT Kharagpur 1982-1987	CGCRI Calcutta 1988 onwards	BE Bangalore 1986 onwards
Scientific Activity					
	Understan-ding PTC behaviour	PTC thermis-tor process development	Micro-struc-tural effects	PTC thermis-tor process development	Micro-struc-tural engr. of PTC ceramics
Powder preparation					
	Chemical	Chemical	Traditional	Chemical / Traditional	Traditional
Technological activity					
Process	No	Yes	No	Yes	Yes
Product	No	No	No	Not sure	Yes
Commercial activity					
Volume	No	No	No	No	Yes
Quality	No	No	No	No	Yes
Cost	No	No	No	No	Yes

Table 2 : Status and commercialization of PTCR ceramics in different institutions in India

Future Trends Of Advanced Ceramics In India

The basic need-based product range has to be identified depending on the market opportunities. This calls for market research for selecting products with domestic relevance.

The different segments of the market for advanced ceramics are expected to grow in the following order : ceramics for electronic and telecommunication applications, structural ceramics for the engineering industry, ceramics for use in pollution control (catalytic converters) and finally ceramics for automative application and energy conservation needs.

The major applications of structural ceramics in the near future would be (i) bearing and bearing parts (ii) wear parts (iii) cutting tools (iv) commercial heat engines and turbine parts and (v) armour protection and defense related needs[11].

10. S.K. Roy, " Engineering ceramics development at BARC ", in C. Ganguly, S.K. Roy, P.R. Roy (eds), *Advanced Ceramics*, Switzerland, 1991, 121-134.

11. D.C. Agrawal, " World status of structural ceramics and their commercialisation in India ", *Trans. Ind. Ceram. Soc.*, 50 (1991), 118-123.

For effective commercialization of advanced ceramic oxides, the technological status needs to be assessed and technological gaps identified. International scientific collaboration, with appropriate adaptation by Indian researchers, is needed with multi-disciplinary team efforts and co-ordination between basic and applied research bodies. Consortia of government, financial institutions, academics and industry should fix product development programmes with the objective of ultimate commercial utilisation. Manufacturing companies should augment the available funding from financial institutions. The involvement of such multiple agencies however calls for a well-defined national policy, bringing advanced materials under strategic technology[12].

The short range domestic commercial R&D efforts could encompass : development of imitative products with innovative processes, use of relatively inexpensive raw materials as well as machinery, and a stress on manufacturing and marketing issues aimed at deriving economic benefits from light high-tech innovations[13]. Long term development efforts[14] are needed in the core areas of high purity sub-micron size particles ; process machinery such as hot iso-static presses, high temperature and high pressure extruders ; economical manufacturing processes ; environmental behaviour, pilot plant facilities and simulated test programmes.

Glass ceramics

Glass ceramics, ceramic glass or pyroceram are a new family of materials obtained from controlled crystallization of glass melts and are hailed as " a new universal material of the future ". They possess a combination of excellent pre-selected uniform properties such as high hardness, zero porosity, zero thermal expansion, infra-red transparency, machinability, etc., which are accomplished by subjecting the suitable glass to a carefully regulated long heat treatment schedule which results in the nucleation and growth of crystal phases within the amorphous glass. The controlling variables in glass-ceramics production are presented in Fig. 1[15].

In 1739, Réaumur, a French scientist, was the first to convert glass into a polycrystalline ceramic, however he could not control the crystallization process which produces the true glass ceramic. S.D. Stookey of Corning Glass Works is credited with the development of glass ceramics at the end of the 1950s by heating a photo-sensitively opacified glass containing small amounts of photosensitive metals which acted as nucleation catalysts[16].

12. A.K. Chatterjee, *op. cit.*
13. V.C.S. Prasad, *op. cit.*
14. A.K. Chatterjee, *op. cit.*
15. I.J. McColm, *Ceramic Science for Materials Technologists*, London, 1983, 205.
16. P.W. McMillan, *Glass Ceramics*, 2nd ed., London, 1979.

The uses of glass ceramics range from common kitchenware to exacting and exotic space science and technology articles. Its unique properties and unbound potentialities of application have been exploited over last 30 years. Corning developed the machinable glass ceramics MACOR for commercial application. It contains mica as the main crystalline phase. Schott in Germany introduced CERAN in 1969 for cooking tops and by now a million cooking tops of various sizes, design and decorations have been marketed. Glass ceramics like ZERODUR from Schott have an almost negligible coefficient of expansion, a property absolutely essential for giant telescope mirrors.

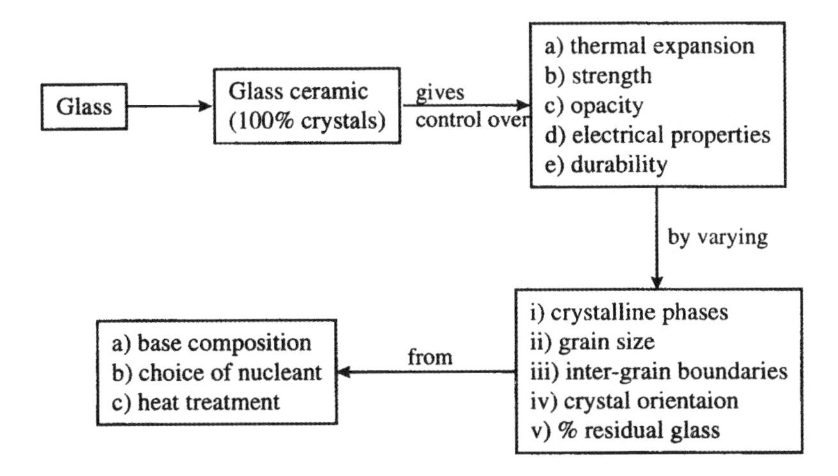

Fig. 1 : Controlling variables in glass-ceramic production

In the late eighties Ceramic Developments (Midlands) Ltd. (CDML) in the U.K. investigated engineering applications of glass ceramics. They had cast glass ceramics pipes centrifugally and also developed glass ceramic armour for use in ballistics. With a density of 2.4 g/cm3, as opposed to 3.8 g/cm3 for alumina, glass ceramics offer significant savings in weight. CDML used sol-gel technology for glass ceramics production by condensation polymerisation. Such glasses have been used for catalyst supports, barrier layers and coatings[17].

R&D on glass ceramics in India

The pioneering work of Stookey in the early 1960s initiated investigations on nucleation and controlled crystallisation of glass all over the world, including India. Thakur et al. at CGCRI Calcutta studied kinetics of bulk crystallisation on adding Cr_2O_3 in LiO_2 and SiO_2 glasses and found that for high strength,

17. P. Hartely, " Breakthrough in superconducting materials ", *IEEE Spectrum*, 210 (1988), 12.

slow crystal growth, but with a high rate of nucleation was best. They also investigated the effect of blast furnace and phosphorous plant slag in glass with nucleating agents Cr_2O_3, TiO_2, ZrO_2. They produced abrasion and chemical resistant tiles for the lining of coke oven chutes in a one ton melting furnace at their workshop. Ten years of their work 1963-1973 have been summarised in the *CGCRI Research Bulletin*[18]. Some of their work dealt with crystallisation using Cu_2O as nucleating agent to magnesia-alumina-silica glass and SnO as reducing agent. The product is used in making photosensitive glasses[19]. CGCRI also worked in glass ceramic coatings on mild steel, stainless steel and alloys to prevent failures under stringent operating conditions. These proved superior to the conventional vitreous enamel coatings with respect to mechanical wear and chemical corrosion[20].

The materials science department at the Indian Institute of Technology, Bombay, has very recently conducted experiments to develop machinable glass ceramics, a field covered by patents, with little information available on exact materials used. They have prepared and characterized mica glass ceramic composites, via a powder processing route using crystallisable lead-borosilicate glass to synthesize glass-ceramics containing 40% to 70% by volume mica phase by pressureless sintering and hot pressing.

Global future trends and environmentally benign materials

Ceramic materials technology will be one of the key providers of novel environmentally benign advanced materials for a better global environment. Future ceramic materials will be generated in a full materials recycle system with minimum waste production and environmental load as shown in Fig. 2. Studies on oxide ceramic materials technology for a better global environment are represented in Table 3[21].

Sintering processes are heat-intensive, and an improvement of heating efficiency (e.g. via microwave heating) during low temperature sintering saves energy. As sintering temperature decreases with decrease in particle size, materials deposited on an atomic scale via thin-film processes such as plasma enhanced chemical vapour deposition or sputtering need lower sintering temperatures. Even refractory materials like SiC could be synthesised at temperatures less than 500°C. Epitaxial growth process could lower the growth temperature of single crystal ZnO to as low as 100°C. Deposition from liquid solutions by sol-gel methods also lowers the synthesis temperature of crystalline ceramics.

18. *CGCRI Research Bulletin*, vol. 22 (4) (1975).

19. R.L. Thakur, *CGCRI Research Bulletin*, 22 (4) (1975).

20. K. Wasa, " Materials engineering for a better global environment ", *Bull. Mater. Sci.*, 18 (1995), 937-953.

21. *Ibidem*.

Materials technology should be considered, according to Wasa[22], in the two important research fields : (i) reconstruction of traditional materials technology and establishment of benign technology and (ii) application of the latter to achieve a better global environment.

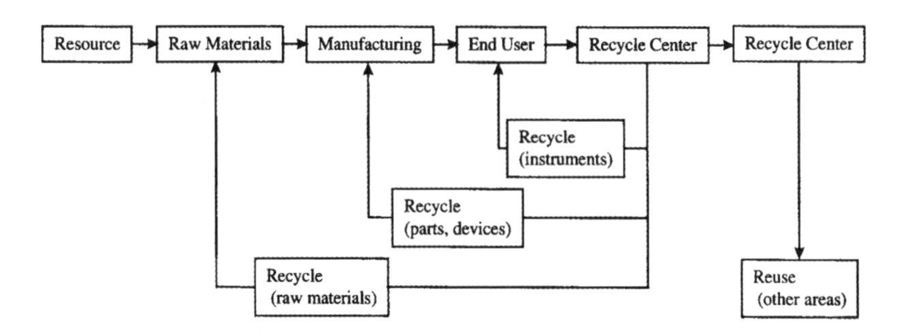

Fig. 2 : Full materials recycling system

This cannot, however, be achieved only by application of scientific technology but also requires a reform of economic and social thinking in the world. Materials technology such as structural and functional glasses for heat reflecting windows in energy efficient buildings are effective available technologies to meet the present social demand.

Advanced ceramic materials technology will play an important part in daily life from now on and into the approaching millennium.

Materials Technology	Typical Application
	[*saving energy*]
high temperature ceramics	high temperature gas turbine engines
intelligent structural ceramics	ecological housing, super-insulated housing
intelligent functional ceramics	information/communication device and system sensor/actuator/robot
	[*environment/waste management/recycling*]
glass ceramics	radioactive waste storage
porous ceramics	forestation of desert/ man-made coral reefs (increasing CO_2 sink)
ceramic membranes	gas separation, purification of polluted water
environmental catalyst, high temperature catalyst, photo-catalyst, honeycomb substrate	reduction of environmental pollution NO_x, SO_x carbon diesel trap, gas turbine, catalytic combustion, membrane reactor

Table 3 : Materials technologies for a better global environment

22. K. Wasa, " Materials engineering for a better global environment ", *op. cit.*

L'HISTOIRE DE LA MÉTALLURGIE DES POUDRES EN ROUMANIE - SON DÉVELOPPEMENT SCIENTIFIQUE ET INDUSTRIEL

Horia COLAN

La métallurgie des poudres est une science du XXe siècle. Dans une première période de recherches, elle s'est imposée notamment du point de vue technologique, par la réalisation de nouveaux matériaux à propriétés spécifiques ou associées. Dans la période suivante — les derniers 50 ans — parallèlement à son rapide développement industriel, un volume considérable de recherches a réuni d'une façon créatrice des travaux du domaine relevant de la science des matériaux (physique des métaux, propriétés superficielles du corps solide, théorie des alliages, théorie des traitements thermiques, diffusion, etc.) avec les recherches concernant les étapes du procédé (élaboration des poudres, réalisation de la forme, frittage), c'est-à-dire avec les principes de conception, fabrication, contrôle et comportement en service des pièces et des produits frittés[1]. Dans ce sens, il faut remarquer les deux grandes conquêtes de la physique qui ont fait date pour la science des matériaux : l'utilisation de la diffraction des rayons X à l'étude de la structure cristalline réticulaire (1913) et la découverte des défauts du réseau, des dislocations (1934-1939) ; en ce qui concerne la diffusion à l'état solide, il y a exactement cent ans depuis les premières recherches expérimentales de Roberts-Austen (1896). La même année s'est affirmée pour la première fois la diffraction des rayons X dans les travaux de Dumitru Bungetzianu publiés à Paris[2].

En Roumanie, la recherche, l'enseignement et les applications industrielles en métallurgie des poudres ont une tradition de plus de 45 ans à l'Institut Poly-

1. H. Colan, Forum " Science, Technologie et Société ", *Parlement Européen et C.C.E., Strasbourg 8-10 nov. 1990, Actes*, 1991, 268-281 ; *Idem*, " Matériaux et Techniques ", *Paris '79*, n° 1-2 (1991), 33-36 ; H. Colan, " New Perspectives on the Dissemination and Synthesis of Engineering Knowledge ", *Société Européenne pour la Formation des Ingénieurs (SEFI), Marseille 11-13 sept. 1991, Proceedings*, 137-147 ; H. Colan, *Powder Metallurgy World Congress PM' 94, Paris June 6-9, 1994, Proceedings*, vol. I, Paris, 1994, 77-80.

2. H. Colan, " NOESIS ", *Travaux du Comité Roumain d'Histoire et de Philosophie des Sciences de l'Académie Roumaine*, 20 (1995), 115-122.

technique de Cluj-Napoca (1950), l'actuelle Université Technique. Le début est dû au professeur Alexandru Domsa (1903-1989), son nom étant attaché à l'initiation, l'organisation et la direction des recherches et en même temps à la fondation de l'enseignement supérieur d'ingénieurs à Cluj-Napoca, de l'Institut Polytechnique dont il a été le premier recteur de 1953 à 1968.

Le but de toute son activité a été d'établir une étroite unité entre l'enseignement et une recherche mise en valeur dans l'industrie ; celui qui officie à la chaire doit être professeur-chercheur. Il a ajouté, à la connaissance des choses et des hommes, l'instinct de l'intuition. Il a eu dès le début la ferme conviction que seules une recherche de haut niveau et une mise en valeur concrète par la réalisation des stations-pilote et des chaînes technologiques, des sections nouvelles créées dans l'industrie élèvent le prestige du professeur, contribuant au perfectionnement de l'enseignement.

Dans le Département de technologie des métaux, le professeur Domsa a orienté la recherche vers une direction unitaire, moderne et de grande efficience économique, utile aux plus importantes branches de l'industrie nationale : la métallurgie des poudres. L'espace limité ne nous permet pas d'énumérer au moins les premières recherches. Elles se rapportaient tout d'abord à l'élaboration des poudres et des produits frittés pour l'industrie. Nous mentionnons toutefois les recherches qui ont été entreprises sur la réduction directe des oxydes de fer au méthane qui ont éclairci des problèmes théoriques d'ordre cinétique et thermodynamique liés à la conversion du gaz et aux réactions catalytiques et autocatalytiques entre les oxydes de fer, le méthane, l'hydrogène et l'oxyde de carbone. Les recherches ont conduit à l'obtention des poudres de fer et plus tard à la création de la section industrielle de *Industria Sârmei*, Câmpia Turzii. Les poudres ainsi obtenues à partir du procédé et des installations conçues et réalisées (objet de dix brevets) ont été utilisées à la fabrication des électrodes de soudure, au découpage oxyacétylénique et, après purification, pour les pièces frittées produites par *Sinterom* de Cluj-Napoca.

L'étude de la diffusion du cuivre dans le fer a clarifié l'influence inhibitrice de celle-ci sur la diffusion du carbone et a conduit au perfectionnement du procédé de fabrication des coussinets poreux et des pièces de résistance Fe-Cu-graphite pour la construction mécanique.

D'autres recherches sur l'élaboration des poudres par atomisation ont été appliquées. Il en a résulté la fabrique de poudres d'aluminium à Zlatna et la fabrique de contacts électriques Ag-CdO de l'usine *Electroaparataj* de Bucarest.

De nouveaux laboratoires ont été créés : Métallographie (1950), Essais mécaniques (1951), Métallurgie des poudres (1953), ce dernier étant équipé d'appareils et d'installations réalisés surtout par nos propres projets (fours de réduction, broyeurs, presses, fours de frittage, etc.). Dans le volume *Lucrari stiintifice*, contenant les travaux de la Session de l'Institut Polytechnique de

1955[3], a été présenté aussi le laboratoire : laboratoire général, laboratoire d'élaboration et de préparation des poudres, laboratoire de frittage.

Parmi les outillages conçus et réalisés se trouve le broyeur à tourbillon original, de construction compacte, verticale, coaxiale, comprenant en bas le compresseur, l'espace de broyage avec le stator et le rotor à palettes (6000 rot./min) et le cyclon de séparation des poudres dans la partie supérieure (projet du professeur G. Müller). *Hametag* (Allemagne) avait construit un broyeur similaire de construction horizontale à deux rotors à palettes opposés. La consommation d'énergie était assez élevée (2,5 kWh/kg de poudre de fer) par rapport à l'atomisation. Mais le procédé était applicable aux matériaux tenaces et la forme des granules et leur compressibilité étaient supérieures.

En ce qui concerne les manifestations scientifiques, après les conférences de l'Institut Polytechnique de Cluj-Napoca dans lesquelles on réservait régulièrement des sessions distinctes de métallurgie des poudres, en 1957 a eu lieu à Cluj-Napoca la première conférence sur " le stade de la métallurgie des poudres en Roumanie ", ensuite en 1975, 1983, 1988, toujours à Cluj-Napoca, les trois autres Conférences Nationales de Métallurgie des Poudres.

En 1957 a été également publié le premier livre monographique sur la métallurgie des poudres[4]. La première partie d'un cours universitaire[5] et ensuite les *Actes* de la Conférence de 1957[6] comprenant les travaux effectués à l'Institut Polytechnique de Cluj-Napoca (élaboration mécanique des poudres de fer dans le broyeur à tourbillon et par réduction directe au méthane, coussinets poreux et pièces de résistance pour les constructions mécaniques, matériaux de contact électrique W-Cu, W-Cu-Ni, W-Ag, disques abrasifs à liant métallique, recyclage des materiaux par la métallurgie des poudres, etc.), à l'Institut de Recherches Métallurgiques de Bucarest (élaboration des métaux non ferreux par atomisation, matériaux antifriction poreux, alliages durs base carbure de tungstène), au Centre de Recherches Métallurgiques de l'Académie Roumaine et à l'Institut de Physique Atomique de Bucarest (matériaux magnétiques).

A la même période se situent les premiers congrès internationaux en Autriche et en Allemagne (Plansee-Seminar " De re metallica ", *Internationale Pulvermetallurgische Tagung Eisenach*), en Tchécoslovaquie (Brno) et les conférences nationales en URSS (Kiev et Moscou), Suède (Göteborg), Grande Bretagne (Londres), Italie (Turin). Aux États-Unis existait déjà la tradition des

3. *Lucrari stiintifice*, 1 (1958), Bucuresti, 219-229.

4. E. Labusca, *Introducere în metalurgia pulberilor*. III. *Monografii de tehnica*, Bucuresti, 1957.

5. A. Domsa, H. Colan, *Tehnologia metalelor*. vol II. *Turnarea metalelor. Metalurgia Pulberilor I.P.C-N.*, Cluj-Napoca, 1957.

6. *Metalurgia pulberilor*, IDT Bucuresti, 1959.

“Annual Meetings” de *Metal Powder Association* : 1953 - Cleveland (9e), 1954 - Chicago (10e), 1955 - Philadelphia (11e), etc.

Les premiers travaux publiés par l'Académie Roumaine remontent à 1956, 1957, 1958 dans les revues *Studii si cercetari de metalurgie* (Études et recherches de métallurgie)[7] et *Revue roumaine de métallurgie,* dirigées par le professeur Traian Negrescu, directeur du Centre de recherches métallurgiques, un grand ami et soutien de notre équipe. Il a été le président d'un Conseil pour la métallurgie des poudres (dont le professeur Domsa était le vice-président), constitué après une réunion à Brasov mais d'une brève existence, interrompue par la mort de Negrescu en 1960.

Les recherches roumaines de cette période-là ont été amplement mentionnées dans le traité publié par l'Académie des Sciences de Berlin *Fortschritte der Pulvermetallurgie* en 1963[8]. La place réservée à la Roumanie dans le chapitre de synthèse *Die Pulvermetallurgie in verschiedenen Ländern*[9] est importante, après les États-Unis, l'Allemagne, l'Autriche, l'URSS, la Grande Bretagne, la Tchécoslovaquie, le Japon et devant la France, l'Espagne, la Chine, la Suède, la Suisse, l'Italie et la Hongrie ; d'autres pays ne sont pas mentionnés. Parmi les conclusions : *In der Rumänische Volksrepublik besteht an der Technischen Hochschule in Cluj (Klausenburg) ein Laboratorium für Pulvermetallurgie, in dem eine Reihe bedeutender Forschungsarbeiten, insbesondere über die Pulvergewinnung, in dem letzten Jahre durchgeführt worden ist.*

Dans le même sens, il faut mentionner les visites à Cluj-Napoca des professeurs F. Eisenkolb et H. Ringpfeil (Allemagne), F.V. Lenel et G.C. Kuczynski (États-Unis), G. Rossi (Italie), J. Kubelik et M. Slesar (Tchécoslovaquie), D. Trifunovic (Yougoslavie), P.S. Kislîi et V.I. Sliuko (URSS) et plus tard, les dernières années, G. Petzow (Allemagne), J.V. Wood (Grande Bretagne), A. Berghezan et G. Winand (Belgique), etc. A part ces visites, il faut ajouter les autres relations scientifiques avec H.H. Hausner et G.S. Ansell (États-Unis), R. Kieffer, P. Schwarzkopf et F. Benesovsky (Autriche), G.V. Samsonov, I.N. Frantzevici et I.M. Fedorcenko (URSS), P. Lacombe, M. Eudier et R. Meyer (France), F. Thümmler et C. Agte (Allemagne), S. Stolarz et W. Rutkowski (Pologne), M. Ristic (Yougoslavie), etc.

Des stages de perfectionnement et de doctorat ont été effectués à l'étranger : *University of Notre Dame* (G.C. Kuczynski), *Rensselaer Polytechnic Institute*, Troy (F.V. Lenel), l'Institut de Kiev (G.V. Samsonov, I.N. Frantzevici), *Max Planck Institute* de Stuttgart (G. Petzow), etc.

A la sollicitation des yougoslaves, des efforts ont été faits pour réaliser une fabrique de poudres d'aluminium similaire à celle créée en Roumanie à Zlatna,

7. *Studii si Cercetari de Metalurgie*, Academia Română, Bucuresti 2, n° 1-2 (1957), 79-136.

8. F. Eisenkolb, *Fortschritte der Pulvermetallurgie*, Band I, II, Berlin, 1963.

9. *Die Pulvermetallurgie in verschiedenen Ländern*, vol. I, 6-13.

mais la bureaucratie routinière de l'époque et les divers obstacles n'ont pu être surmontés.

A remarquer la publication en 1966 du premier traité original roumain[10], dû aux enseignants-chercheurs de Cluj-Napoca (G. Rossi de Gènes a publié en Italie un compte rendu élogieux sur ce livre) et la création en 1968 du Centre de Recherches pour la Métallurgie des Poudres, l'actuel Laboratoire.

Le Département de Science et Technologie des Matériaux et le Laboratoire de Recherches pour la Métallurgie des Poudres ont été dirigés par les professeurs Alexandru Domsa (1948-1971), Horia Colan (1971-1985), Victor Constantinescu (1985-1992) et Radu Orban (à partir 1992). Les études doctorales dans le domaine de la métallurgie des poudres ont commencé en 1953, dirigées par A. Domsa. Actuellement le département comprend sept dirigeants et plus de 40 spécialistes ont obtenu à Cluj-Napoca le titre de docteur ingénieur auxquels d'autres s'y sont ajoutés à Bucarest, Timisoara, Iasi, Galati, Craiova en métallurgie des poudres ou dans le cadre des spécialités voisines : science des matériaux, métallurgie physique, technologie des matériaux, *etc.*

Une activité remarquable s'est déroulée dans le domaine de la normalisation. On a élaboré 56 normes roumaines, réunies dans la subdivision B5 " Métallurgie des poudres " la plupart identiques ou équivalentes aux normes ISO et EN, qui se rapportent à la terminologie, aux méthodes d'analyse et d'essais pour les poudres et les produits frittés, aux spécifications sur les matériaux.

Les sociétés scientifiques d'ingénieurs, qui étaient dans la tradition de la Société Polytechnique créée en 1881, continuée depuis 1918, par l'Association Générale des Ingénieurs de Roumanie (AGIR), ont repris leur existence après 1989. Le 23 Février 1990 a été créée à Cluj-Napoca la Société Roumaine de Métallurgie des Poudres qui réunit les spécialistes travaillant dans ce domaine d'enseignement, de recherche ou en industrie. Au dernier *Congrès Mondial de Métallurgie des Poudres* (Paris, 1994), notre Société a été co-organisateur et la Roumanie a été présente avec 25 communications.

A cet effet, la création à l'Institut Polytechnique de Cluj-Napoca de la première section de spécialisation en Science des matériaux de Roumanie et de la première Faculté de Science et Génie des Matériaux (1990), qui se proposent de former également des spécialistes dans le domaine de la métallurgie des poudres, présente une grande importance pour l'avenir. Par leur création, de nouvelles prémices pour la recherche et la coopération interne et internationale s'ouvrent.

Auparavant, le premier cours de métallurgie des poudres a été donné pour la Faculté de génie mécanique par le professeur A. Domsa de 1960 à 1971,

10. A. Domsa, *et al.* (eds), *Tehnologia fabricarii pieselor din pulberi metalice*, Bucuresti, 1966.

ensuite de 1971 à 1990 par le professeur H. Colan. Depuis 1990, plusieurs cours sont donnés par d'autres professeurs pour la Section de Science des Matériaux. Des cours semblables existent depuis longtemps à l'Université Polytechnique de Bucarest et plus tard à d'autres universités (Craiova, Iasi, Galati, etc.), dans les facultés de génie mécanique et de métallurgie et surtout dans les nouvelles sections de science des matériaux. En 1988 à l'Académie Roumaine a été créée une Commission pour la science des matériaux. Des commissions similaires existent aussi au niveau des filiales de l'Académie de Cluj-Napoca, Timisoara et Iasi qui organisent des sessions chaque année lors des " Journées Académiques ".

Les recherches à l'Institut Polytechnique de Cluj-Napoca représentent une activité étroitement liée à d'importantes réalisations industrielles. Il est à remarquer que les recherches ont inclus l'élaboration de technologies même au niveau industriel, des projets pour des outillages spécifiques et chaînes technologiques et ont conduit à la réalisation de plusieurs unités industrielles ou pilotes. Les technologies aussi bien que les installations réalisées sont en grande partie nouvelles et valorisent plus de 70 inventions.

Parmi les unités de production créées à la suite de la contribution des chercheurs de Cluj-Napoca on peut compter[11] :

- la section de fabrication de contacts électriques en Ag-CdO à *Electroaparataj* Bucarest (1969) ;
- la fabrique de poudres de fer utilisant la réduction directe des oxydes par le gaz méthane de la Société *Industria Sârmei* de Câmpia Turzii (1969) ;
- la fabrique de pièces frittées de la Société *Sinterom* de Cluj-Napoca équipée par Métafram (assistance technique 1970) ;
- la section pour le traitement chimique sélectif des riblons et pour la réduction des oxydes de cuivre (élaboration des poudres de cuivre) à l'Entreprise d'outillage chimique (IUC) de Fagaras (1979) ;
- la chaîne technologique pour la fabrication des matériaux de friction frittés à Sinterom, réalisés par la méthode de saupoudrage (1979) ;
- la fabrique de poudres d'aluminium à l'Entreprise métallurgique de métaux non ferreux de Zlatna (1980) ;
- la chaîne technologique pour fils de contact Ag-Ni et Ag-CdO à *Sinterom* (1981) ;
- la section pour la récupération du tungstène et du cobalt à partir d'alliages durs à IUC de Fagaras (1981) ;
- la section pour la préparation des liants et des mélanges de poudres pour la matrice des outils de forage au diamant de l'Entreprise *Diarom* de Bucarest (1984) :

11. H. Colan, *A II^a Conferinta Nationala de Metalurgia Pulberilor, Cluj-Napoca 24-26 nov. 1983*, vol. I, 1983, 13-24 ; H. Colan, *Metalurgia Bucuresti 36*, n° 12 (1984), 625-628.

- la section de céramiques superalumineux (anneaux céramiques pour étanchements frontaux) à l'Entreprise de matrices et pièces en fonte de Odorheiul Secuiesc (1985) ;
- la chaîne technologique des isolateurs céramiques pour les diodes et les thyristors de haute puissance à *Electroceramica* Turda (1985), etc.

On peut ajouter les technologies réalisées pour la fabrication des matériaux isotropes frittés pour les électrodes d'électroérosion (W-Cu par compression isostatique et infiltration du cuivre, Cu, Cu-graphite), pour les filtres métalliques inoxydables à partir des tôles d'acier inoxydable frittées obtenues par saupoudrage et pour les électrodes poreux Ag-Zn[12].

Parmi les autres préoccupations dont quelques-unes continuent actuellement :

- Technologies avancées pour la réalisation de la forme (compression isostatique, forgeage des poudres, moulage par injection, extrusion, frittage par infiltration de mélanges de poudres) ;
- Élaboration de matériaux avancés (composites à matrice métallique avec carbures et diamant, aciers maraging frittés, alliages lourds base tungstène, matériaux perméables à haute porosité, céramiques techniques, poudres des alliages Ni-Cr-Si-B, Co-Cr-W-C et Ni-Al pour projection thermique, etc.

Des recherches se déroulent aussi à l'Université de Craiova, à l'Université Polytechnique de Bucarest, à l'Université Polytechnique de Timisoara (céramiques).

L'Institut de Recherches Métallurgiques (ICEM) de Bucarest a abordé des recherches dans le domaine de la métallurgie des poudres dès les premières années qui ont suivi sa création en 1950. Il comprend un groupe de recherche dans le département des alliages spéciaux et organise une section de métallurgie des poudres dans le cadre de ses sessions annuelles de communications, publiées dans *Cercetari metalurgice* ICEM. Parmi les multiples préoccupations et réalisations, on doit mentionner l'élaboration des poudres de cuivre par électrolyse ; la technologie originale est appliquée dans la section créée à Phönix Baia Mare. De même, la réalisation des technologies qui ont abouti au *know-how* et à l'assistance technique pour la mise en fonction (en 1971) d'une chaîne technologique pour pièces d'alliages durs frittés à *Carmesin* Bucarest. Cette usine produit des alliages durs WC-Co, WC-TiC-Co, WC-TiC-Ta(Nb)C-Co, TiC-Mo_2C-Ni. A retenir parmi les autres préoccupations de l'ICEM, les recherches sur des technologies modernes de réalisation de la forme pour les alliages durs, sur des matériaux céramiques, recyclage de matériaux[13].

12. A. Domsa, H. Colan, V. Constantinescu (eds), *A II^a Conferinta Nationala de Metalurgia pulberilor, Cluj-Napoca 10-12 nov. 1988*, vol. I, 1988, 15-32.

13. G. Pârvu, P. Nicolae, *A II^a Conferinta Nationala de Metalurgia pulberilor*, *loc. cit.*, 43-46.

L'Institut de Recherches pour l'Électrotechnique (ICPE) de Bucarest a effectué d'importantes recherches pour l'élaboration et la microproduction des matériaux frittés pour l'industrie électrotechnique. Parmi ceux-ci : matériaux magnétiques frittés (Alnico, SmCo, SmPrCo, NdFeB, Sm(Co,Cu,Fe,Zr) ; matériaux de contact (AgNi, AgCNi, AgC, AgCdO, $AgSnO_2$, AgZnO, alliages lourds WNiCu pour les commutateurs de haute tension) ; matériaux carbonés (électrographitiques métal-graphite bakélite-graphite, carbone dur), céramiques (plusieurs brevets). Les matériaux W-Ag (pseudo-alliages) et AgNi ont été mis en fabrication à *Electroaparataj* - Bucarest (1976-1980) et à partir de 1980, à *Sinterom* Cluj-Napoca[14].

Parmi les autres instituts de recherches de Bucarest ayant aussi des préoccupations dans le domaine des matériaux frittés citons : l'Institut de Recherche pour les Métaux Non Ferreux et Rares (IMNR) (technologies de fabrication et microproduction de poudres)[15], l'Entreprise Métallurgique pour l'Aviation (METAV) (pièces frittées, céramiques, composites), l'Institut de Physique et Technologie des Matériaux (IFTM), l'Institut Technologique (INTEC) (forgeage des poudres) ; Institut de Recherches pour les Réacteurs Énergétiques (IRNE) de Pitesti, etc.

14. P. Roman, *A II^a Conferinta Nationala de Metalurgia pulberilor*, *loc. cit.*, 47-54.
15. G. Bujgoi, D. Dumbrava, T. Segarceanu, *loc. cit.*, 33-39.

Building the Ceramic Gas Turbine : Government - Corporate R&D Programs in the United States, Germany and Japan in the 1970s

Hans-Joachim Braun

In the 1970s gas turbines were nothing new. Stationary gas turbines had been in use from the early 20th century onwards and the development of gas turbines for aircraft propulsion prior and during World War II is also well-known. In World War II attempts to build a ceramic gas turbine started in Germany[1]. I shall briefly review those attempts, make a few comments on developments in Britain from the 1950s to the early seventies and then compare the relevant programs in the United States, Germany and Japan. As we know, a ceramic gas turbine is not in use to date, but it would be premature to call the efforts to build one a failed attempt. There have been several important spin-offs and one can point to substantial research findings on the properties of various ceramic materials, especially silicon nitride.

About a year before the outbreak of World War II, the German Air Ministry and the Machine, Works Augsburg Nuremberg (MAN) investigated the suitability of ceramic materials for gas turbine blades[2]. Whereas nowadays firms try to apply ceramics instead of superalloys because of its superior performance, the motive in 1938 was to find a substitute, an Ersatz, for chromium, nickel and molybdenum which Germany had to import. The advantages of ceramics (aluminum oxide, later silicon carbide and silicon nitride) were attractive : they were comparatively cheap and easy to obtain, had a high melting point and

1. See H.J. Braun, " Engineering Ceramics : Research, Development and Applications from the 1930s to the early 1980s ", in A. Herlea (ed.), *Science-Technology Relationships. Relations Science-Technique*, Presentations made at the *18th International Congress of ICOHTEC, Paris 1990*, San Francisco, 1993, 161-167. I am particularly grateful to D.J. Godfrey, R.N. Katz, D.E. Niesz and G. Petzow for helpful suggestions.

2. " Besuch von Herrn Dr. Väth vom Reichsluftfahrtministerium Berlin vom 24.8.1938 ", Degussa Archives, Frankfurt/M.

excellent creep resistance at high temperatures. They had a high oxidation resistance and, because of their low density, were comparatively light[3].

But there were several severe drawbacks : they lack ductility and are therefore brittle and have a poor resistance to mechanical and thermal shock. Being extremely hard — only diamond is harder — they are difficult and therefore expensive to machine[4].

Because of the drawbacks mentioned above not much came out of these efforts. Still, a lot of data were gathered and a ceramic heat exchanger was built at the Aerodynamic Research Institute in Göttingen which seemed to have worked reasonably well[5].

The Degussa and MAN plants were badly damaged during the war and key researchers left for the United States shortly after. There was little money and research which might have led to military applications was forbidden.

In the second half of 1945 and in 1946, numerous British and American scientists and engineers went to German plants as government officials to interrogate German technicians who had been active during the war. Their objective was to find out as much as possible about technology used in Germany during the war. Ceramics was one of the fields they were interested in. The results of these interrogations were published in numerous BIOS, CIOS and FIAT reports and were used by allied scientists and engineers[6].

In ceramics, Britain and the United States, partly with the help of the information gathered from Germany, took the lead. In Britain, defense related institutes like the Admiralty Materials Laboratory at Poole and the National Gas Turbine Establishment at Pyestock, Hants, were particularly active[7]. In their research they put an emphasis on silicon nitride. This seemed to have better properties for a ceramic gas turbine than aluminum oxide which was favored by German researchers during the war[8].

In 1955 Norman Parr, who had been a scientific liaison officer in the United States, was appointed to the Admiralty Laboratories[9]. He became one of the most active product champions of engineering ceramics. From the early 1960s

3. See e.g. M.F. Ashby and D.R.H. Jones, *Engineering Materials : An Introduction to their Properties and Applications*, Oxford, 1980, 189.

4. E. Glenny, " Ceramics and the Gas Turbine ", in P. Popper (ed.), *Special Ceramics 1964*, *Proceedings* of a *Symposium Held by the British Ceramic Research Association*, London, New York, 1965, 301.

5. " Gas Turbine Development ", *CIOS Report*, XXXII (1945). Interrogation of Dr. Ernst Schmidt of LFA, Braunschweig, and Dr. Ritz of AVA, Göttingen, 5-7 ; " German Gas Turbine Development during the Period 1939-1945 ", *BIOS Overall Report*, n° 12 (1949), 26-29.

6. On this general topic see A. Krammer, " Technology Transfer as War booty : The U.S. Technical Oil Mission to Europe, 1945 ", *Technology and Culture*, 22 (1981), 68-103.

7. D.J. Godfrey, " Ceramics for High-Temperature Engineering ? ", *Proceedings of the British Ceramic Society*, 22 (1973), 1-25.

8. AVIA 28/1253, Public Record Office London.

9. D.J. Godfrey, " Ceramics for High-Temperature Engineering ? ", *op.cit.*

there was also increased government funding of ceramic R&D through the Ministry of Supply, Aviation and Defense with the aim of producing a ceramic gas turbine with properties superior to superalloys. As it happened, however, constantly improved superalloys seem to have reduced the demand for ceramics[10].

Still, research on engineering ceramics increased. The only large scale R&D on ceramics in Britain which was not supported by the government, took place at the Lucas Group Research Centre in Solihull near Birmingham. As an automobile and engineering company Lucas had in the early 1960s become interested in ceramic wear parts and engine components. By the early 1970s the company supplied hot pressed silicon nitride parts to Ford in Dearborn, MI, for trials as gas turbine components and came to a licensing agreement with Norton, Worcester, MA, for manufacture in the United States[11]. At that time silicon nitride was hailed as the " ceramics of the decade ". In spite of all this ceramics activities in Britain declined rapidly during the following years.

Why was that ? Some of the reasons I have already hinted at : ceramic material was extremely difficult to machine and, produced in the same kiln, could have strength differentials of as much as 40 per cent. Detecting faults in ceramics was — and still is — much more difficult than in metals. Altogether there were high hopes followed by rapid disillusionment. Apart from these more " internal " problems which had to do with the material and its processing there were also " external " ones.

In Britain the sudden increase in oil prices in 1973 did not lead to the consequence that the application of a material should be pursued which in the medium and long-run could lead to energy conservation. A firm like Lucas preferred to improve the situation as fast as possible which meant that small improvements in the short run (better alloys) were aimed at. It may be that later the availability of the North Sea oil did not give energy efficiency such a high priority[12].

Like Rover in Britain, Chrysler, Ford and other companies in the United States had been interested in automotive gas turbine engines for some time. Their advantages like multi-fuel capability or low emission levels owing to continuous combustion were attractive. But there were obvious drawbacks like poor fuel economy at part-load, high manufacturing costs and the lack of appropriate materials for extremely high temperatures. Only ceramic materials could remedy this.

This meant that an enormous r&d outlay was necessary to make progress.

10. E. Glenny, *The Properties of Ceramics and Cermets for High-Temperature Service*, National Gas turbine Establishment, Metallurgy Department, Note 346 (Sept. 1958).

11. K.H. Jack, " Silicon Nitride, Sialons, and Related Ceramics ", in W.D. Kingery (ed.), *High-Technology Ceramics, Past, Present, and Future*, Westerville, OH, 1986, 259-288.

12. P.R. Odell, *Oil and World Power*, 7th ed., Harmondsworth, 1983, 122.

Apart from Chrysler which had had some success in developing an automotive gas turbine on the basis of superalloys[13], other automobile firms were not willing to spend much money on this. In the early seventies government subsidies started. In 1971 ARPA (Advanced Research Project Agency), an institution related to the US Ministry of Defense, introduced a six year program, the " Brittle Materials Program ". This program aimed at enhancing knowledge of ceramic materials with a view of replacing superalloys in the long run. The " Brittle Materials Program " was followed by a proper Gas Turbine Program. In 1977, the EPA (Environmental Protection Agency), an institution of the US Department of Energy (DOE), started a " Ceramics Applications in Turbine Engines Program " (ATE), which was followed by an " Advanced Gas Turbine Program " (AGT) two years later. The objective was to develop an engine for land vehicles which would be both more efficient and environment-friendly[14].

The ARPA " Brittle Materials Program " mentioned first involved Ford and Westinghouse who signed an five-year $ 10 million contract with ARPA to develop a gas turbine operating at temperatures of 1350°/2500° F and higher. The objective was to show that design with ceramics for a gas turbine was feasible. Although the main aim was to use a material which was more efficient than the superalloys, another aim was similar to that the German air ministry pursued shortly before and during World War II, namely a growing awareness of the need to become less dependent on critical metals. Later the automobile companies had to take tougher Federal legislation concerning NOx emissions as well as higher mineral oil prices into consideration[15]. What came out of these programs ? As is well-known, the ceramic gas turbine was not built, but turbine-parts like reaction-bonded silicon nitride stators and nose cones were built by Ford. Especially Japanese scientists and engineers benefited from these R&D efforts. Within the DOE sponsored program R&D and test track demonstrations of a partly ceramic gas turbine in a truck driven from Indianapolis to Detroit were carried through. Also a " Brittle Materials Design Curriculum " was inaugurated at the University of Washington which was an important step on the route towards the institutionalization of ceramics R&D in the universities.

13. H.J. Braun, " The Chrysler Automotive Gas Turbine Engine, 1950-1980 ", in H.J. Braun (guest ed.), *Symposium on " Failed Innovations "*, *Social Studies of Science*, 22 (1992), 339-351.

14. For this see especially the publications by R.N. Katz ; R.N. Katz, R.B. Schulz, " US National Programs in Ceramics for Energy Conversion ", in F.L. Riley (ed.), *Progress in Nitrogen Ceramics*, Boston, The Hague, 1983, 727-753 ; R.N. Katz, " Engineering Applications for Ceramic Materials ", in M. Schwartz (ed.), *Ceramics for Vehicular Engines : State of the Art* (June 1980), (Report, Army Materials and Mechanics Research Center) ; R.N. Katz, " Nitrogen Ceramics 1976-1981 ", in R.L. Riley (ed.), *Progress in Nitrogen Ceramics*, *op. cit.*, 3-20 ; R.N. Katz, T. Whalen, " Development Programmes - USA ", *Proceedings of the First European Symposium on Engineering Ceramics*, London, Oyez Scientific and Technical Services, 1985, 175-191.

15. A.F. McLean, " The Application of Ceramics to the Small Gas Turbine ", *ASME Publications*, n° 70-GT-105 ; A.F. McLean, " Ceramics in Automotive Gas Turbines ", *Ceramic Bulletin*, 5 (1973), 464-466, 482.

To build the ceramic gas turbine several problems still had to be solved :

- Make the ceramic-metal attachments safe. This could be done by improving the quality of the powders used and by minimizing the contact stresses in ceramic to ceramic and ceramic to metal attachments[16].
- Learn how to design with ceramics. Owing to the scatter in strength, design with ceramics was — and still is — done on a probabilistic as opposed to a deterministic basis. Ceramic powder particles which seemed to be completely identical under the microscope could behave completely different under test conditions. Numerous tests and a comprehensive data base was therefore required. In 1979 Arthur McLean, who was in charge of the Ford ceramic materials program, said : " considerable R&D is needed to take us from the stage of 'ceramics can work' t the stage of 'ceramics won't fail'[17].

R&D carried through in the United States led to increased research by materials scientists in Britain, Germany, Japan, and other countries. The importance of using ultrafine powders became clear ; reaction-bonded silicon nitride was produced up to 98 per cent theoretical density which led to increased strength and oxidation resistance.

The US ceramics programs[18] had a profound influence on ceramics research in Germany. Between 1974 and 1981 the Federal German Ministry of Research and Technology spent more than 20 Million Dollars on ceramics R&D, considerably more than the US government did at the same time.

The reasons were manifold[19] :

- The United States had programs in engineering ceramics. So Germany which had often been accused of lagging behind the US in research and development, felt that it could not be without one.
- The oil price shock of 1973 seemed to make long term energy conservation measures necessary. In this instance reaction in Germany differed from that in Britain.

16. For this and the following see K.H. Jack, " Silicon Nitride, Sialons, and Related Ceramics ", *op. cit.*

17. R.N. Katz, " Some Aspects of Materials and Structures. Engineering with Ceramics for Engine Application ", in K.J. Miller, R.F. Smith (eds), *Mechanical Behaviour of Materials, Proceedings of the Third International Conference held in Cambridge, England, 20-24 Aug. 1979*, Oxford, New York, 1979, 257-278.

18. D.W. Richardson, " Evolution in the US of Ceramic Technology for Turbine Engines ", *Robotica*, 3 (1985), 282-286.

19. W. Bunk, M. Böhmer (eds), *Keramische Komponenten für Fahrzeug-Gasturbinen, Statusseminar im Auftrag des Bundesministeriums für Forschung und Technologie*, Berlin, Heidelberg, New York, 1978 ; W. Bunk, M. Böhmer, " Status Report 1981 on the German BMFT-Sponsored Programme *Ceramic Compounds for Vehicular Gas Turbines* ", in F.L. Riley (ed.), *Progress in Nitrogen Ceramics*, Boston, Kluwer, 1983, 737-751 ; W. Bunk, " Ceramic Materials for Vehicular Gas Turbine Applications. Keramische Werkstoffe für Gasturbinen ", *Zeitschrift für Werkstofftechnik*, 10 (1979), 442-448 ; W. Bunk, M. Böhmer, *Keramische Komponenten für Fahrzeug-Gasturbinen I-III*, Berlin, 1978, 1981, 1984.

- The new Federal German Ministry of Research and Technology, founded in 1971, was eager to play an active role in the government policy of " concerted action "[20].

The German approach differed somewhat from that in the United States. Germany favored an interdisciplinary approach[21]. The German ministry did not fund selected companies, but all companies interested in ceramics could participate and were funded. This started with the ceramic powder producers and ended with engine and turbine makers like Volkswagen and Daimler-Benz. The Federal government offered to pay 50 per cent of their research and development cost with the objective to design a ceramic truck gas turbine of 350 HP. Extensive tests of ceramic combustors, stators, rotors and heat exchangers were performed and an all-ceramic rotor was tested for a 200 hour duty cycle[22].

Although there was some success, the main aim, building the ceramic gas turbine for trucks, was not reached. There were some encouraging results, however : in 1984 a Daimler-Benz car with turbine rotors and stators from hot pressed silicon nitride (HPSN) made a 200 mile trip without any major problems[23]. The process of bringing those HPSN rotors and stators into their proper shape was, however, prohibitively expensive[24].

My third short case study deals with Japan. Materials scientists in Japan had been very interested in silicon nitride from the early 1960s onwards[25]. In the seventies Toyota pursued a joint development program with Toshiba ; a similar program was shared by Isuzu and Kyocera. The main goal was the construction of a ceramic diesel engine. Toshiba and Kyocera also participated in the second American gas turbine program, a fact which met with some criticism from US

20. H.J. Braun, *The German Economy in the Twentieth Century. The German Reich and the Federal Republic*, London, New York, 1990, 183.

21. W. Bunk, " Ceramic Materials for Vehicular Gas Turbine Applications. Keramische Werkstoffe für Gasturbinen ", *op cit.*, 447.

22. P. Popper, " Engineering Ceramics in West Germany ", in Office of Naval Research (ed.), *Engineering Materials for Very High Temperatures*, An Office of Naval Research Laboratory Workshop (NASA STAR Conference Paper Issue 09), Washington, DC, 1989, 63-68.

23. E. Tiefenbacher, " Investigations of a Hot-Pressed Silicon Nitride Turbine Rotor ", in NATO, Advisory Group for Aerospace Research and Development (ed.), *Ceramics for Turbine Engine Applications, AGARD Conference Proceedings n° 276*, Papers presented to the 49th Meeting of the AGARD Structures and Materials Panel held in Porz-Wahn, Köln, Germany, on 8-10 Oct. 1979.

24. On the present state see M.J. Hoffmann, P.F. Becher, G. Petzow (eds.), *Silicon Nitride 93, Proceedings of the International Conference on Silicon Nitride-Based Ceramics, Stuttgart, 4-6 Oct. 1993*, Aedermannshof (Schweiz), 1994, as well as G. Petzow, " Neue Keramische Werkstoffe für die Technik ", *Gaswärme international*, 37 (1988), 58-63 ; G. Petzow, " Erst am Anfang ", *Hoechst High. Chem. Magazin* 8, 44-47 ; H. Hausner, " Ceramics in Engines. Past - Present - Future ", *Thermochemica Acta*, 112 (1987) 1-11 ; A.S. Brown, " Ceramics learn to Bend instead of Break ", *Aerospace America* (Aug. 1990), 24-28.

25. H. Suzuki, T. Yamauchi, *Effects of Various Additions on the Synthesis of Silicon Nitride and its Polymorphism, 18th IUPAC Congress, Montreal, 6-12 Aug. 1961*, 213-215, and H. Suzuki, " The Synthesis and Properties of Silicon Nitride ", *Bulletin of the Tokyo Institute of Technology*, n° 54 (1963), 159-161.

corporations later. In the 1970s major Japanese firms like Kyocera and Toshiba were already active in ceramic R&D without the assistance of government funds. At that time ceramics was widely used in the manufacture of integrated circuits, packages, in piezoelectrics, and for capacitors[26]. The amount of funds which private Japanese companies invested in R&D for ceramic engines seemed much to low for the Japanese government, however[27]. Therefore, in 1978 MITI entered the ceramics scene by inaugurating the substantial " Moonlight Project ".

What were the reasons ?

- As in Germany and, to an extent in the United States, oil prices played a role. Japan lacks natural resources and the multi-fuel capability of the gas turbine engine seemed very attractive.
- Researchers and politicians in Japan had watched developments in the United States and in Germany attentively. Competition between the US and Japan was growing, especially in the automobile sector. In the mid-seventies Detroit car manufacturers announced that they would have a ceramic turbine engine ready for mass production by the late 1990s. For the Japanese automobile industry it had become vital to establish technological capacity and, if possible, attain leadership by the late 1980s.
- The traditional ceramic industry in Japan seemed to have run out of steam and looked for new products.
- Roads, parking conditions and taxation in Japan favored small cars. This suited gas turbine development[28].

Compared to similar projects in the United States and Germany the public funding of the " Moonlight Project " was much more generous. Whereas government agencies in the United States spent $ 10 million for a five year term and in Germany over $ 20 million for a seven year term, MITI spent $ 91 million on the seven year Moonlight Project. As in the United States and in Germany the objective was to build the ceramic gas turbine[29].

26. G. Gregory, " Fine Ceramics : Basic Material for Japan's Next Industrial Structure ", *Materials and Society*, 8 (1984), 523-527.

27. H. Suzuki, " Current Japanese Research Programmes into Nitrogen Ceramics ", in F.L. Riley (ed.), *Progress in Nitrogen Ceramics, op. cit.*, 755-768.

28. Y. Tajima, " Silicon Nitride Automobile Engine Components ", in W.D. Kingery (ed.), *Japanese/American Technological Innovation. The Influence of Cultural Differences on Japanese and American Innovation in Advanced Materials*, New York, Amsterdam, London, Tokyo, 1991, 187-194.

29. K. Kobayashi, " Silicon Nitride Structural Ceramic Innovations and the Influence of Cultures ", in W.D. Kingery (ed.), *loc. cit.*, 191, 184-191.

Although this aim was not reached either, there were numerous spin-offs, many more than in the United States and Germany[30]. The most important ones are :

- Ceramic Diesel engine glow plugs which Kyocera and Isuzu developed in 1981 and which Isuzu and Toyota introduced into production.
- Silicon nitride rocker arm wear pads which Mitsubishi introduced in 1984.
- A ceramic supercharger which Nissan applied commercially in 1985. This was a great success, because turbocharger rotors are extremely complex to design and to manufacture[31].
- Diesel swirl chambers, introduced by Mazda in 1986.

So in Japan we have a cluster of minor innovations (perhaps with the exception of the ceramic supercharger which was quite substantial). Japanese firms and the Japanese government were both ready to make large investments in ceramic r&d. In Japan researchers seemed to emphasize experimental results, whereas in the United States progress in theory seemed to be of prime importance. Like in other industries engineering, ceramics in Japan seemed to prosper without a proper scientific understanding of all the principles involved[32].

This does not mean that there were no practical results of ceramics R&D in countries like the United States and Germany. I have mentioned a few already. Ceramic tiles for aerospace applications, portliners in Porsche engines, automotive valves and catalytic converter supports may be added. But the Japanese were more determined[33]. They could be regarded as world leaders in ceramic slip casting and injection moulding, processes which lend themselves most readily to the manufacture of complex shapes[34]. Contrary to American and German producers, Japanese manufacturers and, indeed, the Japanese government had their eyes firmly on long run development. In the United States innovation in structural ceramics practically stopped when public funding was cut down severely[35].

30. D.J. Godfrey, " The Use of Ceramics in Diesel Engines ", in F.L. Riley (ed.), *Nitrogen Ceramics*, Alphen aan den Rijn, Sijthoff & Noordhoff Internat. Publishers, 1977, 647-652.

31. S. Nagamatsu and others, *Current Status of Industrial and Automotive Ceramic Gas Turbine R&D in Japan, 36th ASME International Gas Turbine and Aeroengine Congress and Exposition*, Orland, Fl., 1991 (ASME Paper 91-GT-101).

32. E. Poncelet, " Japanese and American Approaches to Technological Innovation : Cultural Influences ", in W.D. Kingery (ed.), *Japanese/American Technological Innovation. The Influence of Cultural Differences on Japanese and American Innovation in Advanced Materials*, *op. cit.*, 23-34.

33. K. Kobayashi, " " Fever " for Structural Ceramics in Japan ", in W.D. Kingery (ed.), *loc. cit.*, 192-194.

34. R.C. Bradt, " S3N4 - Structural Ceramic Innovations ", in W.D. Kingery (ed.), *loc. cit.*, 198-200.

35. On the USA see D.W. Richerson, " An American Corporate Perspective ", in W.D. Kingery (ed.), *loc. cit.*, 176-184.

Summing up and simplifying a bit it may seem that the case of engineering ceramics in the 1970s is similar to innovation processes in other sectors. But it would surely be oversimplified to call the Japanese efforts in ceramics R&D a relative success and those in the United States and Germany a relative failure. Who will finally be successful in building the ceramic gas turbine — if it is ever built — is still an open question. Whether it will be, in the long run, of any use for automotive purposes is, in view of developments like the oxygen engine and other " alternative " efforts, equally unclear. Also, accusing countries like the United States and Germany of an overriding science and theory bias in engineering ceramics seems to be somewhat unfair. Several years ago Japanese researchers in various fields have realized that they lacked basic scientific knowledge and they began trying to do something about it. For many Japanese corporations it became clear that world wide industrial leadership requires virtues which differ substantially from those which are needed when catching up.

THE DEVELOPMENT OF THE IRON AND STEEL TECHNOLOGY ON THE TERRITORY OF POLAND IN ANCIENT AND MEDIAEVAL TIMES

Jerzy PIASKOWSKI

The metallographic examinations of early iron implements started in Poland in 1953. Since 1955 they are carried out mostly in the Foundry Research Institute, Krakow, Poland being supported by the Institute of the History of Science and Technology of Polish Academy of Sciences.

The methods of metallographic examinations were " standardised "[1]. They consisted of : metallographic observations and identification the metal structure with the estimation the grain size of particular structure constituents and content in the metal, quantitative chemical analyses of P, Ni, Cu content (eventually Si, Mn, Co, As - content, in the metal, measurements of Hanemann's micro-hardness of particular structure constituents and of Vickers hardness of the metal, X - raying of some implements (*i.e.* socketed axes, pattern - welded swords), electron microprobe analyses to recognise the segregation of some metal admixtures or chemical composition of slag inclusions[2], revealing the quality (type) of metal and technology used for making examined implements.

To recognise this technology were very useful the studies of early written sources as the treatises of Aristotle, Pliny, mediaeval manuscripts (Theophilus, 12th cent. AD) and later printed matter (Biringuccio, 1540, Agricola, 1556 etc.).

They were estimated the chemical composition of the iron ores and slags and its softening and melting temperatures. To combine the iron products with the exploited iron ore or slag (*i.e.* recognize the production centre) was empirically derived regression formula[3]. Besides the metallurgical characteristics of individual object (implement) were considered the archaeological culture, ter-

1. J. Piaskowski, " Examinations of early iron objects : Part I - Purposes and standarization of methods ", *Irish Archeological Reasearch Forum*, 4.1 (1977), 13.

2. J. Piaskowski, J. Bryniarska, " Application of micro-probe analyser to the examinations of ancient iron objects ", *Organon*, 14 (1980), 28

3. J. Piaskowski, " Étude des plus intéressantes techniques de fabrication des objets en fer employés en Pologne du VIIIe au IIe siècle avant. J.C. ", *Métaux-Corrosion-Industries*, n° 455-456 (1965), 282.

ritory, historical dating. All features, quantitative or qualitative were considered as statistical data, all terms had the statistical meaning.

They were elaborated the classification of the structure slag inclusions in bloomery irons[4], objective criteria for the identification of early technologies including the iron cementation and welding of the iron with the steel[5], the criteria for distinguishing the products of direct and indirect methods of iron and steel smelting[6], the typology of mediaeval iron techniques[7]. It was proposed the procedure of presentation the results of metallographic examinations which will make possible to understand the materials even published in unknown language[8].

They were examined in Poland over 2200 ancient and mediaeval iron implements from about 400 archaeological sites and ab. 300 fragments of early ores and slags from ab. 130 sites. Some examined objects derived from other countries. The first irons appeared and spread on the territory of Poland ab. 8th century BC, there lived there the tribes of Lusatian culture (Halsttatt C and D period).

The iron implements of Lusatian culture (8-4th cent. BC) bracelets, axes, knives, chisels, sickels, spearheads, buckles (fibula's) were made mostly of low phosphorous, unevenly carburized (up to 0,8% C) iron (figs 3 and 4). Only 4,8% of irons contained over 0,2% P[9] - Figs 1 and 2.

In the structure of numerous iron implements of Lusatian and other ancient cultures, made of low phosphorous iron and found in cremation cemeteries were observed iron nitrides γ' - Fe_4N and α'' - $Fe_{16}N_2$. Probably, during the smelting process, the iron was saturated with nitrogen. During the heating on the crematation pile — these nitrides were secreted. This heating destroyed the traces of former heat treatment of produced instruments. As examples of technological characteristics of implements used by the tribes of Lusatian culture may be presented the braceets, forged of unevenly carburized iron (up to 0,8% C) with low concentration of phosphorus (arithmetic mean - 0,056% P, median - 0,032% P). The biggest bracelets, weighing about 550 g may be considered on the half products for further production.

4. J.Piaskowski, " Classification of the structure of slag inclusions in objects made of bloomery iron ", *Archaelogia Polona,* 17 (1976), 139.

5. *Idem,* " Proposals for a standarization of the criteria for determining technological processes in early and steel metallurgy ", *The Crafts of the Blacksmith*, Belfast (1984), 157.

6. *Idem,* " Classification of the structure of slag inclusions in objects made of bloomery iron ", *Archaelogia Polona,* 17 (1976), 139.

7. *Idem,* " Untersuchungen der frueh- mittelalterlichen Eisen und Stahltechnologie der Slaven in den Gabieten zwischen Weichsel und Oder ", *Archaeologia Polona*, 15 (1974) 67.

8. *Idem,* " Proposals for a standarization of the criteria for determining technological processes in early and steel metallurgy ", *The Crafts of the Blacksmith*, Belfast (1984), 157.

9. *Idem,* " Metallographische Untersuchungen der Eisenerzegnisse in der Hallstattzeit im Gebiet zwischen Oder und Weichsel ", *Arbeits- und Forschungsberichte zur Sächsischen Bodendenkmalpflege*, 7 (1969), 179.

Higher level of technology (f.e. cementation of iron and welding of iron with steel) was revealed in only few instruments used by the tribes of Lusatian culture (Table 1). In two socketed axes were revealed the layers of high — nickel iron. The wedge of axe from Wietrzno-Bóbrka, South Poland[10] was welded of three layers (the middle and two afters) of unalloyed unevenly carburized iron and two — intermediate — layers containing 8,9-17,8% (locally even up to 39,1%) Ni, 0,95-1,07% Co and 0,24-0,42% (locally - to 1,15%) As. The second socketed axe, found in Jezierzyce, Low Silesia was made of low carbon bloomery iron with numerous layers containing 1,6-3,0% Ni and about 0,5% Co[11]. In the cemetery in Częstochowa-Raków were found two bracelets made of high — nickel iron, containing 18,25% and 12,47% Ni[12] ; in the second were found 0,58% Co and 0,5% As[13]. Such an iron was regarded as meteoritic.

However the production of high-nickod iron (famous Chalybean steel) was described by Aristotle in De mirabilibus auscultationibus, 48. This steel was smelted of the " black sand " and the stone *Pyrimachos*. This stone was probably chloantite (FeNiCoAs) S2 and the " black sand " (magnetite bound with quartz) was found by the expedition of Smithsonian Institution near Unye, Turkey, where the Chalybs lived in the Antiquity[14].

Probably great part of iron implements used by the people of Lusatian culture were imported from other countries. On the territory of Poland they were found 8 slenders-double pointed square-section bars which occurred frequently on the territories near Rhine. They were unevenly carburized up to 1,3% C and contained below 0,2% P. They were thick bars of uncarburized contained 0,18-0,66% P. A fragment of such a bar was found in Przybysław.

May be some of the irons from Halsttatt period C/D found on the territory of Poland were produced by peoples of Lusatian culture. Some slags from the settlement in Maszkovice, south Poland were probably the rests of unsuccessful trials. Four implements found in the settlement in Biskupin, made of high-phosphorous iron containing 0,21-35%P (mean 0,248% P), may be considered as a products of the local blacksmiths.

Some characteristic iron implements of Lusatian culture revealed the statistical features of iron smelted later in Holy Cross Mountains. Thus, probably

10. J. Piaskowski, " Étude des plus interessantes techniques de fabrication des objets en fer employés en Pologne au Ville au IIe siecle avant. J.C. ", *Métaux-Corrosion-Industries*, n° 455-456 (1965), 282.

11. J. Piaskowski, J. Bryniarska, " Application of micro-probe analyser to the examinations of ancient iron objects ", *Organon*, 14 (1980), 283.

12. J. Zimny, " Metallographic examinations of the iron objects from Częstochowa-Raków " (Halsttatt Period), *Rocznik Muzeum w Częstochowie*, 1 (1965), 357.

13. J. Piaskowski, " A study of the origin of the ancient high - nickel iron generally regarded as meteoritic ", in Th.A. Wertime, S.F. Wertime (eds), *Early Pyrotechnology. The evolution of the first Fire - Using Industries*, Washington, 1982, 237.

14. *Ibidem*.

the production of iron in this centre started in this centre just in Hallsttatt period[15] and about 36% iron products used by the tribes of Lusatian culture in Halsttatt C/D period and about 59,6% in Halsttatt D period, were produced in Holy Cross Mountains, in primitive bloomery fires.

Later, the tribes of Pomerania and " Bell-shape " cultures used about 75% of the iron from this centre. The number of iron imports considerably decreased.

In 3rd-2nd cent. BC the iron production in the territory of Poland has considerably grown specially where lived the tribes of Przeworsk culture. The chemical composition and hardening methods of iron in particular metallurgical centres are summarized in the Table 1.

The greatest — even in this part of Europe — production of iron has been developed in the Holy Cross Mountains (called Asciburgius Mons by Ptolemy) by Celtic tribes, Cotini[16] mentioned by Tacitus[17] using local iron ore (mostly haematite) from the mine in Rudki. On the territory of about 800 km^2 were recognised very numerous smelting sites, unorganised and organised.

Cotini smelted in pit furnaces low phosphorous iron (Fig. 3), unevenly carburized (up. to 1,0% C - Fig. 4 and 5) with traces of the nickel (Fig. 6). They recognised more carburized metal (0,6-0,8% C) and used it reasonably for making the flints. They produced too all kinds of iron products : the armaments (swords, spearheads, shields, shield holders, bits, spurs), tools, even for advanced agriculture (listers, coulters), implements for high standard of life (fibulas, keys or ferrules for caskets). They hardened the cutting tools using heat treatment[18].

The greatest metallurgical centre in Holy Cross Mountains was the main supplier with iron all ancient tribes living on territory of Poland (Fig. 7).

The pit furnaces were applied in three other metallurgical centres, in South Masovia, near Warszawa[19], in Tarchalice-Tarxdorf, Low Silesia[20]. There were used the bog ores and produced low quality high-phosphorous irons (Fig. 5)

15. *Idem,* " The problem of the beginning of the iron metallurgy on the territory of Poland " (in polish), *Przegląd Archeologiczny*, 19/20 (1971), 37.

16. *Idem,* " Zur Lokalisierung der antiker Kotiner ", *Beitraege zur Ur- und Fruehgeschichte*, 1.16 (1981), 675.

17. Tacite, *Germania*, 43.

18. J. Piaskowski, " The characteristic features of iron implements produced by ancient blacksmiths in Holy Cross Mountains in Roman Times " (in polish), (1- 4th cent. AD), *Studia z dziejów Górnictwa i Hutnictwa,* 6 (1963), 9 ; *Idem,* " The products of Blacksmiths in Holy Cross Mountains in Late La Tene and Roman Period, its spread and quality " (in polish), *Rocznik Swiętokrzys* 3 (1972), 245 ; *Idem,* " The technology of iron implements on the territory of Poland in the Late la Tene and Roman Period (2-1 cent. B.C. - 5 cent. AD) ", *Materiały Archeologiczne*, 26 (1991), 41.

19. S. Woyda, " Masovian iron metallurgy centre " (in polish), IV w.n.e. , *Kwartalinik Historii Kultury Materiainej*, 25 (1977), 471.

20. P. Weiershausen, " Vorgeschichtliche Eisenhuetten Deutschlands ", *Mannus Buecherei*, 65 (1939) ; G. Domańska, " Metallurgical site and settlements in Tarchalice " (in polish), *Sprawozdania Archeologiczne*, 24 (1972), 391.

for making simple implements for domestic use. Probably in Masovia center were made for the warriors only the shields.

The high-phosphorous irons were produced occasionally, probably mostly in primitive fires in numerous other sites on the territory occupied by the people of Przeworsk culture. Only near Krakow (called Carrodunum by Ptolemy) high phosphorous iron was smelted in deep pits in Late La Tene and Roman Times (Table 2). The production was there very low, but only these blacksmiths mastered the cementation of cutting tools and hardened its by the heat-treatment. The production of metallurgical centres using bog ores slightly changed the frequency polygons of carbon and phosphorus distribution in irons (Fig. 1 and 2).

On the territory of Middle Poland were discovered pattern-welded swords (Fig. 8), being probably results of Roman expedition f.e. their aid for Lugi, fighting with Suebi in 91-91[21], expedition against Cotini after the war of emperor Marcus Aurelius with Marcomanni in 169-170[22], and the expedition of emperor Probus against Lugi in 278[23].

The north-western Poland (Pomerania) was inhabited in the Late La Tene time by the tribes of Jastorff (later - by Oksywie) culture and Koszalin group. They smelted — probably in bloomery fires — only high phosphorous iron (0,18-0,60% P), for local needs. The swords, spear heads and other armaments (made of low phosphorous metal) were imported. It was probably the reason why living there tribes hold the arms closed under the quard of the slaves, as has written Tacitus in *Germania*. Some iron implements, f.e. fibula's were imported from metallurgical centre in. Holy Cross Mountains. This centre supplied with the armaments the tribes of Luboszyce culture (Lubsko), living on the territory of Middle Oder and smelting there high phosphorous iron.

The iron production developed considerably Baltic Tribes, Wenden (Venedi, mentioned by Ptolemy und Tacitus), living of the coast of Baltic Sea (1st-5th cent. AD). They mastered the carburization a part of produced blooms, up to 0,8% C, probably thanks the air introduced into the fire through clay tuyeres. Making the axes they forged the bloom in such a way that the cutting edge was formed of carburised part of the bloom (Fig. 7). The axes were quenched and tempered.

Baltic blacksmiths produced all iron implements necessary for common use (Fig. 18) as. knives, axes, spearheads, sickles, awls, bits, buckles, etc. (but excepting the swords). The examinations, revealed very few of iron imports. It confirms the opinion of Tacitus, that the contacts of Wenden (Venedi) with other tribes was limited. On this area, in the cemetery in Szwajcaria (3-5th cent.

21. Cassius Dio, LXVII, 5.2.
22. Cassius Dio, LXVI, 5.2.
23. Zosimos, *Historiae*, I, 67.9.

AD) were found implements (mostly armament) all made of low phosphorous (0,07-0,14%, mean - 0,099% P) unevenly carburized iron. Is it a trace of Gothic migration toward the Black Sea ?

In (5/6th cent. AD) the Slavic tribes named Venedi by Jordanes[24] were coming on the to territory of Vistula basin, omitting only north-eastern territories inhabited by Balts. The iron production on occupied territory has been completely changed. The greatest metallurgical centres in Holy Cross Mountains, South Masovia and Low Silesia have fallen down[25]. Slavic blacksmiths smelted in primitive fires low quality, high-phosphorous irons using the bog ores (Table 3, Fig. 2), the ratio of low phosphorous metal has lowered. The polygon of carbon distribution has shown two maxima *i.e.* two separate alloys : iron and steel (Fig. 1). The Slavic blacksmiths mastered — as earlier the Baltic metallurgists— the process of partial carburization of the blooms using clay tuyeres. They knew the method of separation carburized parts and used separately the steel, for making the cutting instruments as the knives, the sickles etc. Slavic blacksmiths mastered good the heat-treatment[26]. Their production covered all, local demands trather limited. The development of the iron technology in Mediaeval Times present the changes in the techniques of making the knives (Fig. 10, Table 4).

In the first period (6-10/11th cent. AD) the knives were forged mostly of the steel and of the iron ; only 17,5% of knives was welded of this metals. The blacksmiths accommodated seven techniques of making the knives (including four types of welding). The formation of the Kingdom of Piast's in the second period (11-12th cent.) was the cause of the increasing the demand for iron implements, specially for tools. However, the production of the steel by the method used by Slavic blacksmiths was limited, to about 10% of the mass of smelted iron.

Thus the percentage of the knives made of the steel has decreased considerably, up to 11.9% but the ratio of the knives welded of the iron with the steel increased up to 49.7%. They appeared some pattern-welded knives probably imported. The phosphorus content in iron implements produced was grown (Table 4) the blacksmiths began use the ores of lower quality.

Similarly, they appeared numerous techniques of making the spearheads (Fig. 11) but such an armament was find only in two cemeteries in Lutomiersk and Buczek, Middle Poland (11th cent.), probably bound with the warriors of the Vikings expedition.

24. Jordanes, *De origine actibusque Getarum,* V, 34.

25. J. Piaskowski, " The problem of continuity of the iron production in Antiquity and Early Mediaeval Times ", *Roczniki Dziejów Społecznych i Gospodarczych*, 32 (1971a), 1 ; *Idem,* " Untersuchungen der frueh- mittelalterlichen Eisen und Stahitechnologie der Slaven in den Gabieten zwischen Weichsel und Oder ", *Archaeologia Polona*, 15 (1974) 67.

26. *Idem,* " Untersuchungen der frueh- mittelalterlichen Eisen und Stahltechnologie der Slaven in den Gabieten zwischen Weichsel und Oder ", *Archaeologia Polona*, 15 (1974) 67.

This new iron technology did not overcome in 6-10th cent. the territory near Krakow, South Poland), there lived the tribe " Wislane " who smelted, as before, high-phosphorous iron but used mostly implements made of low phosphorous iron and steel. The examinations confirmed the Pannonian legend that the " Wislane " were conquered by the Moravians and accepted moravian " iron-coins " — bars[27] but making its using own iron (Table 5). About 10/11th cent. the Krakow with the neighbourhood was incorporated to the Kingdom of Piasts. The castle Wawel in Krakow has been built by the conquerors and all iron implements found there represent new Slavic technology (influenced by Vikings).

In 12-13th cent. Slavic blacksmiths adapted Vickingian technology of selection the middle-phosphorous iron containing 0,20-0,35% P, the alloy with silvery glitter, used for the decoration of some implements as the knives, the spearheads, etc. In some forges f.e. in Tum, near Łęczyca they hardened the points of the arrows by the cementation process.

In the third period (13-14th unt. AD) the rationalisation of the technology advanced. The percentage of the knives made of the steel decreased further up to 4,3% and the ratio of the knives welded of the iron and the steel increased to 71,4%, the percentage of the knives forged of the iron (*i.e.* of. poor quality) diminished further. The number of the techniques of making the knives decreased to 11 (8 types of welding). It was observed the " standardisation " of the technology : one technique of making the knives, type IV.2.A1 has dominated. The percentage of the knives, making on this way increased from 29,4% to 52,9% of all examined knives (or from 60,0 to 71,5% of the knives welded of the iron and with the steel).

In Gdansk (Dantzig) were found the earliest implements made of indirectly smelted metal the misericord forged of finery steel (quenched and tempered) and the sword made of finery iron with the pommel cast of pig iron (14-15th cent.). Probably they have been brought by the Teutonic Knights from other countries

27. R. Pleiner, " Slovenske sekerovity hrivny ", *Slovenska Archeologia*, 9 (1961), 102, 404.

TABLE 1

The technology of iron instruments from particular archeological cultures

ARCHAEOLOGICAL CULTURE	NUMBER OF EXAMINED INSTRUMENTS (PERCENTAGE)				
	made of iron	made of steel	made of iron and cemented	welded of iron and steel	Sum
Lusatian cult.	64 (91,4)		2 (1,9)	4 (5,7)	70 (100,0)
Pommerania cult.	7		0	1 ?	8
Przeworsk cult.	138 (95,8)		2 (1,4)	4 (2,8)	144 (100,0)
Jastoff cult.	5		0	0	5
Oksywia cult.	27 (100,0)		0	0	27 (100,0)
West. Baltic cult.	13 (100,0)		0	0	13 (100,0)
Baltic cult. (from senth Lithuania)	19 (100,0)		0	0	19 (100,0)
Slaws	37 (17,1)	16 (7,4)	43 (19,9)	120 (55,6)	216 (100,0)

TABLE 2

Chemical composition and hardening methods in main ancient metallurgical centres on the territory ot Poland since 2th cent. B.C. to 5th cent. A.D.

TERRITORY (CULTURE)	METALLURGICAL CENTRE	CHEMICAL COMPOSITION OF METAL, CONTENT IN %				HARDENING METHOD
		C	P	Ni	Cu	
MIDDLE AND SOUTH POLAND (PRZEWORSK CULTURE)	Holy Cross Mountains	tr. - 1,0	0,02-0,20	below 0,1	below 0,1	heat treatment
	Opole Silesia	tr. ?	0.05-0,28	low	low	no
	Tarchalice-Wrocław	tr.	0,18-0,6	below 0,05	below 0,05	no
	South Masovia	tr.	0,4-1,0	below 0,1	below 0,1	no
	Kraków-Igołomia	tr.	0,15-0,1	below 0,1	below 0,1	cementation heat treatment
	Głubczyce	tr.	0,1-0,32	below 0,1	below 0,1	cementation heat treatment
	Lubsko	tr.	0,20-0,55	below 0,05	below 0,05	no
	Stroszki	tr.	0,2-0,6	below 0,1	below 0,1	no
NORTH-WEST POLAND (JASTOFF AND OKSYWIE CULT.)	West Pomerania	traces	0,18-0,6	below 0,05	below 0,05	no
NORTH-EAST POLAND (BALTIC TRIBES)	Białystok-Suwałki	tr. - 0,8	0,08-0,60	below 0,10	below 0,05	neat treatment

TABLE 3

Phosphorus content in the iron implements found on the territory of Poland in the Mediaeval Times

PERIOD (CENT. AD)	PERCENTAGE OF IMPLEMENTS CONTAINING			
	below 0,5% P	over 0,1% P	over 0,2% P	over 0,4% P
6 - 10th cent.	24,5	75,7	55,7	19,1
11 - 12th cent.	18,6	81,4	60,8	24,8
13 - 14th cent.	14,0	86,0	64,3	26,8

TABLE 4

Technology of knives fabrication found on the territory of Poland in Mediaeval Times

PERIOD (CENT. AD)	PERCENTAGE OF THE KNIVES, %			
	made of iron	made of steel	made of iron, cemented	welded of iron with steel
6 - 10/11th cent.	29,8	43,9	8,8	17,5
11 - 12th cent.	31,4	11,9	7,0	49,7
13 - 14th cent.	17,4	4,3	6,9	71,4

TABLE 5

Comparison chemical composition of " iron - coins " - bars from Moravia and from South Poland

ELEMENT	MEASURE OF DISPERTION	" IRON - COINS " - BARS FROM	
		MORAVIA 8 - 10th cent. (8 BARS)	SOUTH POLAND 1st OF 10th cent. (10 BARS)
Carbon, %	Range	tr. - 0,8	traces
	Arithmetic Mean	ad. 0,2	traces
	Median	traces	traces
Phosphorus, %	Range	tr. 0,20	0,254-0,77
	Arithmetic Mean	0,082	0,462
	Median	0,060	0,398
Copper, %	Range	tr. - 0,72	0,0...
	Arithmetic Mean	0,250	0,0...
	Median	0,170	0,0...
Traces of carbon content - metal with ferritic structure (ev. with fraces of pearlite). In the calculation traces = 0, 02%.			

FIGURES

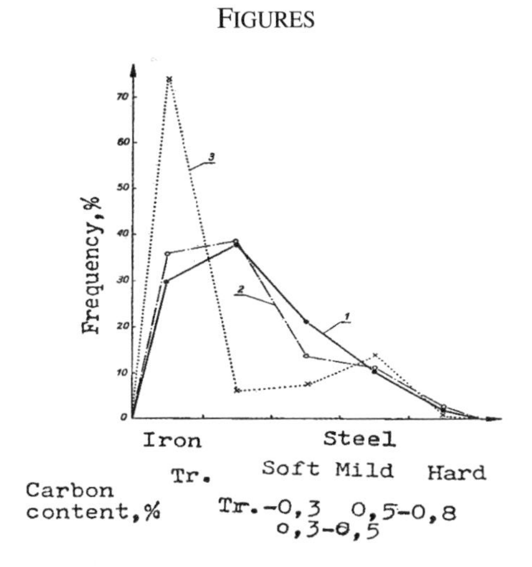

Fig. 1. The polygon of carbon distribution in the iron from :
1- Halsttatt and Early La Tene periods,
2 - from Late La Tene and Roman periods,
3 - from Mediaeval Times.

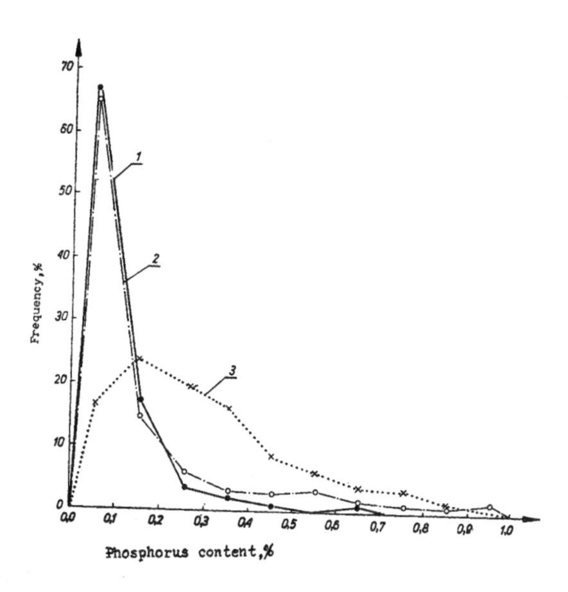

Fig. 2. The polygon of phosphorus distribution in the irons from :
1 - Halsttatt and Early La Tene periods,
2 - from Late La Tene and Roman periods,
3 - from Mediaeval Times.

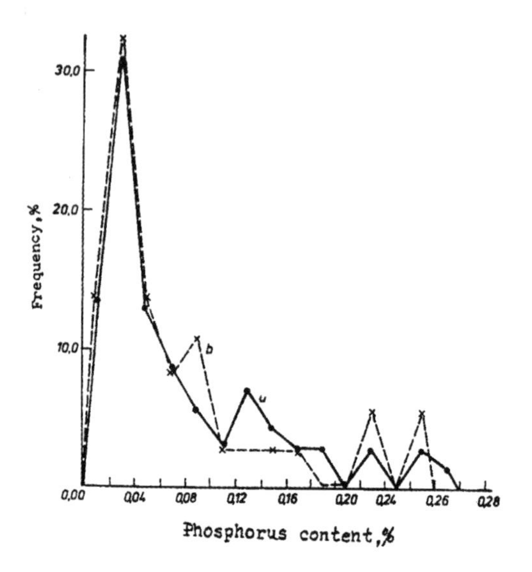

Fig. 3. The polygon of the phosphorus distribution in the iron from ancient centre in Holy Cross Mountains :

a/after 71 analyses/1984/, b/after 37 analyses/1961/.

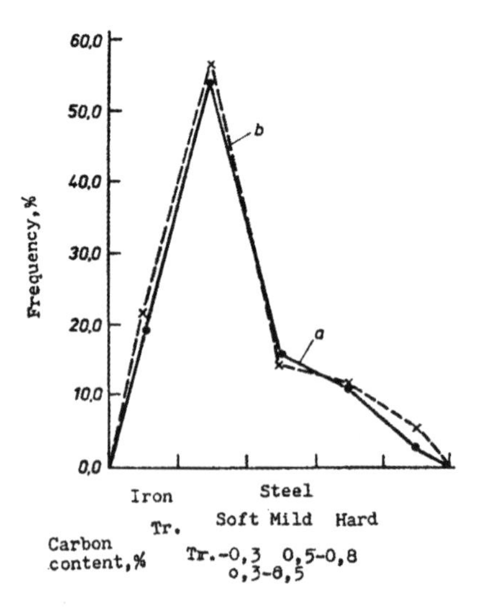

Fig. 4. The polygon of the phosphorus distribution in the irons from ancient centre in Holy Cross Mountains :

a) after 71 analyses, b) after 37 analyses (1961).

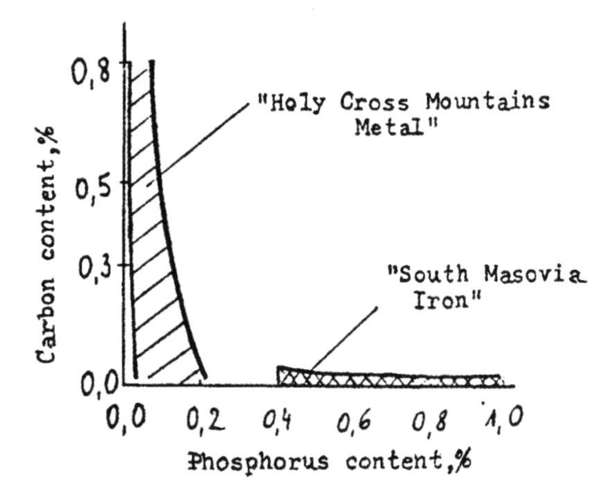

Fig. 5. Correlation between the carbon and the phosphorus content in the metal from Holy Cross Mountains and in South Masovia iron.

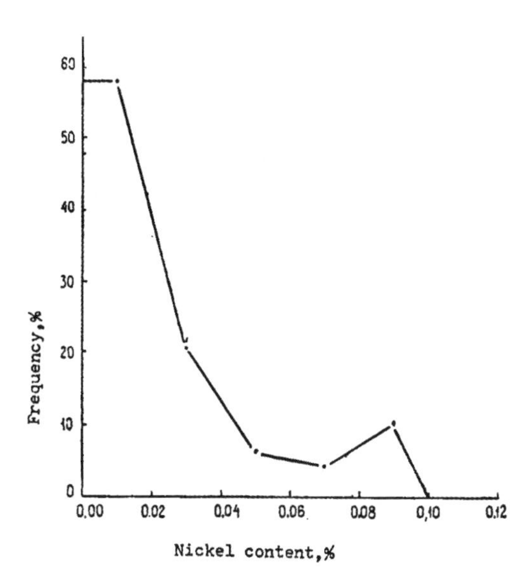

Fig. 6. The polygon of the nickel distribution in the iron from ancient centre in Holy Cross Mountains (after 48 implements analysed).

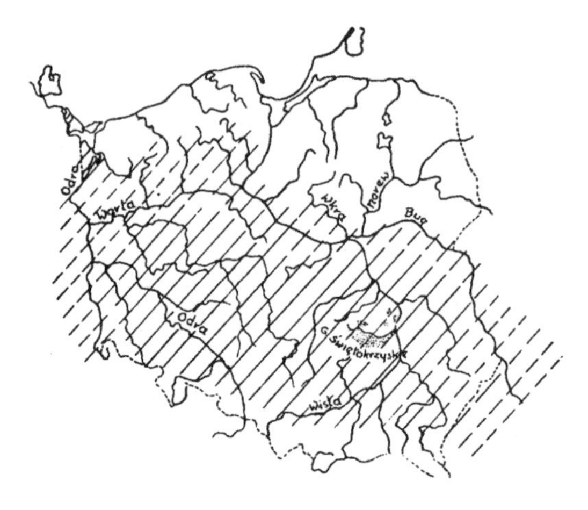

Fig. 7. Propagation of the iron products from the metallurgical centre in the Holy Cross Mountains (2nd cent. BC to 5th cent. AD).

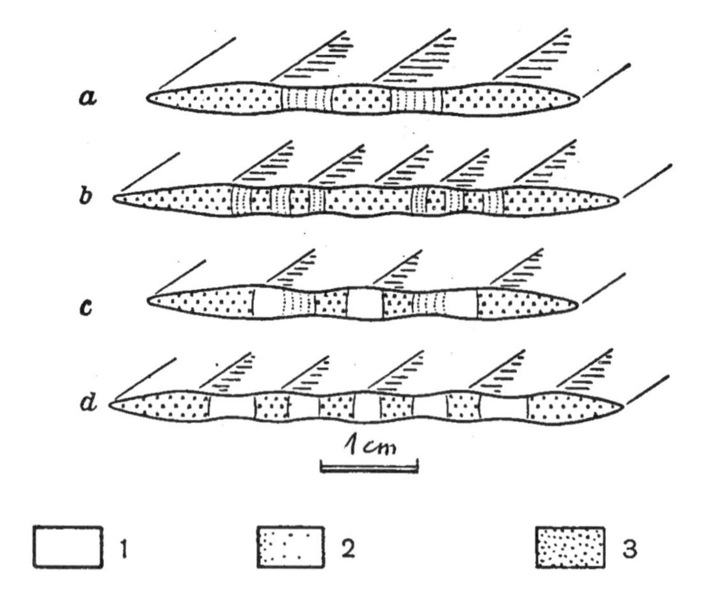

Fig. 8. The technology of pattern - welded Roman swords found on the territory of Poland and western Ukraine : 1- the iron, 2- iron cemented, 3- steel.

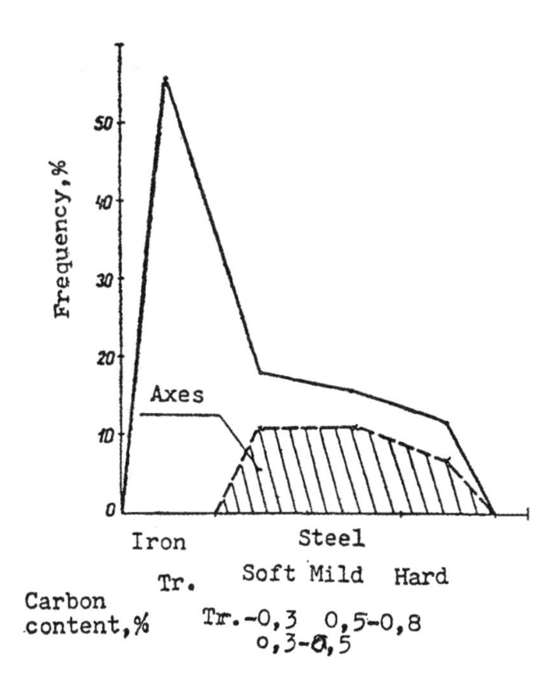

Fig. 9. The polygon of carbon distribution in the Baltic iron
(after 46 implements analysed). The area of carburized parts (axes) is lined.

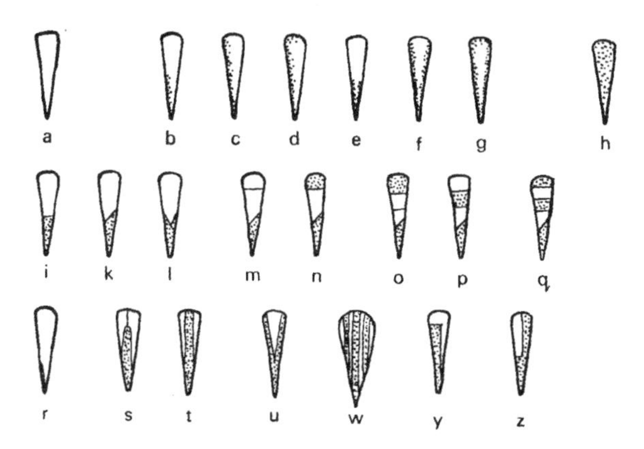

Fig. 10. The classification of the mediaeval techniques
used for fabrication of the knives : (marking the metal as in Fig. 8)

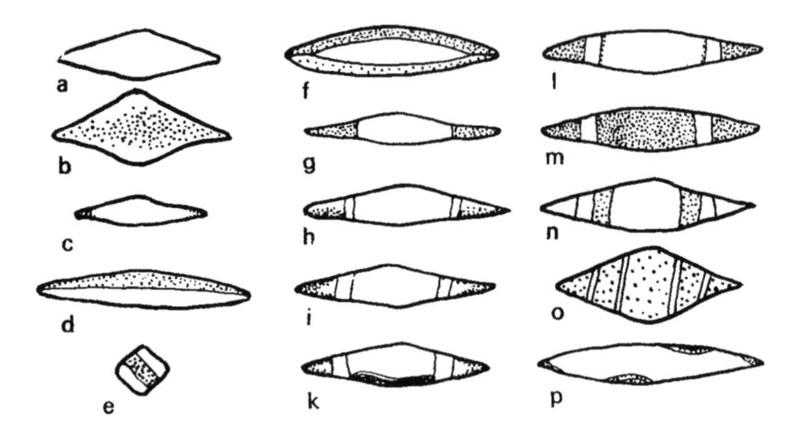

Fig. 11. The classification of the mediaeval techniques
used for fabrication the spear-heads (marking the metal as in Fig. 8).

Verres et céramiques glaçurées archéologiques : complémentarité entre les textes et les résultats d'analyses

Isabelle SOULIER, M. BLET, Bernard GRATUZE

Sources historiques et analyses physico-chimiques ! Ces deux domaines apparaissent au premier abord assez éloignés l'un de l'autre. Cependant, comme nous allons essayer de l'illustrer à travers l'étude de trois exemples :

- les glaçures des céramiques architecturales du château du duc Jean du Berry à Mehun-sur-Yèvres datées du XIVe siècle,
- une perle rouge correspondant à la main d'une statuette en verre filé provenant de Nevers et datée du XVIIIe siècle,
- les verres et glaçures bleus colorés au cobalt, datés du XIIe au XVIIIe siècle,

ces deux sources de renseignements sont tout à fait complémentaires lorsqu'on travaille sur du matériel archéologique[1].

En effet, les informations extraites des documents écrits — recettes, traités techniques... — permettent d'interpréter et de mieux comprendre les résultats des analyses physico-chimiques et, inversement, les analyses permettent d'apporter des précisions à des données historiques très générales[2].

Nous développerons ici assez rapidement les deux premiers exemples, puisque ces études reposent sur un nombre limité d'échantillons, pour s'arrêter plus longuement sur le problème du colorant bleu cobalt dans les verres et les céramiques glaçurées[3].

1. I. Soulier, B. Gratuze, J.N. Barrandon, " The origin of cobalt blue pigments in french glass from the Bronze Age to The eighteenth century ", *Archaeometry Proceedings of the 29th International Symposium on archaeometry*, Ankara, 1994, 133-140.

2. B. Gratuze, I. Soulier, J.N. Barrandon, " L'analyse chimique, un outil au service de l'histoire du verre ", *Verre*, vol. 3, n° 1 (1997), 31-43 ; Diderot et D'Alembert, *Encyclopédie ou dictionnaire raisonné des sciences des arts et des métiers (1751)*, vol. 3, 14, Paris, nouvelle édition, 1966.

3. B. Gratuze, I. Soulier, J.N. Barrandon, D. Foy, " De l'origine du cobalt dans les verres ", *Revue d'Archéométrie*, 16 (1992), 97-108.

Cependant, avant d'entrer dans le vif du sujet, il est nécessaire de rappeler, même schématiquement, les principes des analyses mises en oeuvre au centre E. Babelon, à Orléans, pour étudier les verres et les glaçures.

PRINCIPES DES MÉTHODES D'ANALYSE APPLIQUÉES À L'ÉTUDE DES VERRES ET DES CÉRAMIQUES

La caractérisation du matériel a été effectuée avec deux méthodes d'analyse, d'une part l'activation neutronique avec des neutrons rapides de cyclotron et d'autre part la spectrométrie de masse couplée à un plasma inductif avec prélèvement par ablation laser (LA-ICP-MS), développée par le centre E. Babelon.

L'activation neutronique avec des neutrons rapides de cyclotron

Cette méthode d'analyse a été essentiellement employée, dans le cadre de ce travail, pour l'étude des verres archéologiques.

Elle permet de doser 31 éléments (tableau 1). Parmi ceux-ci se trouvent les constituants majeurs du verre — Si, Al, Na, Ca et K (la concentration de l'oxygène, non dosé par cette méthode, peut être calculée si l'on suppose que tous les éléments sont présents sous leur forme d'oxyde la plus courante), les principaux adjuvants de fabrication — colorants, opacifiants, décolorants, ainsi qu'un certain nombre d'éléments traces introduits dans la pâte de verre par l'intermédiaire de ces différents ingrédients, à l'exception du phosphore, du soufre et du carbone. La détection des éléments traces est particulièrement importante pour l'étude de la circulation des matériaux utilisés, de leur apparition dans l'histoire des techniques et de leur origine.

Les échantillons sont irradiés dans un flux de neutrons rapides. La mesure du rayonnement gamma émis par les radio-isotopes créés permet de déterminer la nature et la teneur des éléments qui leur ont donné naissance.

Afin de doser le plus grand nombre d'éléments nous procédons à deux irradiations de l'objet, dans son entier, par un flux de neutrons rapides, au cyclotron du Centre d'Étude et de Recherche par Irradiation (C.E.R.I.) du CNRS à Orléans[4]. La durée et l'intensité de ces irradiations sont calculées en fonction de la masse des échantillons. La première est une irradiation de 30 secondes avec un flux peu intense de neutrons, qui conduit à la production de radio-isotopes de courtes périodes et permet le dosage de Si, Al, Mg, Cl et K. La seconde, d'une durée de 5 à 240 minutes suivant le poids des objets, avec un flux plus intense de neutrons, permet le dosage des autres éléments à partir de radio-isotopes de moyennes et longues périodes.

4. B. Gratuze, J.N. Barrandon, L. Dulin, K. Al Isa, " *Ancient glassy materials analyses : a new bulk non destructive method based on fast neutron activation analysis with a cyclotron* ", *Nuclear Instruments and Methods in Physics Research*, B71 (1992), 70-80.

TABLEAU 1.

Li	Be											B	C	N	O	F	Ne
Na	Mg											Al 400	Si	P	S	Cl 0,1%	Ar
K 0,2%	Ca 0,1%	Sc	Ti 20	V	Cr	Mn 20	Fe 40-800	Co 12	Ni 1-10	Cu 400	Zn 50	Ga	Ge	As 3	Se	Br	Kr
Rb 4	Sr	Y 3	Zr 4	Nb 2	Mo	Tc	Ru	Rh	Pd	Ag 15	Cd	In 5	Sn 3	Sb 1	Te	I	Xe
Cs 1	Ba 30	La	Hf	Ta	W	Re	Os	Ir	Pt	Au 1	Hg	Tl	Pb 50	Bi	Po	At	Rn
Fr	Ra	Ac															
		Ce 2	Pr	Nd	Pm	Sm	Eu	Gd	Tb	Dy	Ho	Er	Tm	Yb	Lu		
		Th	Pa	U 1	Np	Pu	Am	Cm	Bk	Cf	Es	Fm	Md	No	Lw		

Eléments dosés par activation neutronique et leurs limites de détection.

TABLEAU 2.

H																	He
Li 5	Be											B 2	C	N	O	F	Ne
Na 1100	Mg 4											Al 45	Si	P 60	S	Cl 1,5%	Ar
K 300	Ca 200	Sc 3	Ti 4	V 0,5	Cr 3	Mn 2	Fe 130	Co 1	Ni 30	Cu 20	Zn 2	Ga 2	Ge 2	As 5	Se	Br	Kr
Rb 2	Sr 0,3	Y 0,5	Zr 3	Nb 0,3	Mo 0,3	Tc	Ru	Rh	Pd	Ag 1	Cd 1	In 0,5	Sn 25	Sb 0,2	Te	I	Xe
Cs 0,5	Ba 0,08	La 0,06	Hf 0,02	Ta 0,05	W 0,1	Re	Os	Ir	Pt	Au 0,1	Hg	Tl	Pb 0,1	Bi 0,2	Po	At	Rn
Fr	Ra	Ac															
		Ce 0,5	Pr 0,03	Nd 0,13	Pm	Sm 0,35	Eu 0,04	Gd 0,04	Tb 0,04	Dy 0,2	Ho 0,06	Er 0,16	Tm 0,06	Yb 0,1	Lu 0,04		
		Th 0,07	Pa	U 0,05	Np	Pu	Am	Cm	Bk	Cf	Es	Fm	Md	No	Lw		

Eléments dosés par LA-ICP-MS et leurs limites de détection.

Quatre mesures de la radioactivité par spectrométrie gamma, séparées par différents temps de décroissance, sont ensuite effectuées[5]. Les concentrations des éléments, données sous forme d'oxydes, sont calculées à l'aide d'un programme développé sous Excel. Les limites de détection varient entre 0,1 et 0,01% pour les éléments majeurs et mineurs, et sont de l'ordre de 1 à 50 parties par million (ppm) pour les éléments traces (tableau 1). Enfin la précision des résultats est de l'ordre de 5 à 10% relatifs selon les éléments et les teneurs mesurées.

5. Afin de résoudre les problèmes liés à la géométrie de l'objet et pour relier entre elles les deux irradiations, une méthode de calcul des concentrations utilisant deux étalons internes à été développée. L'étalonnage de la méthode est réalisé en irradiant des feuilles métalliques ou des pastilles, d'oxydes ou de sels, des éléments analysés. La précision de la méthode a été vérifiée en analysant un étalon international en verre (NIST 612). La déviation relative de nos résultats par rapport aux valeurs certifiées sont inférieures à 5% pour la plupart des éléments et atteint un maximum de 10%.

Cette méthode, bien adaptée à des objets de taille et poids très différents[6], non destructive (aucun prélèvement n'est réalisé), globale et absolue, demeure néanmoins une méthode longue (durée d'analyse de plusieurs semaines), coûteuse de par les moyens mis en oeuvre (cyclotron) et ne permet pas l'analyse sélective des différentes parties d'un objet composite.

La spectrométrie de masse couplée à un plasma inductif avec prélèvement par ablation laser (LA-ICP-MS)

Cette méthode a principalement été utilisée ici pour l'étude des glaçures de céramiques.

Notre laboratoire dispose d'un système " VG Plasma Quad II " version PQXS avec un système d'ablation laser " UVMicroprobe ".

L'échantillon est placé à l'intérieur d'une cellule en quartz de 5 centimètres de diamètre, traversée par un flux d'argon. Un prélèvement par laser est réalisé sur un point précis de l'objet. L'utilisation d'un microscope permet de choisir la zone de prélèvement. Il est de ce fait possible d'effectuer, dans le cas d'échantillons polychromes, l'analyse de chaque couleur séparément. Le diamètre des ablations varie de 20 µm à 100 µm avec une profondeur d'environ 250 µm, ce qui nous permet de dire que cette méthode est quasi non destructive puisque les cratères réalisés sont invisibles à l'oeil nu et parfois de taille inférieure aux cratères dus à la corrosion du verre ou aux bulles de dégazage.

Entraînée par le gaz vecteur, la matière prélevée est dirigée vers une torche à plasma permettant de dissocier, atomiser et ioniser la matière. Les ions ainsi formés sont extraits du plasma et dirigés vers un filtre de masse quadripolaire. Ce dernier permet de sélectionner les ions dont le rapport masse/charge a été choisi par l'opérateur. Un détecteur enregistre ensuite les ions qui lui ont été transmis par le filtre de masse. Chaque isotope de chaque élément correspond à une valeur unique du rapport masse/charge, ce qui permet une identification facile des éléments présents dans l'échantillon. Le nombre d'ions détectés dépend directement de la concentration de l'élément d'origine dans l'échantillon, ce qui permet d'en calculer la teneur. Cette mesure par spectrométrie de masse est réalisée quelques secondes après le prélèvement[7].

Un programme de calcul réalisé en *Visual Basic* sous Excel permet de traiter l'ensemble des données[8].

6. Si les meilleures conditions d'analyse sont réalisées avec des échantillons d'une masse de l'ordre d'un gramme et de 1 à 2 centimètres de diamètre, cette méthode peut néanmoins être adaptée à des objets de taille et de poids très différents.

7. B. Gratuze, A. Giovagnoli, J.N. Barrandon, P. Telouk, J.L. Imbert, " *Apport de la méthode ICP-MS couplée à l'ablation laser pour la caractérisation des archéomatériaux* ", *Revue d'Archéométrie*, 17 (1993), 89-104.

8. La méthode de calcul utilisée est basée sur le principe de l'étalon interne. Pour les analyses quantitatives, l'étalonnage de l'appareil est réalisé en utilisant les verres étalons NIST 610 et 612 ainsi que des verres archéologiques et des glaçures industrielles analysés par activation neutronique.

Les limites de détection varient entre 0,1 et 0,01% pour les éléments majeurs et entre 20 et 500 ppb pour les autres éléments (tableau 2). La précision des résultats est de l'ordre de 5 à 15% relatifs selon les éléments et les teneurs mesurés. Une analyse multiélémentaire peut être réalisée puisque presque tous les éléments, du lithium à l'uranium (sauf C, N, O, Ar et S) sont analysables par cette méthode (tableau 2).

Si l'analyse par LA-ICP-MS est une méthode relative (étalonnage fréquent), limitée à des échantillons de taille maximale de 1,5 à 2 centimètres de haut et 5 centimètres de large (dimension de la cellule), elle reste une méthode rapide (la durée d'analyse est de quelques dizaines de minutes), ponctuelle, qui autorise le choix des éléments dosés, avec des limites de détection pouvant être inférieures à la centaine de ppb.

Les principales caractéristiques de ces deux méthodes ont été résumées dans le tableau 3.

TABLEAU 3 :

Caractéristiques des deux méthodes d'analyse.

ACTIVATION NEUTRONIQUE	LA-ICP-MS
- méthode non destructive	- méthode quasi non destructive (prélèvement invisible à l'oeil nu)
- méthode globale	- méthode ponctuelle
- méthode absolue	- méthode relative (étalonnage fréquent)
- masse minimale de l'échantillon => 100 - 300 mg	- taille maximale de l'échantillon => hauteur 1,5 - 2 cm = limite de la cellule
- méthode longue => durée d'analyse de plusieurs semaines	- méthode rapide => durée d'analyse de quelques dizaines de minutes
- dosage d'une trentaine d'éléments fixes	- choix des éléments dosés
- limites de détection : 0,01% à 0,1% => éléments majeurs 1 à 50 ppm => autres éléments	- limites de détection pouvant être inférieures à la centaine de ppb

LES GLAÇURES DES CÉRAMIQUES ARCHITECTURALES DU CHÂTEAU DU DUC JEAN DU BERRY (MEHUN-SUR-YÈVRES) - XVIe SIÈCLE

Comparaison entre données historiques et données physico-chimiques

Au cours de son étude sur les carreaux de faïence au décor peint, fabriqués pour le duc de Berry[9], Philippe Bon a été amené à transcrire les comptes de

9. Ph. Bon, *Les premiers " bleus " de France. Les carreaux de faïence au décor peint fabriqués pour le duc de Berry*, Groupe Historique et Archéologique de la Région de Mehun-sur-Yèvre, 1989.

l'hôtel de Poitiers[10], notamment la partie relative à la fabrication des carreaux de pavements, correspondant aux comptes d'un des ateliers de production céramique dirigé par Jean de Valence.

Ces documents comptables nous livrent semaine après semaine, du lundi 26 septembre 1384 au 9 février 1386, les diverses dépenses effectuées pour la construction et la décoration du palais. Ces registres sont tenus avec précision jusqu'au 11 février 1385 puis deviennent plus simplifiés. On peut y suivre l'aménagement et l'organisation de l'atelier de céramique, ainsi que la part de travail réalisée par chacun des ouvriers et peintres, les salaires versés, l'achat des matériaux utiles à la construction des fours et surtout l'approvisionnement en matières premières — bois, terre, chandelles, sable, chaux, étain, plomb, sel, et couleurs pour la glaçure — nécessaires à la fabrication des carreaux émaillés.

A partir de ces données Ph. Bon a calculé les quantités de matières premières achetées entre 1384 et 1386 puis, avec des données ethnographiques d'ateliers ayant produit des couleurs semblables avec des méthodes identiques, il a estimé les proportions des différents éléments entrant dans la fabrication de l'émail des carreaux et recomposé les recettes de fabrication employées par Jean de Valence.

La composition d'une vingtaine de glaçures de pavement de différentes couleurs ont été analysés par LA-ICP-MS, afin de vérifier l'exactitude des informations extraites de ces comptes.

Si nous comparons les proportions déduites des données historiques et celles obtenues au moyen des analyses physico-chimiques des différents constituants pour les couleurs bleues et blanches, on observe plusieurs caractéristiques (Fig. 1).

En ce qui concerne les glaçures bleues, on note une assez bonne concordance entre les différentes données. Cependant, les analyses ont néanmoins révélé des teneurs en étain un peu inférieures à celles qui avaient été estimées, et des teneurs en sable supérieures. Par ailleurs, l'ajout de fondant (sodique et potassique), détecté par les analyses, n'apparaît pas dans l'étude des comptes. Si le potassium peut être introduit indirectement par d'autres éléments tels que le sable ou la pâte céramique, le sodium n'a pu être apporté dans la glaçure que par l'ajout volontaire de cendres de plantes.

Pour les glaçures blanches, on observe un écart important entre les teneurs en étain mesurées et calculées. Les valeurs obtenues par analyse physico-chimique ont montré que les proportions de cet élément étaient sous estimées dans la recette. La part représentée par le sable apparaît inversement légèrement surestimée.

10. Les comptes de l'hôtel ducal de Poitiers, sont conservés aux Archives Nationales sous la côte KK 256-257 A et B.

L'étude a permis par ailleurs de mettre en évidence l'utilisation d'une même recette de fabrication, pour ces deux couleurs, consistant dans le mélange d'environ 1/3 de plomb, 1/3 d'étain, 1/3 de sable et un fondant sodo-potassique ; à cette préparation de base, l'artiste ajoutait alors le colorant de son choix.

La comparaison entre des données déduites de l'étude de documents " historiques ", point de départ de la recherche, et les analyses nous a donc permis dans ce cas de vérifier l'exactitude des informations tirées des documents et d'apporter quelques précisions.

FIGURE 1.

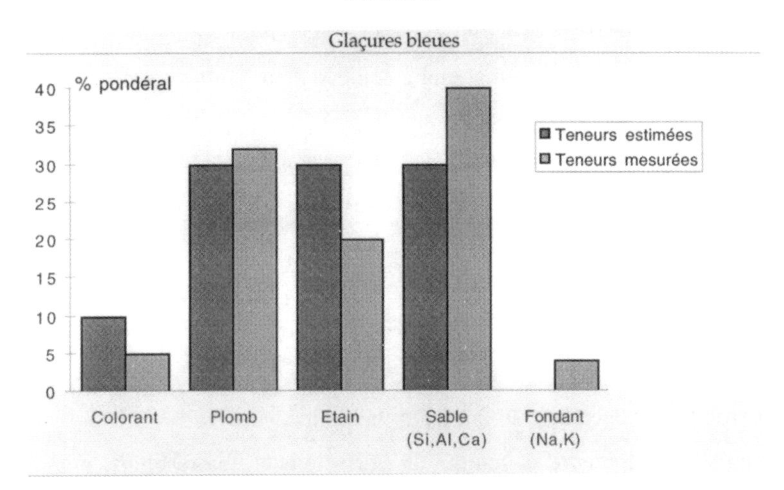

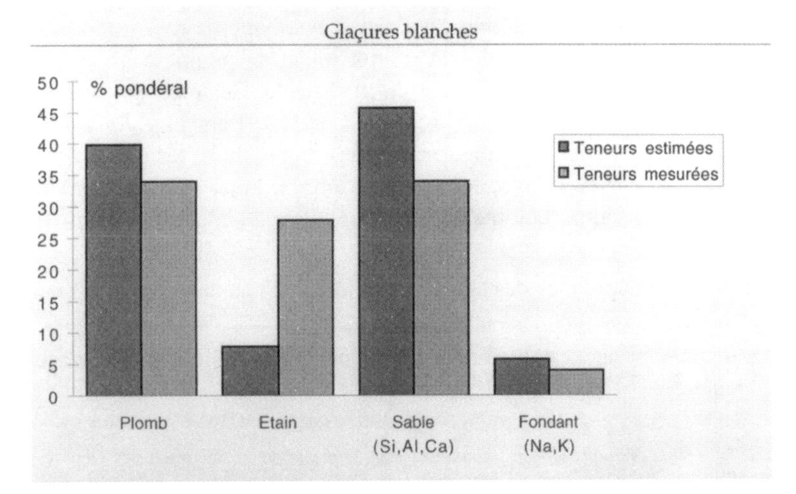

Histogrammes des teneurs estimées et mesurées dans les glaçures de pavement.

ÉTUDE DE LA MAIN D'UNE STATUETTE EN VERRE FILÉ PROVENANT DE NEVERS - XVIIIe SIÈCLE

Apport de données historiques pour une bonne interprétation des données physico-chimiques

A la demande de l'IFROA[11] une étude a été entreprise sur une perle de verre rouge, dans le but d'essayer de comprendre la technique de fabrication de ces statuettes — composition et agent colorant — pour lesquelles nous possédons peu de renseignements.

L'échantillon, qui se présentait sous la forme d'une gouttelette de verre transparent rouge rubis, a été analysé par activation neutronique et LA-ICP-MS.

La caractérisation de ce matériel a soulevé deux problèmes :

- les résultats ont montré que, si ce verre s'apparentait à du cristal (verre au plomb), il présentait néanmoins certaines caractéristiques inhabituelles pour des verres produits en France, comme par exemple des teneurs élevées en arsenic et en antimoine, ainsi qu'une composition à fondant mixte potasso-sodique.
- l'identification de l'agent colorant s'est révélée difficile car les résultats d'analyses ne permettaient pas d'identifier clairement celui-ci. En effet, on note l'absence de cuivre (élément colorant rouge habituellement rencontré), et la présence de traces d'or (autre élément colorant rouge) difficilement interprétable cependant du fait de sa faible teneur.

Afin de comprendre et interpréter correctement ces résultats, nous avons comparé nos données avec celles de recettes connues de verre rouge.

En 1982, C. Moretti[12] a publié un cahier anonyme de recettes verrières de Murano, daté de 1847, constituant un document de première importance sur l'art des verriers vénitiens au milieu du XIXe siècle. Des recettes concernant la fabrication des verres rouges et roses à l'or et à l'argent *I Rubini e Rosa all'Oro-Argento* y sont mentionnées. Si nous rapprochons les résultats obtenus pour le verre de Nevers avec les compositions déduites des recettes vénitiennes, nous nous rendons compte qu'il existe de très grandes similitudes (tableau 4/Fig. 2) :

- une bonne concordance des teneurs des éléments majeurs et mineurs entre les recettes et les résultats des analyses,
- des teneurs en agent colorant (or et argent) comparable dans les glaçures et les recettes.

11. A. Volka, *Mémoire de fin d'étude*, Institut Français de Restauration des Oeuvres d'Art, Paris, 1995.

12. C. Moretti, " Ricette vetrarie Muranesi quaderno anonymo del 1847 ", *Journal of Glass Studies*, 24 (1982), 65-81.

Au vu de ces résultats, il est donc possible de penser que ce verre a été fabriqué dans la tradition des verres vénitiens, ou bien a été importé de Venise, puisque l'arsenic et l'antimoine ici présents, caractérisent à cette époque la production vénitienne.

Cet exemple montre aussi l'intérêt d'utiliser des méthodes sensibles pour le dosage des éléments traces ; l'analyse de ce verre par des méthodes traditionnellement employées (microscopie électronique) n'aurait pas permis dans ce cas de quantifier l'agent colorant utilisé.

Si le point de départ de l'étude était ici basé sur les données physico-chimiques (contrairement au premier exemple), seule la comparaison avec les données historiques nous a permis de comprendre et interpréter les résultats obtenus.

LES VERRES ET GLAÇURES BLEUS COLORÉS AU COBALT DU XIIe AU XVIIIe SIÈCLE

Essai d'identification de la composition et de la provenance du minerai employé

TABLEAU 4 :

Teneurs du verre rouge et des verres vénitiens.

	VERRE ROUGE DE NEVERS	TENEURS DES VERRES VÉNITIENS ESTIMÉES À PARTIR DES DIFFÉRENTES RECETTES PAR C. MORETTI	
%	(teneurs mesurées)	moyennes (teneurs observées)	extrêmes (teneurs observées)
Cl	1,0	0,9	0 - 4,4
SiO2	46,3	48,1	42,2 - 61
Na2O	6,2	10,2	3,8 - 15,1
K2O	11,4	14	10,14 - 18
As2O3	3,2	3,6	2,5 - 4,9
Sb2O3	0,5	0,9	0 - 4,3
PbO	26,2	21,6	6,9 - 31,7
ppm			
Ag	< 10	6,5	0 - 40
Au	75	148	30 - 430

FIGURE 2.

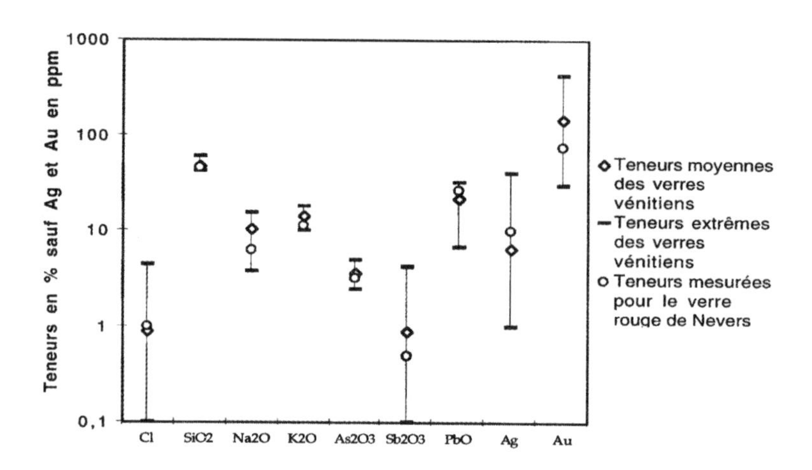

Comparaison entre les teneurs mesurées et les teneurs estimées.

Le matériel étudié

L'étude entreprise sur le colorant bleu repose sur l'analyse d'environ 160 objets en verre (coupes, balsamaires...), vitraux, mais aussi en grande majorité des tessons ou des masses de verre bleu, datés du XIIe au XVIIIe siècle[13]. Ces échantillons proviennent de presque toutes les régions françaises, et lorsque cela est possible d'ateliers de verriers. Ils sont soit opaques, soit transparents, colorés en bleu dans leur totalité ou présentent simplement des décors ou filets bleus rapportés.

L'acquisition par le laboratoire d'un ICP-MS couplé à une ablation laser nous a amené à élargir cette étude à une cinquantaine de glaçures bleues de céramiques. Contrairement aux verres, les datations et leurs régions de provenance sont établies de façon beaucoup plus précise, les ateliers de fabrication sont mieux répertoriés et étudiés grâce à la caractérisation des argiles et il ne peut pas y avoir de réutilisation par refonte.

Datées du XIIe s. au XVIIIe siècle ces céramiques glaçurées proviennent d'ateliers français, de l'ensemble du bassin méditerranéen (Maghreb, Espagne, Italie, Syrie, Égypte...) et d'Ouzbékistan (Samarkand)[14]. Les échantillons pro-

13. I. Soulier, *Le verre bleu de l'Antiquité à nos jours*, Thèse de l'Université de Provence, à paraître.

14. B. Gratuze, I. Soulier, M. Blet, L. Vallauri, " De l'origine du cobalt : du verre à la céramique ", *Revue d'Archéométrie*, 20 (1996), 77-94.

venant du Maghreb, du Proche-Orient, d'Italie et d'Espagne sont pour la plupart des céramiques d'importations trouvées en Provence[15] ; cependant, leur origine a été confirmée par analyse géochimique au laboratoire de céramologie de Lyon, C.N.R.S.[16].

Les analyses des verres ont été réalisées par activation neutronique tandis que celles des glaçures de céramiques ont été effectuées par LA-ICP-MS.

Résultats des analyses

La comparaison entre les résultats d'analyse de verres incolores et de verres bleus a permis de mettre en évidence la présence de 5 éléments traces — l'arsenic, le nickel, le zinc, le plomb et l'indium, corrélés au cobalt et donc introduits dans la matrice vitreuse (verres et glaçures) par le minerai de cobalt.

L'association de ces éléments en différentes combinaisons (toujours les mêmes) présentes uniquement dans les verres ou glaçures bleus, nous permet de répartir nos échantillons en trois groupes distincts (figure 3).

- Le 1er groupe est caractérisé par l'association Co-Zn-Pb-In, avec des teneurs en zinc et en plomb > 1000 ppm (teneurs supérieures à ce que l'on trouve dans les autres échantillons), des teneurs en arsenic et nickel très faibles et surtout par la présence d'indium (teneurs variant de 10 à 245 ppm). De bonnes corrélations sont obtenues entre le zinc et l'indium, ce qui s'explique très bien par l'affinité qui existe entre ces deux éléments. On note aussi une corrélation entre le zinc et le plomb qui n'est pas surprenante puisque les sulfures de ces deux éléments sont fréquemment associés au sein de gisements métallifères[17].

L'indium est l'élément traceur de ce groupe puisque son absence/présence détermine le rattachement d'un échantillon à cet ensemble.

Il est peu probable que le minerai de cobalt employé ici appartienne à la famille des arséniures car les teneurs en As et en Ni sont trop faibles. En fait il n'est pas possible d'identifier exactement la famille minéralogique à laquelle ce minerai appartient, faute d'élément caractérisant directement le cobalt. On peut cependant rapprocher celui-ci de la famille des sulfures puisque le cobalt apparaît mélangé à des sulfures (blende et galène). Ce qui demeure néanmoins certain, est le fait que nous soyons ici en présence d'un minerai de cobalt appartenant à une formation métallifère Pb/Zn à forte teneur en indium.

15. L'ensemble des échantillons provient du fond de documentation réuni par le Laboratoire d'Archéologie Médiévale Méditerranéenne.

16. G. Demians D'Archimbaud, M. Picon, " La céramique médiévale en France méditerranéenne. Recherches archéologique et de laboratoire ", *La céramique médiévale en Méditerranée occidentale, Xe-XVe siècle*, Valbonne, 1978, Paris, 1980, 16-42.

17. L. De Launay, *Gîtes minéraux et métallifères*, t. II, III, Paris et Liège, 1913.

FIGURE 3.

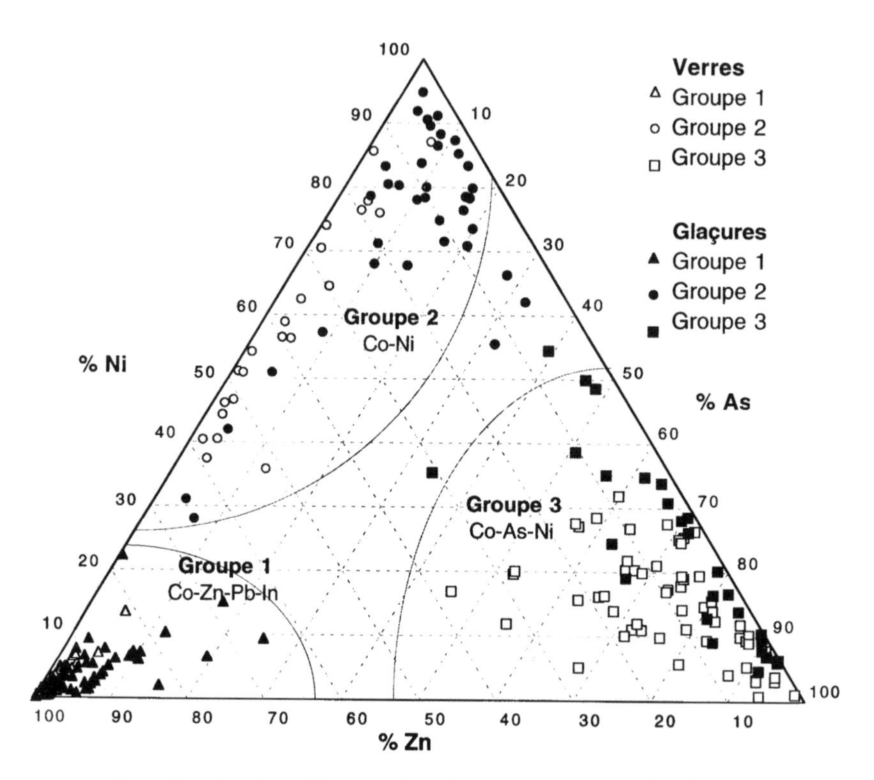

Réparation des échantillons en fonction des associations des éléments liés au cobalt.

- le 2e groupe est caractérisé par l'association Co-Ni avec des teneurs en nickel comprises entre 100 et 2000 ppm et en arsenic inférieures à 60 ppm. Les résultats des analyses par LA-ICP-MS, effectuées sur les glaçures, ont confirmé la présence de molybdène mise en évidence lors de l'analyse de quelques verres, et montré celle de tungstène.

La présence de nickel et d'arsenic (même en faible quantité) ainsi que l'existence d'une corrélation (Ni+Co)/As nous autorise à rattacher ce minerai à la famille des arséniures. Nous avons fait figurer sur le graphique ci-dessous (Fig. 4) les différentes familles de minerais arséniés (chaque droite, calculée en fonction de la formule du minerai, représente le minerai type pur). Si nous reportons les points correspondants à nos échantillons, l'hypothèse d'une appartenance à la famille des arséniures semble confirmée ; cependant, la teneur en arsenic, faible par rapport à celles des minerais, laisse penser que le minerai employé a subi un traitement préparatoire (grillage) ayant entraîné la disparition partielle ou totale de cet élément.

FIGURE 4.

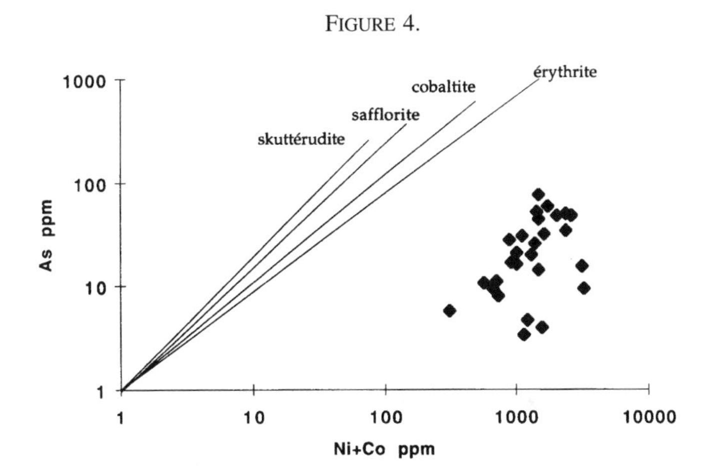

Représentation des différentes familles de minerais arséniés
avec les individus appartenant au groupe 2.

- le 3e groupe enfin est caractérisé par l'association Co-As-M avec de fortes teneurs en arsenic (200 à 6500 ppm) et des teneurs en nickel équivalentes à celles trouvées dans les échantillons du groupe 2. Par ailleurs, les analyses par LA-ICP-MS réalisées sur les glaçures bleues ont montré la présence systématique de molybdène, bismuth, uranium et tungstène dans les échantillons de ce groupe.

Si le doute était possible dans le cas précédent, la présence d'arsenic, de nickel et l'existence d'une corrélation (Ni+Co)/As permet de rattacher le minerai caractérisé pour cet ensemble à la famille des arséniures mixtes de cobalt/nickel.

Si nous reportons comme précédemment les différentes familles de minerais arséniés dans un graphe As=f(Ni+Co), nous pouvons distinguer au moins deux familles (Fig. 5). Dans la première (représentée par des carrés dans la Fig. 5) nous obtenons un rapport moyen $\frac{Ni+Co}{As} = 0,5$ tandis que celui-ci est de 1,21 dans la seconde (représentée par des losanges dans la Fig. 5). Ces deux groupes peuvent être rattachés à l'utilisation de différents minerais[18]. Dans le cas de la première famille de points, la cobaltite et l'érythrite n'ont pas pu être employées puisque les points représentant les échantillons sont situés au-dessus des traits correspondant aux minerais purs ; dans le cas de la seconde famille nous pouvons par contre conclure à l'emploi indifférent de l'un de ces minerais (sauf de l'érythrite pour les points situés au-dessus de la droite) ou au grillage plus ou moins poussé des minerais arséniés de cobalt, entraînant la disparition d'une partie de l'arsenic.

18. On n'observe aucun lien avec la chronologie ou la typologie des échantillons.

FIGURE 5.

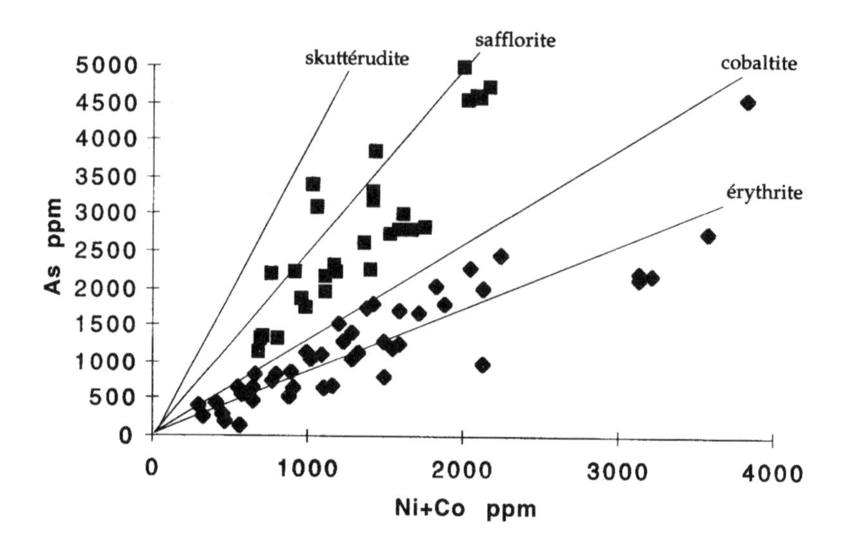

Représentation des différentes familles de minerais arséniés avec les individus appartenant au groupe 3.

Les analyses physico-chimiques ont donc permis de différencier trois groupes, fondés sur l'association d'éléments, correspondant à l'emploi possible de différents minerais de cobalt. On observe parallèlement une utilisation diachronique de ces différents minerais (Fig. 6). En effet les échantillons appartenant :

- au groupe 1, sont datés du Xe s. au début du XVe siècle pour les glaçures et jusqu'à la fin du XVe siècle pour les verres,
- au groupe 2, ont été fabriqués pendant le dernier quart du XVe s. et le premier quart du XVIe siècle,
- au groupe 3, sont postérieurs au XVIe siècle.

Les données historiques

Parallèlement à la réalisation des analyses physico-chimiques, nous avons étudié, avec l'aide du Professeur R. Halleux et A.F. Cannella, une quinzaine de recettes verrières et traités techniques, datés du XIe s. au XIXe siècle, rassemblés au Centre d'Histoire des Sciences et Techniques. Cette recherche avait pour but d'essayer de trouver des renseignements concernant le lieu d'extraction (gisements exploités) ou la provenance (lieu de fabrication, préparation, vente) du colorant bleu employé par les artistes verriers.

FIGURE 6.

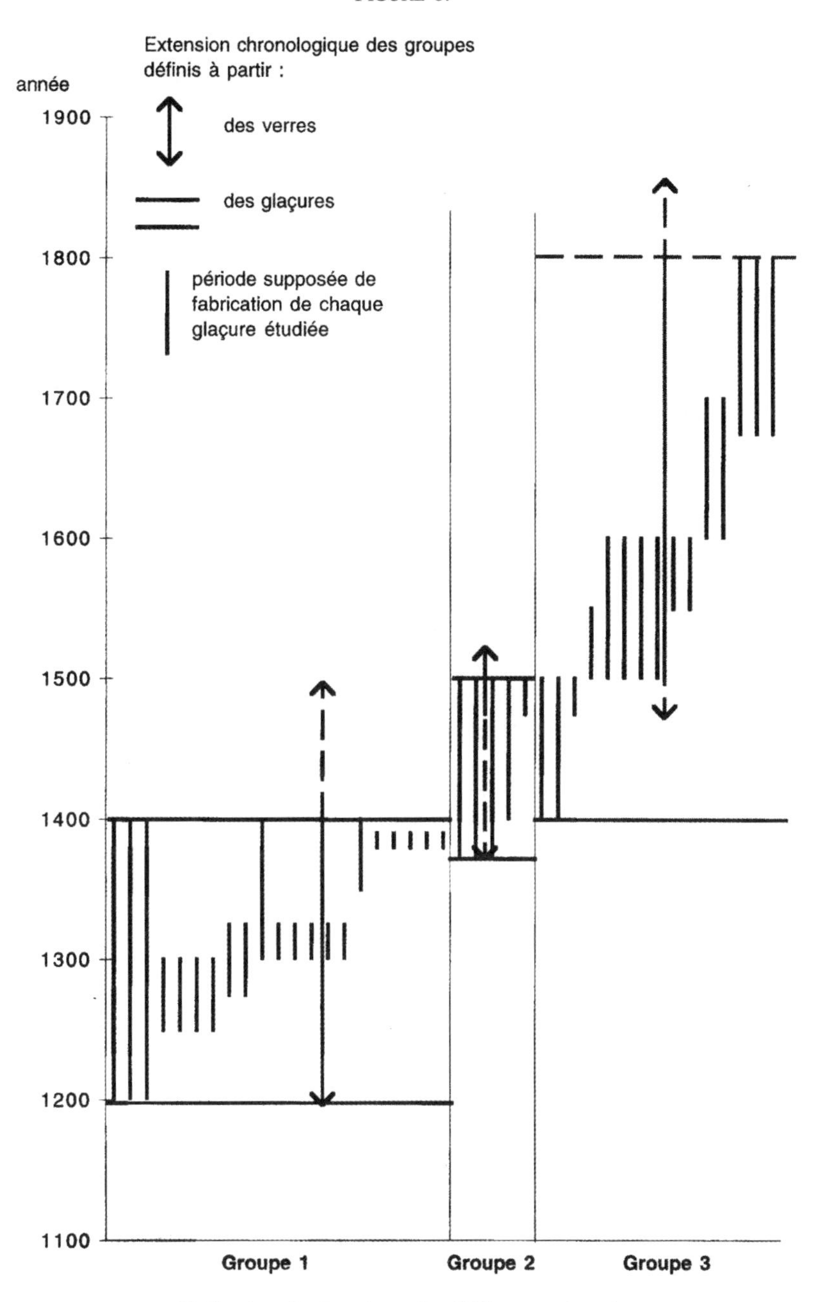

Utilisation diachronique des différents minerais.

Il ressort de cette étude que dès la fin du XVIIIe siècle le minerai de cobalt est extrait de mines européennes, situées principalement en Allemagne (Saxe, Hartz, Forêt-Noire), mais aussi en Hongrie, Norvège, Suède et France.

Avant le XVIIIe siècle, nous distinguons par contre plusieurs périodes :

- du XIIe s. au milieu du XIVe siècle, nous n'avons pas de renseignements concrets sur la provenance de la matière colorante bleue qui est employée ou sur la matière elle-même. La terminologie rencontrée est peu précise (azur, lazur, saphireo) et peut suivant les cas faire référence soit à un minerai de cobalt soit à du cuivre.
- du milieu du XIVe s. au XVIe s. trois textes - A. de Pise[19] (2e moitié du XIVe s.), J. d'Outremeuse[20] (fin XIVe s.) et le Manuscrit de la bibliothèque Marciana[21] (XVIe s.) - mentionnent l'utilisation de pierres ou verres colorés provenant d'Allemagne.
- enfin, à partir du XVIe siècle l'Allemagne est de plus en plus citée (Ch. Merret, J. Kunckel[22], J. Haudicquer de Blancourt[23]), mais nous voyons aussi apparaître les noms de Bleu de Saxe et de quelques sites tels que ceux d'Annaberg et de Schneeberg (A. Baumé[24], M. Zimmermann[25], A.F. Winkler[26]). Parallèlement, les techniques de préparation du colorant, introduit sous forme de safre puis de smalt dans le mélange vitreux, sont décrites de façon de plus en plus détaillée.

A partir de ces différentes sources d'informations rassemblées sur le colorant bleu cobalt (physico-chimiques, géologiques, historiques), il est maintenant possible de tenter de dresser un premier tableau du commerce du cobalt du XIIe s. au XIIIe siècle et de proposer une hypothèse concernant l'identification de la provenance du minerai exploité.

Du XIIIe s. à la fin du XVe siècle, un minerai appartenant probablement à la famille des sulfures, caractérisé par la présence de l'association Zn-Pb-In est employé par les artisans verriers et céramistes. Plusieurs arguments nous per-

19. R. Bruck, " Der tractat des Meisters Antonio vo Pisa über die Glasmalerei " *Repertorium für Kunstwissenschaft*, t. XXV, Berlin, 1902.

20. Jean d'Outremeuse, *Le trésorier de philosophie naturelle des pierres précieuses*. Livre IV *Le réceptaire*, Texte traduit par A.F. Cannella (à paraître).

21. M.P. Merrifield, *Original treatises dating from the XIIth to XVIIIth centuries on the arts of painting in oil, miniature, mosaic and on glass ; of gilding, dyeing and the preparation of colours and artificial gems*, vol. 2, London, 1849, 325-599.

22. G. D'Holbach, *Art de la verrerie de Néri, Merret et Kunckel*, Paris, 1752.

23. Haudicquer de Blancourt, *De l'art de la verrerie, ouvrage rempli de plusieurs secrets et curiositez inconnues jusqu'à présent*, Paris, 1697.

24. A. Baumé, *Chymie expérimentale et raisonnée*, t. II, III, Paris, 1773.

25. M. Zimmermann, *Mémoire sur la manière dont le saffre ou la couleur bleue est tirée du cobalt qui se fait en Saxe* (addition à Neri, Merret and Kunckel), Paris, 1752.

26. A. Lange, *Das sächsische Blaufarbenwesen um 1790 in Bildern von A.F. Winkler*, Berlin, 1959.

mettent de penser que ce cobalt proviendrait des mines de la région de Freiberg[27] (*Erzgebirge*). En effet :

- l'Allemagne est citée dès le milieu du XIVe siècle dans les textes,
- nous savons que du minerai de cobalt y est présent au sein de paragénèses B-G-P (Blende, Galène, Pyrite),
- l'indium, en tant qu'élément, a été découvert en 1863 dans les blendes de Freiberg,
- enfin, il existe une bonne coïncidence entre le début de l'exploitation minière de ce district et l'utilisation de ce cobalt dans les échantillons analysés.

Du dernier quart du XIVe s. au début du XVIe siècle, nous avons identifié un minerai appartenant à la famille des arséniures, avec cependant des teneurs en arsenic assez basses. Une origine allemande — domaine minier de l'Erzgebirge (Schneeberg ?) — est possible puisque les textes signalent la vente du résidu (du cobalt) de l'exploitation des mines d'argent d'Annaberg et de Schneeberg aux Vénitiens, au XVe siècle.

Enfin, à partir du dernier quart du XVe siècle, le minerai exploité est un arséniure mixte de cobalt/nickel caractérisé notamment par la présence de bismuth et d'uranium. Le district minier de Schneeberg apparaît comme la source la plus probable pour ce minerai puisque les sources géologiques et historiques confirment ce site (présence d'arséniures avec du bismuth et de l'uranium, mise en place d'un monopole saxon dès le XVIe siècle pour la vente du minerai).

Signalons cependant que ces attributions de provenance sont basées, outre les informations historiques, sur des données géochimiques qualitatives. Nous ne disposons pas à ce jour d'analyses quantitatives des minerais anciens exploités dans les Monts Métallifères de l'Allemagne et, la présence ou l'absence de certaines paragénèses nous a servi à étayer nos hypothèses.

Conclusion

A travers ces trois exemples, il apparaît donc clairement que, quel que soit le point de départ de l'étude, données d'analyses et données historiques ne peuvent être dissociées et sont complémentaires pour exploiter et comprendre correctement un objet ou une problématique.

Remerciements

Les appareils, VG PlasmaQuad II et W MicroProbe, ont été acquis par notre laboratoire grâce à un cofinancement du C. N. R. S. et de la Région Centre.

27. H. Bari, A. Becke, *Freiberg, une ville marquée par huit siècles d'exploitation minière*, Société française de minéralogie et cristallographie, Livret guide, 1985, 85.

Les auteurs remercient V. Arveiller, J. Barrera, Ph. Bon, H. Cabart, C. Carrière-Desbois, D. Carru, J. Cesari, G. Démians d'Archimbaud, M.C. Depassiot, M. Feugère, M. Fixot, D. Foy, I.C. Freestone, H. Galinié, J.M. Geron, J. Gomez de Soto, J.L. Hillairet, A. Hochuli-Gysel, F. Jannin, J.F. Lagier, N. Lambert, F. Leyge, G. Lintz, N. Meyer, C. Monnet, J. Molteau, R. Pécherat, D. Petit, M. Petit, M. Picon, D. Pitte, J. Santrot, M. Schvoerer, G. Sennequier, B. Stoddart, J. Thiriot, L. Vallauri, G. Vienne et " Le Musée Municipal de la Maison du Patrimoine de l'Isle Crémieu à Hières-sur-Amby " pour les échantillons qu'ils ont acceptés de nous confier pour cette étude, le personnel du C.E.R.I. pour les facilités d'irradiations ainsi que le Professeur R. Halleux et son équipe pour nous avoir accueillis au Centre d'Histoire des Sciences et Techniques.

Recettes anciennes de mortiers et leur place dans l'étude historique des façades enduites en Flandre au XVIIIe et au début du XIXe siècle

Dirk Van de Vijver and Koenraad Van Balen

L'étude historique des façades enduites en Flandre au XVIIIe et au début du XIXe siècle, entreprise par le " Centre d'études pour la conservation du patrimoine architectural et urbain R. Lemaire " à la *Katholieke Universiteit Leuven*, s'inscrit dans un programme de recherches multidisciplinaires dans le domaine de la conservation et de la restauration des monuments historiques ayant pour objet le mur extérieur (projet de recherche de l'*Instituut voor Wetenschap en Technologie*)[1]. De plus, l'étude bénéficie de mes recherches de doctorat, en cours de rédaction, sur l'architecture néoclassique belge[2]. La conservation et la restauration de façades historiques enduites constituent en Flandre un problème de toute actualité, tant par le nombre toujours croissant de bâtiments classés du XVIIIe et du début du XIXe siècle, que par le manque de réponses acceptables données par l'industrie du bâtiment aux problèmes concrets posés par les monuments historiques : problèmes méthodologiques en particulier. Le projet s'inscrit donc dans le domaine de la recherche consacré aux matériaux de construction historiques employés dans les Pays-Bas méridionaux au XVIIIe

1. Voir les rapports de recherche suivants (non publiés), qui traitent de l'étude historique des façades enduites en Flandre du XVIIIe siècle et du début du XIXe siècle (1700-1830) : D. Van de Vijver, " Deel 1 : Inventarisatie. Historisch onderzoek naar bepleisterde 18de- en vroeg 19de-eeuwse gevels in Vlaanderen (1700-1830) ", *Restauratie van buitenmuren : typologie en procedures. Eerste wetenschappelijk-technisch verslag Onderzoeksperiode : 01.09.95 - 31.08.96*, rapport de recherche, septembre 1996, 1/1-42 et annexe 1-26 ; D. Van de Vijver, " Deel 1 : Inventarisatie. Historisch onderzoek naar bepleisterde 18de- en vroeg 19de-eeuwse gevels in Vlaanderen (1700-1830) ", *Restauratie van buitenmuren : typologie en procedures. Overeenkomst GI/95/01 – Fiche 01, Periode : 01.09.95 – 31.08.97. Eindverslag* – volume 1, *Identificatie van het project, syntheseverslag, vierde operationeel verslag, tweede wetenschappelijk-technisch verslag* : Deel 1 : *Inventarisatie*, Deel 2 : *Vocht en damp in de buitenmuur*, rapport de recherche, septembre 1997, 1/1-111 et annexes (33 pages).

2. D. Van de Vijver, *Les relations franco-belges dans l'architecture des Pays-Bas méridionaux entre 1760 et 1830*, K.U. Leuven, s. l., dir. de Mme le Prof. K. De Jonge (thèse de doctorat).

et au début du XIXe siècle. A l'exception de quelques matériaux de construction particuliers (la pierre bleue, le zinc), il s'agit là d'un champ de recherche inexploré. A cette période, l'industrie du bâtiment subit un changement profond. La suppression du corporatisme, le professionnalisme croissant de l'architecte et de l'ingénieur, l'apparition de nouveaux matériaux, le développement industriel, l'expansion du réseau de voies de communication sont, en définitive, des phénomènes qui définissent la première révolution industrielle dans le secteur du bâtiment. Le défi de la recherche consiste dans le développement d'une méthodologie adaptée à l'étude approfondie du sujet par l'emploi de sources d'archives, jusqu'à maintenant négligées.

Dans notre recherche, nous nous intéressons aux nombreuses dimensions du problème : stylistique, juridico-urbanistique, technique, sociale, économique et, en fin de compte, à la terminologie. Du point de vue méthodologique (heuristique), une typologie des sources historiques disponibles a été établie : 1. l'explication écrite et technique du projet : le cahier de charges ; 2. les connaissances théoriques, techniques et technologiques disponibles : les publications d'architecture ; 3. les règlements urbains et le contrôle d'application ; 4. la source iconographique par excellence : le *modelle*[3] joint au permis de bâtir ; 5. les autres documents iconographiques : les vues urbaines ; 6. la ville vue et décrite par ou pour l'étranger ou le visiteur : les récits de voyage et les descriptions de villes ; 7. une source importante sur l'origine et la fabrication des matériaux de construction : les enquêtes économiques du gouvernement ; 8. un exemple de source fiscale : l'impôt sur les portes et les fenêtres pendant la période française ; 9. la littérature géologique des Pays-Bas méridionaux ; et enfin 10. les sources d'histoire sociale : les archives des métiers, états de biens et archives privées. Il est clair que ce sont les deux premiers types de source qui nous fournirons des informations techniques et technologiques concrètes sur les matériaux de construction de la façade extérieure : les briques (provenance, fabrication, qualité) et les mortiers (de pose, de rejointoiement et d'enduit ; composants et composition). Les autres sources historiques, de type iconographique ou descriptif, offrent des informations complémentaires.

L'étude plus approfondie de la dimension technique des façades qui attirait avant tout notre attention, comme celle des autres chercheurs de l'équipe multidisciplinaire du projet, mettait déjà très tôt en évidence l'état d'ébauche dans laquelle la recherche sur les mortiers et l'enduit se trouvait. L'idée d'une base de données de recettes de mortiers est né d'une préoccupation méthodologique de créer un instrument aussi utile pour la gestion de l'information rassemblée que pour l'analyse approfondie. Sur base d'informations concrètes sortant de la recherche historique (comme par exemple des descriptions de mortier dans les cahiers de charges manuscrits et imprimés ou dans les manuels de l'art de

3. En ancien flamand, le mot " modelle " désigne, en général, le dessin de la façade extérieure sur rue, joint au permis de bâtir.

bâtir), d'une part, et d'une bonne connaissance des analyses techniques de mortiers traduisant l'information de la source monumentale, d'autre part, nous travaillons à la conception d'une base de données de recettes de mortiers. L'approche conceptuelle est la suivante.

Deux types de sources alimentent la base de données de recettes de mortier : les sources historiques descriptives, comme les recettes ou informations déduites des cahiers de charges ou des traités d'architecture et les différentes analyses techniques modernes, traduisant de manière qualitative ou quantitative, les propriétés de la source monumentale même. On peut citer l'analyse granulométrique, l'analyse visuelle, la microscopie optique, la diffraction des rayons X, le test de pouzzolanicité et l'analyse chimique. L'information apportée par ces deux sortes de sources est retenue sous forme de fiches standardisées, laissant toujours la primauté à l'information de base (source originale ou résultats primaires des tests) sur l'interprétation. Pour les données historiques, on fait appel à une seule sorte de fiche, les résultats des différents analyses techniques, par contre, nécessitent des fiches adaptées aux spécificités des tests respectifs. Pour les fiches contenant les résultats des analyses techniques, la multitude de procédés, les différences dans l'exécution des tests ou dans la présentation des résultats d'un laboratoire à l'autre, le manque de standardisation internationale, ou simplement, le manque de tests adaptés au mortier à la chaux, sont tous des éléments compliquant la rédaction de fiches standardisées. Nous nous concentrerons ici surtout à la standardisation de l'information provenant des sources historiques.

Les fiches documentant la composition des mortiers à l'aide des sources historiques, comprennent deux parties : dans la première, on garde la source vierge sous forme de texte (retranscription) ou d'image (texte scanné), dans la seconde, on la décode de manière standardisée. Remarquons également que la composition du mortier constitue l'objet principal des fiches ; et qu'en conséquence, chaque fiche n'en contient qu'une seule. La fiche (ou mieux, la deuxième partie de la fiche) peut contenir cinq sortes de renseignements : on commence tout naturellement par la référence de la source, puis, central à la fiche, on trouve la composition, liée directement à son domaine d'application ; les trois champs suivants offrent des renseignements annexes concernant les composants du mortier, sa préparation, le contexte et son mode d'application (voir exemple en annexe[4]). Le champ " références " contient outre aux références bibliographiques ou à la source directe, également, s'il y a lieu, la mention explicite du bâtiment concerné, son adresse, l'année de l'intervention, le nom de l'architecte et de l'entrepreneur et des références bibliographiques relatives à ce bâtiment. Le champ " composition et son domaine d'application " reprend, tout d'abord, la composition sous forme textuelle, comme on la

4. Nous avons choisi comme exemple un cahier de charges imprimé d'écluses. Ce choix était fait sur base de la langue de rédaction et sur le contenu.

retrouve dans la source, puis reprend, sous forme schématique les proportions des composants. Le domaine d'application contient la mention du type de mortier (mortier de pose, mortier de rejointoiement, mortier d'enduit), son usage (imperméabilisation par exemple) et la localisation dans le bâtiment. Sous le champ " composants ", les données concernant chaque matériau entrant dans la composition sont reprises toujours suivant les mêmes subdivisions : lieu d'origine, exigences qualitatives et manipulations préparatoires à l'usage. Le champ " préparation du mortier " explique la suite des actions nécessaires à la préparation du mortier. Ces actions impliquent le dosage des composants, le malaxage, les délais à respecter, le gâchage, l'ajout d'adjuvants hydrauliques et, finalement, l'ajustage de la maniabilité du mortier à son emploi. Le champ " maçonnerie " traite de l'usage du mortier dans son contexte, les briques ou pierres constituant le mur, leur mode d'appareillage et la destination du mortier (pose, rejointoyage ou enduit).

Illustrons les analyses modernes de mortiers avec les résultats d'une recherche préalable à la restauration des façades du collège de Villers à Louvain. Le collège de Villers est un des collèges de Louvain qui à été reconstruit au XVIIIe siècle. La littérature reste muette sur l'histoire du bâtiment même, dont on ne connaît même pas la date exacte de construction mais qu'on peut néanmoins situer sous la présidence de J. Francart, entre 1757 et 1764[5]. Ce bâtiment est un bon représentant de la première vogue de constructions de collèges au XVIIIe siècle à Louvain, non seulement réunis chronologiquement mais également par leur goût classicisant, ornés d'éléments rococo sortant parfois littéralement des recueils de modèles français. Le problème qui nous intéresse ici est celui de la finition originale de la façade ; pour y répondre divers échantillons ont été prélevés et analysés par le prof. K. Van Balen[6]. L'analyse visuelle d'une lame mince tirée d'un des échantillons montre des traces d'enduits postérieurs et laisse bien voir que les joints sont dégarnis de leur mortier de pose de chaux, et remplis jusqu'au plan de la façade avec un autre mortier de couleur rouge. Ainsi on obtenait une façade uniformément rouge, composée de deux maté-

5. Collège de Villers : Louvain, Vaartstraat, 24-26. Sur les collèges au XVIIIe siècle à Louvain et celui de Villers en particulier voir : E. Reussens, *Documents relatifs à l'histoire de l'Université de Louvain (1425-1797)*, t. V, *Collèges et pédagogies*, III, Louvain, 1889-1892, 487-490 : " Collège de l'abbaye de Villers " ; *Le patrimoine monumental de la Belgique*, t. I, *Province de Brabant, Arrondissement de Louvain*, Liège, 1971, 258 (" Collège de Villers (Vaartstraat, 24-26) ") ; *550 jaar universiteit Leuven 1425-1975*, cat. d'expo., Louvain, 1976, 66-108, 104 cat. n° 115 (" Het Villerscollege ") ; S. Moens, *Het architecturale patrimonium van de oude universiteit Leuven in de achttiende eeuw. Beeld van de Verlichting*, t. II, mémoire en histoire non-publié, K.U. Leuven, 1985, 387-390 (" Het Villerscollege ") ; G. Paesmans, " De 18de-eeuwse universitaire colleges te Leuven ", *Monumenten en Landschappen*, 11e année, n° 4 (juillet-août 1992), 23-33, 27 et 28. Notons également l'étude monographique sur le collège de Luxembourg : A. Stulens, *Le Collège de Luxembourg à Louvain*, mémoire de master of conservation non-publié, K.U. Leuven, Centre d'études pour la conservation du patrimoine architectural et urbain R. Lemaire, 1997 (2 vols).

6. K. Van Balen, *Carnoy Instituut Leuven. Staalname en analyse* (P.V. : R/28515/96), K.U. Leuven, Laboratorium Reyntjens voor proeven op materialen, Heverlee, 2.7.1996 (rapport d'expertise non publié).

riaux bien différents mais de couleur assez semblable : les briques et le mortier de rejointoyage. L'analyse chimique montre que le mortier est composé d'un volume de chaux pour un volume de sable additionné de briques pilées. Dans ce traitement subtil de la façade, le problème qui se pose avant tout est la détermination du pigment rouge employé dans ce mortier de rejointoyage : des essais de diffraction des rayons X démontrent clairement qu'il ne s'agir pas que de poudre de briques (qui donnerait un rouge trop pâle), mais aussi d'un pigment d'hématite (oxyde ferreux). Les résultats de ces recherches ont déterminé la solution choisie pour la restauration du bâtiment, prouvant ainsi l'importance de ce genre de recherche préalable. Dans le cas précis de ce bâtiment, on ne disposait ni de cahier de charges ni d'aucune information historique concernant les techniques de construction. La littérature mentionne néanmoins une finition de façade assez comparable à la maison Propper à Namur datant de 1765[7]. Le cahier de charge exécuté par l'entrepreneur Phazelle (?- ?), stipulait " que tout le bâtiment en général sera recrépi à jointure pleine et rougi "[8]. Dans cet exemple namurois, il semble donc qu'on prévoit un rejointoiement arasé avec la façade — peut-être un traitement de joints identique à celui du collège de Villers —, mais dans ce cas les briques et les joints sont recouverts d'un badigeon ou d'une peinture rouge. (Une étude approfondie de la façade de la maison Propper pourrait sûrement contribuer à l'interprétation correcte des stipulations du cahiers de charge). Nous sommes convaincus qu'une base de données bien fournie constituerait un outil susceptible d'apporter des informations contextuelles utiles à la restauration d'un bâtiment spécifique. Le cas brièvement présenté illustre à notre avis également l'importance dans cette base de données de la liaison des différents types d'information : les analyses techniques d'une part, les documents historiques et analyses modernes d'autre part.

Conclusion

Persuadé de la valeur de la base de données de compositions de mortiers comme outil d'inventaire, de recherche et même d'orientation éventuel dans le cas de restaurations, nous continuons à la construire et à travailler à sa version informatisée. Il est néanmoins évident que, si l'on veut vraiment que cette base de données joue ce rôle à l'avenir, d'intensives campagnes de recherches de

7. Namur, rue J. Saintraint 1. F. Courtoy, " L'Hôtel de Propper à Namur ", *Namurcum*, 5e année, n° 4 (décembre 1928), 49-54 (source mentionnée : " Acte du notaire Roquet, en copie dans le dossier de Propper, Fonds Familles, aux Archives de l'État, à Namur Original dans le dossier de Propper ") ; *Le patrimoine monumental de la Belgique*, vol. 5, *Province de Namur, Arrondissement de Namur*, tome 2 (N-Y), Liège, 1975, 625-627 : " R.J. Saintraint N° 1. Bureaux de l'Administration provinciale. Ancien Hôtel de Propper " (avec photo de l'extérieur et plan du rez-de-chaussée).

8. F. Courtoy, " L'Hôtel de Propper à Namur ", *Namurcum*, 5e année, n° 4 (décembre 1928), 49-54, 53 ; *Le patrimoine monumental de la Belgique*, vol. 5, *Province de Namur, Arrondissement de Namur*, tome 2 (N-Y), Liège, 1975, 625-627 : " R.J. Saintraint N° 1. Bureaux de l'Administration provinciale. Ancien Hôtel de Propper ", 627.

cahiers de charges et de nombreuses analyses techniques sont encore nécessaires. Ici, le Centre d'études pour la conservation du patrimoine architectural et urbain R. Lemaire, au moins dans le cadre géographique belge pourrait jouer un rôle comparable à celui du Centre International de Glyptographie. La diffusion des fiches ou de la base de données en entier aux spécialistes sur le terrain (les services de conservation et de restauration des monuments par exemple) pourrait contribuer, à notre avis, aux rassemblements de données qui resteraient sinon dispersées dans les études monographiques de bâtiments, complément nécessaire aux recherches systématiques à plus long terme.

ANNEXE :

un exemple d'une fiche remplie (sources historiques)
(- : pas de données disponibles ; / : non pertinent)

Les références

Référence : " Devis et conditions sous lesquelles Messieurs du Magistrat du France de Bruges, ceux de la Châtellenie de Furnes, & le Lieutenant-Colonel-Ingénieur de Brou, chargé par leurs Altesses Royales de l'Inspection-générale des Ouvrages ci-après détaillés, exposent plusieurs livrances de Pierre de Taille bleues, de Bois de différentes espèces, des Gaules, Piquets & Facines, de la livrance & main-d'oeuvre de Maçonnerie, de la main-d'oeuvre de Charpente, de la livrance & main d'oeuvre de Ferrailles, & généralement de tout ce qui sera utile & nécessaire pour la construction de cinq Écluses à placer ; savoir : Deux dans les Quais de droite & de gauche du Bassin de Navigation de Plasschendaele, au Canal de Nieuport, une dans le Poldre de Zantvoorde, la quatrième dans la Creque de Nieuwendamme près de Nieuport, & la cinquième & dernière au Poldre Hazengras, situé près des Forts Isabelle & Saint-Paul "
[Bruxelles le 20 Février 1784. Etoit signé De Brou, Lieutenant-Colonel], Bruges, [1784], 18 p. (avec une *Liste des Bois*, 8 p.)

Année : 1784

Bâtiment concerné : cinq écluses : " deux dans les quais de droite & de gauche du bassin de navigation de Plasschendaele, au Canal de Nieuport, une dans le Poldre de Zantvoorde, la quatrième dans la Creque de Nieuwendamme près de Nieuport, & la cinquième & dernière au Poldre Hazengras, situé près des Forts Isabelle & Saint-Paul ".

Adresse :

Année de construction :

Architecte :

Entrepreneur :

Bibliographie concernant le bâtiment :

La composition et son domaine d'application

MORTIER

Dénomination mortier : -

Composition : deux tiers de chaux de Tournai contre un tiers de sable (p. 11 a.LXII)
chaux : 2/3
sable : 1/3
trass : 0
cendre : 0
autre : 0

Motif : -

Référence à un autre auteur : -

CHAMP D'APPLICATION

Type de mortier : mortier de pose
Usage : -
Localisation dans le bâtiment : Le mortier de tout le reste de la maçonnerie qui sera de briques (p. 11 a.LXII)

Les composants

CHAUX

Dénomination : chaux (p. 11 a.LXII)
Origine : chaux de Tournai (p. 11 a.LXII)
Exigences qualitatives : -
Remarques : -
Préparation

quoi : cette chaux sera bien cuite & sans biscuit, coulée dans un bassin, abreuvée d'eau 7 à 8 jours avant de l'employer (p. 11 a.LXII)

ou : -

comment : -

Emploi : -

SABLE

Dénomination : sable (p.11 a.LXII)
Type de sable : -
Origine : -
Exigences qualitatives : le sable sera de gros grain, sec, criant à la main, & non gras ni terreux (p. 11 a.LXII)
Remarques : -
Préparation

quoi : cette chaux sera bien cuite & sans biscuit, coulée dans un bassin, abreuvée d'eau 7 à 8 jours avant de l'employer (p. 11 a.LXII)

ou : -

comment : -

Emploi : -

La préparation du mortier

Exigences au lieu de fabrication : -
Le dosage : -
Le malaxage : -
Les délais à respecter : -
Exigences à la conservation : -
Le gâchage : -
L'ajout d'adjuvants hydrauliques : -
L'ajustage de la maniabilité : -

La maçonnerie

PIERRE DE CONSTRUCTION

Dénomination : /

Origine : /

Exigences qualitatives : /

Remarques : /

Préparation de la pierre de construction : /

BRIQUE

Dénomination : -

Origine : -

Exigences qualitatives : Qualité des briques

> Il sera fourni à l'Entrepreneur les terrains nécessaires pour fabriquer les briques, mais il devra payer la somme à quoi sera arbitrée la diminution de valeur qui résultera à ce terrain. (p. 10 a.LVIII)
>
> Les terres seront tirées immédiatement après les adjudications, & tournées & retournées à différentes reprises avant de les employer, pour les rendre autant meubles que possibles ; elles feront après battues & mêlées tant & si longtems qu'il n'y reste aucun durillon, elles seront ensuite moulées du moule ordinaire des environs, dans laquelle les terres seront fortement pressées de la main pou rendre la brique compatée & rendue unie au moyen de la rafette, & portée ensuite sur des étentes, qui au préalable auront été rendues unies & sablées avec soin, elles seront retournés sur le cant lorsqu'elles seront à demi-sèches, & on aura soin d'en ôter en même-tems toutes les barbes, pour être ensuite portées & rangées en haye, pour les sècher parfaitement avant de les porter au four, desquelles l'Entrepreneur devra avoir d'autant plus de soin, tant pour l'arrangement des briques, que pour la distribution des feux, qu'on le prévient par la Présente, que toutes briques qui ne seront pas bien cuites, cassandées ou vitrifiées qu'elles ne seront pas reçues, & qu'il n'y aura d'employé que les morceaux qui auront trois faces, & les briques qui, en les frappant l'une contre l'autre, annonceront leur solidité par un son clair & net, toutes autres seront rejettées, & l'Entrepreneur obligé d'en fournir d'autres sans délai ; si cependant l'Entrepreneur préféroit d'acheter, ou de faire faire ses briques ailleurs, il en sera le maître, pourvu que les briques qu'il fournira aient la qualité ci-devant prescrite. (p. 10 a.LIX)

Remarques : -

Préparation de la pierre de construction : -

Le mode d'application

MAÇONNERIE
Dimensions : -
méthode d'exécution : -
ajout d'eau : -
restrictions : -
remarques : -
appareillage : -

REJOINTOIEMENT
méthode d'exécution : -
remarques : -

ENDUIT
méthode d'exécution : /
nombre de couches : /
épaisseur de couches : /
remarques : /

Apsheron Oil. Facts and Events

Eldar M. Movsumzade

" Fire-liquid " — Baku oil — known from the time immemorial, for many centuries was covered with legends as incarnation of ancient fire elements. It was the source of light : the inhabitants burnt it in clay lamps — *chiragas*. Fire fields on Apsheron peninsula were the objects of religious cult for fire worshippers sects, and pilgrims from Persia, Asia Minor, India gathered there. The temples near Surukhany village became far-famed then.

The oil was poured into water-skins and carried by bullock carts to neighbour countries. In the Middle Ages " black gold " became the main item of Azerbaijan merchants' trade, and Baku acquired the reputation of a holder of untold underground wealth.

The Middle Age scientists didn't pass over the springs with " mysterious liquid ". The famous Venice merchant and traveller Marco Polo wrote about them. The great Azerbaijan poet Nizamy mentioned in his book about the medicinal properties of the famous oil " naphthalene ". There are also informations referred to that period about the method of oil refining called *taktir*, by mean of which " ...black oil was transformed into white oil ". But unfortunately, the detailed description the oldest method of oil refining was not preserved.

The " inextinguishable " fires on Apsheron peninsula attracted attention of a Russian traveller Aphanasy Nikitin, who described them in his book *Walking over Three Seas*. The phenomena imputed in the Middle Ages to the mysterious supernatural forces activity, in 18th century was called by M. Lomonosov " the secret fires " which could be useful for people.

A century before it, the European merchants took an interest in Baku oil. In the 30s of 17th century Duke Schleswig-Holstein organized two legations to Moscow and Persia to make acquaintance to Caspian oil-wealth and to get trade privileges.

Oil production from open wells took place till the end of 18th century. The instruments were wood buckets, the water was just strained off them. Thus up to a hundred thousands pounds in a day.

Balakhany village was one of the oldest place of oil-production on Apsheron peninsula. The richest oil-fields known in that time, were situated there. Up to the middle of 19th century the oil, produced from Baku wells not only satisfied the needs of Russia, but also was exported. But when kerosene production was started this ancient technology became an obstacle in the way of oil-business development.

In 1844 a specialist of the Mining Department F. Semenov suggested that the wells should be deepened and not dug, but drilled. The Mining Department supported his project and financed it in the sum of one thousand rubbles. Soon three oil wells were sunk at Bibiaybat. It should be marked that they were sunk thirteen years earlier than an American citizen Drake sank wells in Pennsylvania, though those very wells are known as the first oil-producing wells in the world.

But under the pressure of foreign specialists the government took a decision to forbid deepening of oil-wells by means of drilling, so Semenov's idea was forgotten for many years.

Only twenty years later tax-farmer Mirzoev got right to carry out drilling works and started in 1869 the first drilled well in Balakhany. Soon oil output was significantly increased and only three years later drilled rigs and drilled wells displaced the rug wells, so usual for Apsheron peninsula. To the end of 1870s they amounted to more than three hundred. Earlier unknown oil-fields of Azerbaijan merchants Zubalov and Taghiev to the end of 1890 produced oil in amounts compared to the modern level of production — 1 mln. tons in a year. Side by side with Azerbaijan and Russian manufacturers Nobel Brothers Company was developing its activity.

In 1901 a manufacturer Kokorev started a gas-well on the territory of his plant in Surukhany and used the gas produced to heat the plant. " Blue fuel " soon attracted here Nobel Brothers Company, Benkendorf Company, Mirzoev, Assadulaev. Surukhany, being once Mecca for fire-worshippers, soon acquired the reputation of a great gas-field, from which gas was delivered by pipes to other regions.

In that time the oil-manufacturers started their wells on the " off-chance ", without a geological prospecting. The three main signs making them to start on the searches of underground wealth were : oil leakage on the surface, kir (sand soaked with oil) or asphalt deposits, and fuel gas outlets.

In 1885-1857 mining engineers Simonovitch and Sorokin undertook the first investigations of Apsheron fields. It resulted in compilation of the first geological maps of Balakhany, Sabunchy and Ramaninskoje fields. But the fate of this map appeared to be mysterious and fatal : it disappeared after being demonstrated in Chicago Exhibition.

In the beginning of 20th century the other geologist D. Golubyatnikov with his assistants started geological prospecting of productive covering section first of Balakhany area and later of the whole Apsheron peninsula.

In these works there are data about all oil-bearing and water bearing layers, about wells discharge and oil out-put in Bibiaybat, Binigady and Atashkya. The name of Golubyatnikov is connected with the discovery of such large oil-fields as Kalinskoje, Lokbatanskoje, Karachukurskoje and Mardakyanskoje.

He proved also that ancient entrails of Surukhan earth hit not only gas, but also oil.

In 1913 the other famous Russian geologist I. Gubkin began prospecting of Apsheron fields.

Apsheron also became the first place in Russia where oil-processing industry was founded. Already in the 30s of 19th century in Balakhany, on the slopes of extinct volcano Bok-Bok the first oil-processing plant was built by N. Voskobojnikov, a talented engineer and manufacturer. The whole plant consisted of four horizontal stills, heated by natural gas. Oil refining was carried out with steam. This method allowed to produce one thousand two hundred pounds of " white-oil", used as illuminating oil. It was delivered to Moscow, Sankt-Petersburgh and Nizhny Novgorod. Later it was called " photogene " - kerosene. But the plant existed for a short time. By a false accusation Y. Voskobojnikov, the director of Baku and Shirvan fields, was dismissed.

But the business started on Azerbaijan land didn't decay, as it did in other parts of Russia, where oil was found. In 1857 manufacturers Kokorev and Gubonin founded a plant by the project of a known German scientist Justus Liebig. His technology was primitive even from that time point of view : kir was subjected to dry distillation in cast-iron retorts and the liquid product obtained was refined in stills. Kir was delivered by tarts from Kirmaki mountain. Even in that time this technology of kerosene production was unprofitable. The Master of Chemistry V. Eikhler, who arrived from Moscow University for consultations, suggested that the plant construction should be improved and kir changed for oil. after that the kerosene output reached 100 pounds from 300 pounds of oil taken. It was rather a good result.

Soon at Gubonin's plant a continuous still was installed and tested. The author of this innovation was D. Mendeleev. Two years later a similar still battery was installed at Nobel Brothers' plant. And soon this method of oil refining became widely used both in Russia and abroad.

Almost at the same time Djovat Melikov, a self-taught technician, who had not his own money for oil-business, founded a company with participation of three well-off partners. Rather a small even for that time phothogen plant not far from Baku thanks to Melikov's technology produced kerosene with good lighting ability with 4% yield.

In 1915 there were already 53 oil-refining plants in Baku from 70 in Russia as a whole.

For a long time kerosene and residual fuel oil were the main products of oil-refining. Lighter fractions were not widely used and the lion's share of them was just burnt or poured out in the sea. But thanks to cars and a bit later planes which appeared on the borderline of 19th and 20th centuries, a non-profitable business began to bring a good income.

Using Mendeleev's investigations, engineer Alexeev in 1855 worked up and constructed an industrial plant at Shibajev's factory for obtaining kerosene and petrol from heavy oil residues by their deep decomposition. But the first experiment of industrial thermal cracking appeared again to be unhappy. The expert commission found the project too expensive and Alexeev's plant was dismantled.

At Nobel Brothers' plant a scientist and specialist in oil-refining L. Gurevitch worked up the main principles of industrial technologies used up to now.

In 1879 the first oil pipe-line was constructed to connect the oil-fields in Balakhany and Baku. About 600 tons of petroleum in a day could be pumped over. It would take about 2000 of tarts. To the beginning of our century there were already 39 pipe-lines, and their total length was 400 km. Cartage and caravan transport disappeared forever. The cost of oil transportation from the fields to Baku was reduced from 6-9 rubbles to 30 kopecks for 1 ton.

On the base of Baku kerosene plants the largest in the world (883 km long) kerosene pipe-line Baku-Batumi was built with capacity 1 mln. tons in a year.

In 1915 Nobel Brothers Company built rather a big plant not far from Baku and at once received an order from Artillery Department for toluene production. Soon a similar plant was built by Baku Military-Industrial Committee.

In 1925 an experienced driller Usta Piry Guliev after his visit to the USA began to apply in practice rotary drilling instead of percussion drilling used earlier.

The significant changes took place in oil-refining industry also. Still batteries were changed for technological plant of the new generation : atmosphere and vacuum pipe-stills. The first home-built plant for primary oil-refining, constructed according to this principle, was put in operation in 1927. High quality of Baku oil made it possible to start production of motor and aviation oils, high-octane aviation petrol.

Baku oil-refining plants became the basis for the Soviet Union petrochemical industry. The first plant for synthetic alcohol production was built there. Production of toluene — a component of explosive materials, started in the years of First World War, was continued.

In 1920 Azerbaijan Institute of Oil and Chemistry was founded on the base of Baku Technical College.

The discover of sea oil-deposit *Nephtyanyje Kamni* (Oil Stones) in 1949 became an important event in the history of Azerbaijan oil-industry. This time is considered as the beginning of Caspian Shelf development. In a short time stationary oil platforms and, a bit later, a village for workers, connected with the land by an above-water overpass, appeared in the open sea. The first well produced oil on 7th November 1949. Later some other oil-fields were founded on Apsheron Shelf.

When the industrial development of oil-fields in Volga-Ural region and in West Siberia was started the share of Apsheron oil in the total output began to come down.

After USSR disintegration, when economic relations between branch complexes in the former Soviet Republics were broken off, oil and petrochemical industry in Azerbaijan was in a difficult situation. The output of oil came down to 8-10 tons in a year, 2 times less than Baku oil-refining plants could process.

For the whole previous period not more than 35% of the available oil-reserves was produced in Azerbaijan. It will take approximately 50 years to exhaust them. The main prospects of oil-industry development are connected with wide-scale works on Caspian Shelf.

On 20th September 1994, one of the largest projects was signed on development of such oil-fields as Azery, Chirag and deep-water part of Gyuneshli with more than 530 mln tons of extractable oil reserves. The State Oil Company of Azerbaijan Republic made a decision to hand over the right to develop these territories to a Consortium, including the known foreign companies, such as Amoco, Exxon, British Petroleum, Unocal, McDermott, Pennzoil, Ramco, Arabian Delta Nimir, Turkish TPAO.

For the first time a Russian company " Lukoil " will take part in a project of such a large scale.

Contributors

Asitesh Bhattacharya
Bombay (India)

M. Blet
Centre de Recherche E. Babelon
Orléans (France)

Hans-Joachim Braun
Universität der Bundeswehr
Hamburg (Germany)

Maria Elvira Calapés
Universidade Nova de Lisboa
Lisboa (Portugal)

Anne-Laure Carré
CNAM - Musée des Arts et Métiers
Paris (France)

Virginie Champeau
Centre François Viète
Nantes (France)

Nicole Chezeau
CRESAT, Université de Haute Alsace
Mulhouse (France)

Horia Colan
Universitatea Tehnica
Cluj-Napoca (Rumania)

Gerard Emptoz
Centre François Viète
Nantes (France)

Anne-Françoise Garçon
CRHISCO, Université Rennes 2
Rennes (France)

Bernard Gratuze
Centre de Recherche E. Babelon
Orléans (France)

Friedmar Kerbe
Porzellanfabrik Hermsdorf GmbH
Hermsdorf (Germany)

Muriel Le Roux
I.H.M.C./C.N.R.S.
Paris (France)

Helmut Maier
Ruhr Universität
Bochum (Germany)

Gijs Mom
Hogeschool van Arnhem en Nijmegen
Arnhem (The Netherlands)

Susan Mossman
The Science Museum
London (United Kingdom)

Eldar M. Movsumzade
Ufa State Petroleum
Technical University
Ufa (Russia)

Jerzy Piaskowski
Foundry Research Institute
Krakow (Poland)

A.-C. Robert-Hauglustaine
CNAM - Musée des Arts et Métiers
Paris (France)

Isabelle SOULIER
Centre de Recherche E. Babelon
Orléans (France)

Friedrich TOUSSAINT
Haus Fischerkotten
Velbert (Germany)

Koenraad VAN BALEN
Université Catholique de Louvain
Louvain (Belgique)

Dirk VAN DE VIJVER
Université Catholique de Louvain
Louvain (Belgique)